"十二五"普通高等教育本科国家级规划教材配套参考书

国家精品在线开放课程主讲教材

Learning and
Experimental
Guidance of
Data Structure

数据结构学习与实验指导

（第2版）

主编　陈　越

编著　何钦铭　徐镜春　魏宝刚　杨　桭

高等教育出版社·北京

内容提要

　　"数据结构"是计算机类专业最重要的专业基础课之一,主要讲授数据的有效组织方法以及解决实际问题的各种经典算法。而经典算法的威力,往往是在处理大规模数据量时才真正体现。只有让学生动手解决规模较大的问题,才能帮助学生建立感性认识,更好地理解数据结构和算法存在的意义。

　　本书第 0 章概要介绍了本书的特点和内容结构;第 1 章围绕时空复杂度分析与比较提供练习;第 2 章提供对 C 语言关键内容的复习性练习;第 3 章针对线性表的知识点设计应用问题进行练习;第 4 章围绕树的存储、重要性质与应用进行练习;第 5 章是对散列表和经典哈希映射技术的应用;第 6 章设计了对图的各种表示方法和相关算法的训练;第 7 章通过对各种类型的大规模排序问题的求解,帮助读者理解各种经典排序算法的特点和适用范围;最后第 8 章给出的题目均涉及多个知识点的综合应用,帮助读者更深刻体会数据结构的灵活运用。希望读者能通过本书的学习提高实践能力,使数据结构与算法成为用计算机解决实际问题的有效工具。

　　本书可作为高等学校计算机类专业"数据结构"课程的参考用书。

图书在版编目(CIP)数据

数据结构学习与实验指导 / 陈越主编;何钦铭等编著 .--2 版 .-- 北京:高等教育出版社,2019.7(2020.12重印)
ISBN 978-7-04-051550-3

Ⅰ.①数… Ⅱ.①陈… ②何… Ⅲ.①数据结构 – 高等学校 – 教学参考资料 Ⅳ.① TP311.12

中国版本图书馆 CIP 数据核字(2019)第 042631 号

策划编辑　张　龙	责任编辑　武林晓	封面设计　王　琰		版式设计　马敬茹	
插图绘制　于　博	责任校对　高　歌	责任印制　刘思涵			

出版发行	高等教育出版社	网　　址	http://www.hep.edu.cn
社　　址	北京市西城区德外大街 4 号		http://www.hep.com.cn
邮政编码	100120	网上订购	http://www.hepmall.com.cn
印　　刷	三河市华润印刷有限公司		http://www.hepmall.com
开　　本	787mm×1092mm　1/16		http://www.hepmall.cn
印　　张	20.75	版　　次	2013 年 5 月第 1 版
字　　数	460 千字		2019 年 7 月第 2 版
购书热线	010-58581118	印　　次	2020 年 12 月第 4 次印刷
咨询电话	400-810-0598	定　　价	39.00 元

本书如有缺页、倒页、脱页等质量问题,请到所购图书销售部门联系调换

物 料 号　51550-00

数据结构学习与实验指导

（第2版）

主编 陈 越

编著 何钦铭　徐镜春
　　　魏宝刚　杨 枨

1 计算机访问 http://abook.hep.com.cn/1858125，或手机扫描二维码、下载并安装 Abook 应用。

2 注册并登录，进入"我的课程"。

3 输入封底数字课程账号（20 位密码，刮开涂层可见），或通过 Abook 应用扫描封底数字课程账号二维码，完成课程绑定。

4 单击"进入课程"按钮，开始本数字课程的学习。

《数据结构学习与实验指导（第2版）》数字课程与纸质教材一体化设计，紧密配合。数字课程涵盖微视频和源代码等内容，充分运用多种形式媒体资源，极大丰富了知识的呈现形式，拓展了教材内容。在提升课程教学效果同时，为学生学习提供思维与探索的空间。

课程绑定后一年为数字课程使用有效期。受硬件限制，部分内容无法在手机端显示，请按提示通过计算机访问学习。

如有使用问题，请发邮件至 abook@hep.com.cn。

扫描二维码
下载 Abook 应用

http://abook.hep.com.cn/1858125

前　　言

　　"数据结构"是计算机类专业最重要的专业基础课之一,主要讲授数据的有效组织方法以及解决实际问题的各种经典算法。在"数据结构"课程学习中,比较常见的问题是,学生了解了所有重要的数据结构和配套的算法,但是不清楚它们为什么重要,于是在遇到实际问题时,往往难以判断和选择什么是最佳的数据结构和算法。一般验证性的课后习题,由于问题过于简单,或只是纸上谈兵,没有提供大数据量测试的条件,很难培养学生对算法时间、空间复杂度的感性认识。而经典算法的威力,往往是在处理大规模数据量时才真正体现。只有让学生动手解决规模较大的问题,才能帮助学生建立感性认识,更好地理解数据结构和算法存在的意义。

　　本书是主教材《数据结构(第2版)》的辅助学习指导书。主教材的特点是从实际应用问题出发,导出各种经典数据结构的定义、实现(存储)方法以及操作实现,最后以丰富的综合应用案例帮助读者理解这些数据结构为什么存在,以及在什么情况下可以最好地解决什么样的问题。本书围绕着主教材中的主要知识点,本着循序渐进,由浅入深的原则,结合主教材的书后习题,设计了40道实验案例,每题给出详细的测试数据、解答和源代码,帮助读者从实际应用的角度更好地理解知识点。另外还设计了34道基础实验项目和28道进阶实验项目。大部分基础实验项目是实验案例的延伸和提高,可以在实验案例已经提供的解答程序基础上完成。进阶实验项目为学有余力的读者准备,更具挑战性。每题给出详细的测试数据和解题提示,希望有兴趣的读者能在精读实验案例的基础上,自己动手实现一部分实验项目,达到充分锻炼分析问题、解决问题能力的目的。对于能力更强的读者,还可以尝试解决每章最后略带研究性质的思考题,提高自己独立思考和研究的能力。

　　与第1版相比,第2版的内容更加丰富。题量增加了37道,配有22段部分算法详解的微视频。与主教材的联系也更紧密,给出了主教材书后编程练习题的绝大部分详解。

　　本书继续提供丰富的系统支持。配套资源中包含书中全部74段源代码。同时提供对外公开的在线系统"拼题A",有全部实验案例和实验项目(3道开放性实验项目除外)题的在线评判,全天候为广大读者提供免费服务。读者使用本书封四提供的验证码即可登录"拼题A"网站进行在线练习。此外,高校教师还可以发邮件到 chenyue@zju.edu.cn,申请将个人在拼题A系统中注册的账号升级为"教师账号",免费享有出题/用题、布置作业/考试、导入学生、导出教学统计数据等基本的教学组织功能。

　　本书由浙江大学计算机科学与技术学院教师编写。陈越教授撰写第0、1、5、8章,并负责全书统稿;第2、3章由何钦铭教授编写;第4章由魏宝刚教授编写;第6章由徐镜春副教授编写;第7章由杨桢副教授编写。微视频由陈越教授、何钦铭教授提供。

　　特别鸣谢杭州百腾教育科技有限公司和网易公司,他们开发维护的拼题 A 系统为本书提供了强大的技术支持,使得本书能为读者提供更好的服务。

　　由于作者水平所限,书中不当之处在所难免,敬请广大读者批评指正。

作　者

2018 年 5 月 2 日

目　录

第0章

概　论

　　"数据结构"是计算机类专业的重要专业基础课,一般介绍有关数据组织、算法设计、时间和空间效率的概念和通用分析方法。在解决实际问题时,选择合适的数据结构可以带来更高运行或存储效率的算法,反之,选择了特定的算法后也需要设计合适的数据结构与之配合,达到最佳效果。所以在进行程序设计时,必须将数据结构和与之相关的算法结合起来考虑。通过该课程的学习,读者应学会数据的组织方法和现实世界问题在计算机内部的表示方法,针对问题的应用背景,选择合适的数据结构,从而培养高级程序设计技能。

　　要真正扎实地掌握数据结构的知识,并且更重要的,要能根据实际情况灵活应用数据结构知识去解决问题,仅仅了解理论知识是远远不够的,需要大量动手能力的训练,才能在解决真实问题时得心应手。

　　《数据结构学习与实验指导(第2版)》是"数据结构"课程的辅助教材,主要围绕数据结构的基本知识点,设计大量练习题目辅助读者学习。通过详细分析一套实验**案例**的解法,帮助读者完成从对知识点的理解,到应用其解决比较复杂的问题,到动手实现解决问题的算法并设计实施有效的测试。由于这些案例大多取自本书作者们的另一本教材《数据结构》(以下简称"主教材"),故与主教材配套使用,效果更佳。在详解案例的基础上,还设计了两套实验——**基础实验**和**进阶实验**,供读者自己思考并练习,从而达到全面提高读者分析问题、解决问题能力的目的。

　　后续每一章都会给出该章实验题目及涉及知识的列表,随后的内容基本上分为两大部分:

　　1. **案例**及详细分析与解答。包括对实验内容和输入输出的明确要求以及一套测试样例;对问题的分析以及编程实现的要点;给出完整的解题源代码;最后在此题基础上给出实验思考题供读者做进一步深入的思考。

　　2. **实验**及分析与提示。同样包括对实验内容和输入输出的明确要求以及一套测试样例;与案例的指导不同的是,这里只比较详细地给出解题思路,对问题的分析以及编程实现的要点,而把具体的编程实现留给读者自己去完成;最后也是以若干实验思考题结尾。注意:实验又分**基础**和**进阶**两个层次,适用于不同的学习者群体。

　　全部**案例**和**实验**可于在线系统**拼题 A**（网址 https://pintia.cn/）找到，该系统全天候为广大读者提供免费服务，读者可自行注册账号，随时提交测试自己的解决方案。本实验教材中大部分**案例**为主教材的书后习题，收录在主教材题目集（浙大版《数据结构（第 2 版）》题目集）中，不在本实验教材题目集（浙大版《数据结构学习与实验指导（第 2 版）》题目集）中重复收录。

　　本书配套的资源中，提供了书中程序的电子版作为案例习题的参考答案，读者可以直接提交参考答案，观察其时间、空间效率，并尝试自己做局部优化，以得到更高效的解决方案。

　　此外，部分章的进阶实验中有一些开放性题目。开放性题目一般有多种解决方案，且有可能涉及海量数据，不适合使用自动判题系统评判。有兴趣的读者可以自行设计测试方案。

第1章

算法与复杂度

本章实验内容主要围绕二分查找算法的实现及其应用,进行时空复杂度分析与比较,包括 1 个案例和基础实验、进阶实验各 1 项。这些题目涉及的知识内容如表 1.1 所示。

表 1.1　本章实验涉及的知识点

序号	题目名称	类别	内容	涉及的主要知识点
1–1.1	二分查找	案例	分别用递归和非递归方法实现二分查找	时空复杂度分析与比较
1–2.1	有序数组的插入	基础实验	将给定整数插入有序数组,使得结果依然有序	二分查找的应用、时空复杂度分析
1–3.1	两个有序序列的中位数	进阶实验	求两个等长的非降序序列的中位数	二分查找的应用、时空复杂度分析

案例 1–1.1：二分查找（主教材习题 1.8）

1. 实验目的

（1）熟练掌握一般时空复杂度分析技巧。

（2）熟练掌握递归程序的时空复杂度分析技巧。

2. 实验内容

查找算法中的"二分法"是这样定义的:给定 N 个从小到大排好序的整数序列 Data[ ] 以及某待查找整数 X,目标是找到 X 在 Data[ ] 中的下标。即若有 Data[i]=X,则返回 i;否则返回失败标记 NotFound 表示没有找到。二分法是先找到序列的中点 Data[Mid],与 X 进行比较,若相等则返回中点下标 Mid;否则,若 Data[Mid]>X,则在左边的子系列中查找 X;若

Data［Mid］<X，则在右边的子系列中查找 X。试用一个函数实现二分查找的功能，并分析最坏、最好情况下的时间、空间复杂度。

3. 实验要求

（1）函数接口说明：

```
Position BinarySearch(List L, ElementType X);
```

其中 List 结构定义如下：

```
typedef int Position;
typedef struct LNode *List;
struct LNode {
    ElementType Data[MAXSIZE];
    Position Last;/* 保存数组 Data[] 中最后一个元素的位置 */
};
```

L 是用户传入的一个线性表，其中 ElementType 元素可以通过 >、==、< 进行比较，并且题目保证传入的数据是递增有序的。函数 BinarySearch 要查找 X 在 Data［］中的位置，即数组下标（注意：元素从下标1开始存储）。找到则返回下标，否则返回一个特殊的失败标记 NotFound。

（2）测试用例：

序号	传入参数值			返回	说明
	Data	Last	X		
0	12 31 55 89 101	5	31	2	小规模一般情况
1	26 78 233	3	31	NotFound	查找失败
2	11 15 18 22 23	5	18	3	奇数个，正中间找到
3	2 3 5 8 12 25	6	5	3	偶数个，正中间找到
4	略	$>10^4$	略	1	大数据，在头部找到
5	略	$>10^4$	略	Last 的值	大数据，在尾部找到
6	略	$>10^4$	略	NotFound	大数据，查找失败

4. 实验分析

（1）问题分析

虽然在原始的二分法描述中，给出的问题背景是在"整数序列"中查找，但事实上二分法适用于各种元素序列的查找，只要这些元素是可以比较大小的。例如实数序列、字符串序列等等。所以这里给出了一个更为抽象，即更为通用的函数接口，元素类型 ElementType 可以由用户根据自己的需要定义为任何具体的数据类型。

方法一：递归实现

根据题目中的算法描述，很显然递归可以给出最直接的实现，先用伪码来描述二分法的递归实现：

```
Position 二分法 (List L, ElementType X, Position Left, Position Right)
{/* Left 和 Right 分别是当前要处理的 L->Data[] 中最左和最右的下标值 */
   Mid =(Left + Right)/ 2;/* 计算中间元素坐标 */
   if(L->Data[Mid] > X)
      return 二分法 (L, X, Left, Mid-1);/* 在左边的子系列中查找 */
   else if(L->Data[Mid] < X)
      return 二分法 (L, X, Mid+1, Right);/* 在右边的子系列中查找 */
   else /* L->Data[Mid] == X */
      return Mid;
}
```

上面的伪码是算法的直接翻译，但是并不完全正确，因为缺少了一种特殊情况的处理：如果 X 根本不在 Data[ ] 中，怎样才能知道呢？

二分法的查找过程就是不断将搜索区段折半，缩小搜索范围的过程。当范围内一个元素都没有了，X 还没有找到，就说明它不存在了。而“一个元素都没有”用程序语言来表达，就是 Left>Right，即左右两端的下标值错位。所以在上述伪码的最开始，应该加入一个判断，如果传入的左右两端的下标值错位，就应该返回 NotFound。完整的实现请见代码 1.1。

二分法的最好情况是 X 正好位于中间 Mid 位置上，只要 1 次查找就找到了，时间和空间复杂度显然都是 $O(1)$。最坏情况是使得折半的次数最大，即 X 根本不在 Data[ ] 中，这时的复杂度分析略复杂。

分析递归函数时间复杂度的技巧是，首先假设当前要处理的数据规模是 N，对应的时间复杂度与当前规模有关，记为 $T(N)$。如果递归调用的子问题的规模为 cN（其中 c 是常数），则 $T(N)$ 就等于递归调用花费的时间 $T(cN)$ 和其他非递归处理步骤所花费的时间的总和。就二分法而言，每次递归调用时，问题的规模都会减半，即变为 $N/2$，此外其他步骤可以用常数时间完成。所以有递推公式：$T(N)=T(N/2)+c$（其中 c 是常数）。根据这个公式，很容易推出：

$$T(N)=T(N/2)+c=T(N/2^2)+2c=\cdots=T(N/2^k)+kc \qquad （公式 1.1）$$

这里的 k 就是递归的次数。在最坏情况下，必须一直递归到搜索范围中没有元素，即 $k=\log_2 N+1=O(\log N)$。代入公式 1.1，就得到 $T(N)=O(\log N)$。

关于空间复杂度，由于每次递归只是传入 List 结构的指针，并不在函数内部复制整个数组 Data[ ]，所以函数内部使用的空间只是个常量。但是递归会占用系统堆栈，空间复杂度是跟递归的次数成正比的。从时间复杂度的分析中，已经知道最坏情况下递归的次数是 $O(\log N)$，所以递归实现的空间复杂度就是 $S(N)=O(\log N)$。

微视频1-1：递归对系统空间的占用

递归实现算法一般代码较为简单,比较容易理解;缺点是当数据规模较大、递归层次较深时,有可能过多占用系统空间。所以对于如二分法这么简单的算法,人们总是尽可能地采用非递归的方法实现。

方法二:非递归实现

把"缩小查找范围"这个动作理解为"调整左边或右边的边界",就可以用一个 while 循环解决问题。从初始状态的左边界为 1、右边界为 Last 开始。每次循环中,如果 X 有可能在左半边,就保持左边界不动,把右边界移到 Mid 左边;如果 X 有可能在右半边,就保持右边界不动,把左边界移到 Mid 右边。如此反复直到找到 X 返回 Mid,或者直到范围内一个元素都没有了,就跳出循环返回 NotFound。完整的实现代码请见代码 1.2。

注意到函数传入的参数仍然只是一个 List 指针,并不在函数内部复制整个数组 Data[ ],所以函数内部使用的空间一直都是个常量,即 $S(N)=O(1)$。这是比递归实现占优的地方。

考虑时间复杂度时,注意整个函数的运行时间取决于 while 循环的次数。最好情况下,X 正好位于中间 Mid 位置上,只要 1 次循环就找到了,时间复杂度是 $O(1)$。最坏情况是一直循环到 Left>Right,发现 X 找不到。这时的循环次数也就是将查找范围折半的最大次数,与递归次数分析同理,就是 $O(\log N)$。所以与递归实现一样,也有 $T(N)=O(\log N)$。

（2）实现要点

由于递归函数需要传入当前搜索范围的左右边界下标值,所以原始的函数接口不能直接用于递归。为此需要另外实现一个递归函数,并在原始函数中正确调用递归函数:在初始状态下,搜索范围是整个 Data[ ],所以最左边的下标是 1,最右边的下标就是 Last 的值。

另外特别需要注意的是,在缩小查找范围时,一定不要把被调整的边界值调整为 Mid,必须调整为 Mid 左边或者右边的一个下标值。

5. 实验参考代码

```
Position BS(List L,ElementType X,Position Left,Position Right)
{ /* Left 和 Right 分别是当前要处理的 L->Data[] 中最左和最右的下标值 */

    if(Left > Right)/* 如果当前范围内没有元素了 */
        return NotFound;/* 返回查找不成功的标识 */

    Mid =(Left + Right)/ 2;/* 计算中间元素坐标 */
    if(L->Data[Mid] > X)
        return BS(L, X, Left, Mid-1);/* 在左边的子系列中查找 */
    else if(L->Data[Mid] < X)
        return BS(L, X, Mid+1, Right);/* 在右边的子系列中查找 */
```

```
    else /* L->Data[Mid] == X */
      return Mid;/* 查找成功，返回数据元素的下标 */
}


Position BinarySearch(List L, ElementType X)
{ /* 在顺序存储的表 L 中查找关键字为 X 的数据元素 */

    return BS(L, X, 1, L->Last);

}
```

源代码1-1：
二分查找的
递归实现

代码 1.1　二分查找的递归实现

```
Position BinarySearch(List L, ElementType X)
{/* 在顺序存储的表 L 中查找关键字为 X 的数据元素 */
    Position Left, Right, Mid;

    Left = 1;                   /* 初始左边界下标值 */
    Right = L->Last;            /* 初始右边界下标值 */
    while(Left <= Right){
        Mid =(Left + Right)/ 2;      /* 计算中间元素坐标 */
        if(L->Data[Mid] > X)
          Right = Mid - 1;  /* 调整右边界 */
        else if(L->Data[Mid] < X)
          Left = Mid + 1;   /* 调整左边界 */
        else /* L->Data[Mid] == X */
            return Mid;          /* 查找成功，返回数据元素的下标 */
    }
    return NotFound;            /* 返回查找不成功的标识 */
}
```

源代码1-2：
二分查找的
非递归实现

代码 1.2　二分查找的非递归实现

6. 实验思考题

（1）如果将代码 1.1 的递归调用参数略改一下，把 Mid+1 和 Mid−1 都改为 Mid，会发生什么情况？你能举个例子吗？

（2）如果将代码 1.2 中的 Right=Mid−1 改为 Right=Mid，会发生什么情况？你能举个例子吗？

基础实验 1-2.1: 有序数组的插入（主教材习题 1.9）

1. 实验目的

（1）熟练掌握时空复杂度分析技巧。

（2）灵活运用二分查找算法。

2. 实验内容

给定存储了 N 个从大到小排好序的整数数组 Data[ ]，试将任一给定整数 X 插入数组中合适的位置，以保持结果依然有序。分析算法在最坏、最好情况下的时间、空间复杂度。

3. 实验要求

（1）函数接口说明：

```
bool Insert(List L, ElementType X);
```

其中 List 结构定义如下：

```
typedef int Position;
typedef struct LNode *List;
struct LNode {
    ElementType Data[MAXSIZE];
    Position Last;/* 保存数组 Data[]中最后一个元素的位置 */
};
```

L 是用户传入的一个线性表，其中 ElementType 元素可以通过 >、==、< 进行比较，并且题目保证传入的数据是递减有序的。函数 Insert 要将 X 插入 Data[ ]中合适的位置，以保持结果依然有序（注意：元素从下标 0 开始存储）。但如果 X 已经在 Data[ ]中了，就不要插入，返回失败的标记 false；如果插入成功，则返回 true。另外，因为 Data[ ]中最多只能存 MAXSIZE 个元素，所以如果插入新元素之前已经满了，也不要插入，而是返回失败的标记 false。

（2）测试用例（这里假设 MAXSIZE 为 10^4）：

序号	传入参数值			结果			说明
	Data	Last	X	Data	Last	返回	
0	35 12 8 7 3	4	10	35 12 10 8 7 3	5	true	插入成功
1	35 12 10 8 7 3	5	8	35 12 10 8 7 3	5	false	X 已存在
2	略	9998	略	略	9999	true	大数据，插入最大值
3	略	9998	略	略	9999	true	大数据，插入最小值
4	略	9998	略	略	9998	false	大数据，X 正好在中间存在
5	略	9999	略	略	9999	false	大数据，溢出

4. 解决思路

（1）问题分析

解决这个问题,需要两个基本步骤:首先要找到插入 X 的合适的位置;然后需要移动数组中的元素,把位置空出来给 X 插入。

方法一: 最简单直接的方法,是从数组的最后一个元素开始与 X 进行比较,如果该元素比 X 小,则继续向左顺次比较,直到找到第一个比 X 大的元素,这个元素的右边位置就应该是 X 被插入的位置。找到位置后,就把该位置及其右边的元素逐一向右移动一格（仍然是从最右一个元素开始）,把这个位置给 X 空出来插入。

最好的情况是 X 比当前最小的元素还小,于是直接插在数组的尾部就可以了,无论是找位置还是移动,花费的时间都是 $O(1)$。最坏的情况是 X 比当前最大的元素还大,于是需要花 $O(N)$ 的时间找到它应该插入的位置,再花 $O(N)$ 的时间移动数组中的元素。

如果不是从数组的最后一个元素开始找位置,而是从第一个元素开始,那么最好情况时需要 $O(N)$ 的时间找到末尾的位置,用 $O(1)$ 的时间插入;最坏情况时只需要 $O(1)$ 的时间找到头部的位置,但仍然需要 $O(N)$ 的时间移动数组中的元素。

无论如何,插入 X 时需要移动其他元素,这是不可避免的,也就使得最坏情况下的 $O(N)$ 时间复杂度无法被改善。但可以努力改进查找位置的效率,前面讲到的二分法就成为一个有用的工具。

方法二: 先用类似于二分法的方法找到插入 X 的合适位置,再进行插入操作。但注意前面案例中介绍的二分法不能直接用于解决这个问题,关键是当 X 不在 Data[ ]中时,不能简单地返回 NotFound,而必须要返回适合插入 X 的位置下标——当找不到 X 时,一定是当前查找范围的左右端下标错位时,这时应该返回左下标 Left 还是右下标 Right 呢? 这个问题留给读者去思考解决。

这种方法的最好情况是 X 已经存在于 Data[ ]中,并且正好在中间位置,这样算法只用 1 步就可以发现 X,返回 false。如果用方法一,则无论从哪一头开始比较,都需要比过 $N/2$ 个元素,才能返回 false。而任何一个可以插入的情况对于二分法来说都是最坏情况,因为必须经过 $O(\log N)$ 次比较才能确定 X 不在 Data[ ]中。

（2）实现要点。如果用方法一,需要特别注意查找的位置处于数组两端的边界情况。如果用方法二,需要注意本问题中的数据是递减有序的,不是递增有序的,所以案例中的二分法代码不能直接用,必须修改比较的顺序。此外,插入成功后,要记得把 Last 的值加 1。

5. 实验思考题

如果修改题目要求,允许重复的数字插入,则两种方法的效率是否还有区别? 哪种方法在何种情况下比较快?

进阶实验 1–3.1：两个有序序列的中位数

1. 实验目的

（1）熟练掌握时空复杂度分析技巧。

（2）灵活运用二分查找算法的思路。

2. 实验内容

已知有两个等长的非降序序列 S_1、S_2，设计函数求 S_1 与 S_2 并集的中位数。有序序列 A_0，A_1，$\cdots$，A_{N-1} 的中位数指 $A_{(N-1)/2}$ 的值，即第 $\lfloor(N+1)/2\rfloor$ 个数（A_0 为第 1 个数）。

3. 实验要求

（1）输入说明：输入分三行。第 1 行给出序列的公共长度 N（$0<N\leqslant100\,000$），随后每行输入一个序列的信息，即 N 个非降序排列的整数。数字用空格间隔。

（2）输出说明：在一行中输出两个输入序列的并集序列的中位数。

（3）测试用例：

序号	输入	输出	说明
0	5 1 3 5 7 9 2 3 4 5 6	4	奇数长度的序列
1	6 −100 −10 1 1 1 1 −50 0 2 3 4 5	1	偶数长度的序列
2	3 1 2 3 4 5 6	3	两序列尾首衔接
3	3 4 5 6 1 2 3	3	两序列首尾衔接
4	1 2 1	1	最小 N 的情况
5	100000 序列信息略	略	最大 N 的情况

4. 解决思路

（1）问题分析

方法一：根据题意可以直观地想到，先开设一新数组求两序列的并集 S_3，然后取 S_3 的中间项即为中位数。保存并集 S_3 需要额外空间 $O(N)$。由于原序列有序，求并集时可从两序列列首开始比较，不断将较小值移入新数列，需 $O(N)$ 时间；最后取中项只需 $O(1)$ 时间。故时间复杂度和空间复杂度均为 $O(N)$。

方法二：方法一需要新数组保存整个并集，而实际上求并集过程中只需要比较两个序列当前的数字，所取到的第 N 个数即为中位数，所以前面 $N-1$ 个数无须保存，只在取到第 N 个数时输出即可。因此可将空间复杂度改进为 $O(1)$。

方法三：由于原序列有序，可以借鉴二分法。假设 S_1 为 $A_0, A_1, \cdots, A_{N-1}$，$S_2$ 为 $B_0, B_1, \cdots, B_{N-1}$，其中 S_1 中位数为 $A_{(N-1)/2}$，S_2 中位数为 $B_{(N-1)/2}$。若记最终并集的中位数为 M，则可证明 $\min(A_{(N-1)/2}, B_{(N-1)/2}) \leq M \leq \max(A_{(N-1)/2}, B_{(N-1)/2})$。因此，当 N 为 1 时，中位数 $M=\min(A_0, B_0)$。一般情况下，若两中位数相等，即 $A_{(N-1)/2}==B_{(N-1)/2}$，则 $M=A_{(N-1)/2}$；若不相等，即 $A_{(N-1)/2}!=B_{(N-1)/2}$，不妨假设 $A_{(N-1)/2}<B_{(N-1)/2}$，可证明，序列 S_1 从 $A_{(N-1)/2}$ 左边去除 k 个数，同时序列 S_2 从 $B_{(N-1)/2}$ 右边也去除 k 个数后，新序列并集的中位数依然为 M。因此，可转换为求两个新序列的中位数。

（2）实现要点

方法三在截取新序列时，应保证截取后的两个新序列长度相等且长度非零。注意检查程序中所使用的下标计算公式的正确性，检查在奇数与偶数的情况下是否都正确。

5. 实验思考题

（1）如何证明 $\min(A_{(n-1)/2}, B_{(n-1)/2}) \leq M \leq \max(A_{(n-1)/2}, B_{(n-1)/2})$？〔提示：反证法。例如，若中位数小于较小值，则有超过一半的数大于它，矛盾〕

（2）如何证明原序列的并集的中位数等于截取后新序列的并集的中位数？〔提示：可证明，非降序序列 S 中，在中位数 x 左边和右边各除掉 k 个数后（即除去 k 个小于 x 的数与 k 个大于 x 的数），中位数保持不变〕

（3）求出方法三的时间与空间复杂度。〔提示：$O(\log N)$ 时间，$O(1)$ 空间〕

（4）若输入两序列不等长，该如何修改程序？

第 2 章

数据结构实现基础

　　本章实验内容主要围绕循环、数组、递归函数和链表这四部分内容,共包括了 7 个案例、5 项基础实验和 4 项进阶实验。这些题目涉及的知识内容如表 2.1 所示。

表 2.1　本章实验涉及的知识点

序号	题目名称	类别	内容	涉及主要知识点
2−1.1	简单计算器	案例	模拟只进行无优先级的整数加减乘除运算的简单计算器的工作	循环、输入处理、switch 控制语句
2−1.2	数组元素循环左移	案例	将数组中的 N 个整数循环向左移 M 个位置	循环、数组、宏定义
2−1.3	数列求和	案例	求形如 $A, AA, AAA, \cdots, AA\cdots A$ 的数列之和	循环、数组
2−1.4	递归求简单交错幂级数的部分和	案例	求形如 $x - x^2 + x^3 - x^4 + \cdots$ 的级数部分和	递归
2−1.5	递增的整数序列链表的插入	案例	在递增的链表中插入新元素,使之仍保持有序	循环、链表
2−1.6	两个有序链表序列的合并	案例	将两个有序链表合并为一个有序链表	循环、链表
2−1.7	输出全排列	案例	输出前 N 个正整数的全排列	循环、递归
2−2.1	整数的分类处理	基础实验	根据输入整数的不同性质执行不同的运算	循环、switch 控制语句
2−2.2	求集合数据的均方差	基础实验	求 N 个给定整数的均方差	循环、数组、浮点数格式化输出
2−2.3	组合数的和	基础实验	N 个数选 2 个组合成数,求所有组合数的和	嵌套循环、数组

序号	题目名称	类别	内容	涉及主要知识点
2-2.4	装箱问题	基础实验	将 N 项物品顺序装箱，每个装入第一个能放入的箱子	嵌套循环、数组
2-2.5	整数分解为若干项之和	基础实验	求出正整数 N 的所有整数分解式子	循环、数组、递归
2-3.1	海盗分赃	进阶实验	P 个海盗分 D 颗钻石，求第 1 个海盗所得	嵌套循环、二维数组、递归
2-3.2	用扑克牌计算 24 点	进阶实验	任取 4 张牌，添加运算符使计算结果为 24	嵌套循环、二维数组
2-3.3	两个有序链表序列的交集	进阶实验	求两个非降序链表序列的交集序列	循环、链表
2-3.4	素因子分解	进阶实验	输出给定正整数的素因式分解表达式	循环、递归

建议在学习中，选择 2 个案例进行深入学习与分析，再选择 2 个基础实验项目进行具体的编程实践。学有余力者可以挑战 1~2 个进阶实验项目。

案例 2-1.1：简单计算器（主教材习题 2.1）

1. 实验目的

（1）熟练掌握 while 语句控制循环。
（2）熟练理解和掌握字符型及整型数据的输入与处理。
（3）熟练掌握 switch 语句控制多分支选择。

2. 实验内容

模拟简单运算器的工作。假设计算器只能进行加减乘除运算，运算数和结果都是整数，4 种运算符的优先级相同，按从左到右的顺序计算。

3. 实验要求

（1）输入说明：输入一个四则运算算式（没有空格，且至少有一个操作数），遇等号"="说明输入结束。
（2）输出说明：输出算式的运算结果，如果除法分母为 0 或有非法运算符，则输出错误信息"ERROR"。
（3）测试用例：

序号	输入	输出	说明
1	1+2*10-10/2=	10	正常测试4种运算
2	15=	15	只有一个数字
3	32/0=	ERROR	非正常退出
4	3%4=	ERROR	非正常退出

4. 实验分析

（1）问题分析

4种运算符都是双目运算符,因此输入的四则运算算式的规律是"操作数 运算符 操作数 运算符…"。因假定4种运算符的优先级相同,按从左到右的顺序计算,因此可先读入一个整数作为左操作数,然后根据读入的运算符决定所做的运算;当再输入一个整数(右操作数)后可计算出当前值,并作为下一次运算的左操作数,如此循环,直到输入的运算符是"="时结束。

（2）实现要点

操作数(整型)可用scanf函数输入,而由于没有空格,运算符可用getchar或者scanf函数输入。用switch语句来控制实现各种运算符不同的运算。

5. 实验参考代码

```c
#include <stdio.h>

int main()
{
    int Sum, X;
    char Op;
    scanf("%d%c", &Sum, &Op);
    /* 输入第一个操作数以及操作符；由于输入无空格，故无须特别处理 */
    while(Op != '='){
    scanf("%d", &X);            /* 输入下一个操作数 */
    switch(Op){
        case '+':               /* 根据操作符进行相应运算 */
            Sum += X;
            break;
        case '-':
            Sum -= X;
            break;
        case '*':
            Sum *= X;
```

```
            break;
        case '/':
            if(X==0){
                printf("ERROR\n");
                return 0;
            }
            Sum /= X;
            break;
        default:
            printf("ERROR\n");
            return 0;
    }
    scanf("%c", &Op);           /* 输入下一个操作符 */
}
printf("%d\n", Sum);            /* 打印输出 */
return 0;
}
```

源代码2-1:
简单计算器

代码 2.1　简单计算器

6. 实验思考题

（1）如果允许输入中出现空格等空白符,该如何处理输入？如果允许第一个运算数含有
"+""-"号（正负号）,程序该怎样进行修改？

（2）如果允许运算优先级,即先乘除后加减,该如何改进程序？（提示:加入子函数专门
处理某个操作数开始的连续乘除法,并返回其运算结果）

（3）如果允许使用括号,该如何改进程序？（提示:采用递归函数）

案例 2-1.2：数组元素循环左移（主教材习题 2.2）

1. 实验目的

（1）熟练使用循环语句。
（2）熟练理解和掌握数组存储与数据处理算法的关系。
（3）熟悉宏定义及其使用。

2. 实验内容

一个数组 A 中存有 N（N>0）个整数,在不允许使用另外数组的前提下,将每个整数循环

向左移 $M(M \geqslant 0)$ 个位置，即将 A 中的数据由 $(A_0A_1 \cdots A_{N-1})$ 变换为 $(A_M \cdots A_{N-1}A_0A_1 \cdots A_{M-1})$（最前面的 M 个数循环移至最后面的 M 个位置）。如果还需要考虑程序移动数据的次数尽量少，要如何设计移动的方法？

3. 实验要求

（1）输入说明：第 1 行输入 $N(1 \leqslant N \leqslant 100)$、$M(M \geqslant 0)$；第 2 行输入 N 个整数。
（2）输出说明：输出循环左移 M 位以后的整数序列。
（3）测试用例：

序号	输入	输出	说明
0	8 3 1 2 3 4 5 6 7 8	4 5 6 7 8 1 2 3	一般情况
1	6 8 1 2 3 4 5 6	3 4 5 6 1 2	$M>N$ 的情况
2	3 6 11 23 56	11 23 56	$M>N$ 且正好是 N 的倍数
3	1 0 8	8	边界测试，最小的 N 和 M
4	令 N 为 100，M 为 99 输入数据略	略	边界测试，最大的 N 和 M

4. 实验分析

（1）问题分析
输入的 N 个整数可以放在一个一维数组中。最容易想到的，也是简单的思路是循环左移一位的操作重复进行 M 次即可，但这种做法的数据移动次数大约是 $M \times N$ 次。下面代码 2.2 实现了这种简单思想。

为了减少数据的移动次数，第二种方法是通过三次倒序来巧妙地实现。为简单起见，不妨设 $0 \leqslant M<N$（否则先进行 $M\%=N$ 运算即可），先把 $(A_0A_1 \cdots A_{N-1})$ 倒序变成 $(A_{N-1}A_{N-2} \cdots A_1A_0)$，再把它的前 $N-M$ 个元素 $(A_{N-1}A_{N-2} \cdots A_M)$ 倒序成 $(A_M \cdots A_{N-1})$，然后把后 M 个元素 $(A_{M-1}A_{M-2} \cdots A_1A_0)$ 倒序成 $(A_0A_1 \cdots A_{M-1})$。这样，整个数组就成了 $(A_M \cdots A_{N-1}A_0A_1 \cdots A_{M-1})$，这就是想要的结果。这种做法每个数据参与 2 次交换（倒序），所以如果一对数的交换需要 3 次数据移动，总共数据移动次数大约是 $3N$ 次。下面代码 2.3 实现了这种思想。

事实上，还可以有移动次数更少的算法，将在实验思考题中给出提示。
（2）实现要点。实现中要注意以下 3 个方面：
① M 可以处理成小于 N 的数，以减少移动次数。当 $M>N$ 时，可以用 $M\%N$ 代替 M，效果相同，但在方法一情况下移动次数大约是 $(M\%N) \times (N+1)$ 次。
② 循环控制结构。方法一比较简单，只需要"循环左移一位的操作重复进行 M 次"，先定义一个函数进行"每个元素循环左移一位的操作"，然后这个函数被重复调用 M 次。
③ 用异或运算交换数据。方法二比较巧妙，通过三次逆转数组的部分数据就可以实现。

程序中定义了一个带参数的宏 Swap(a, b)，用连续三次异或运算交换 a 与 b。当然读者自己也可以通过引入中间变量，通过三次赋值实现两个数据的交换。

5. 实验参考代码

方法一：

```
#include <stdio.h>

#define MAXN 100

void Shift(int Array[], int N);

int main()
{
    int Number[MAXN], N, M;
    int i;

    scanf("%d%d", &N, &M);
    for(i=0;i<N;i++)
        scanf("%d", &Number[i]);
    M %= N;  /* 当 M 大于等于 N 时转化成等价的小于 N 的数 */
    for(i=0;i< M;i++)
        Shift(Number, N);           /* N 个元素循环位移 1 位 */
    for(i=0;i<N-1;i++)              /* 打印输出 */
        printf("%d ", Number[i]);
    printf("%d\n", Number[N-1]);
    return 0;
}

void Shift(int Array[], int N)
{
    int i, ArrayHead;

    ArrayHead = Array[0];
    for(i=0;i<N-1;i++)             /* N 个元素循环位移 1 位 */
        Array[i] = Array[i+1];
    Array[N-1] = ArrayHead;
}
```

源代码2-2：数组元素循环左移的简单解

代码 2.2　数组元素循环左移的简单解

方法二：

```c
#include <stdio.h>

#define MAXN 100
#define Swap(a,b)  a ^= b, b ^= a, a ^= b;
/* 通过连续三次异或运算交换 a 与 b */

void LeftShift(int Array[], int N, int M);

int main()
{
    int Number[MAXN], N, M;
    int i;

    scanf("%d %d", &N, &M);
    for(i=0;i<N;i++)
        scanf("%d", &Number[i]);
    M %= N;          /* 当 M 大于等于 N 时转化成等价的小于 N 的数 */
    LeftShift(Number, N, M);   /* 循环左移 M 位 */
    printf("%d", Number[0]);/* 打印输出 */
    for(i=1;i<N;i++)
        printf(" %d", Number[i]);
    printf("\n");

    return 0;
}

void LeftShift(int Array[], int N, int M)
{
    int i, j;

    if(M>0 && M<N){
      for(i=0, j=N-1;i<j;i++, j--)   /* 逆转 N 个数据 */
          Swap(Array[i], Array[j]);
      for(i=0, j=N-M-1;i<j;i++, j--)         /* 逆转前 N-M 个数据 */
```

```
        Swap(Array[i],Array[j]);
    for(i=N-M,j=N-1;i<j;i++,j--)        /* 逆转后 M 个数据 */
        Swap(Array[i],Array[j]);
    }
}
```

源代码2-3：
数组元素循
环左移的 3N
次位移解

代码 2.3　数组元素循环左移的 3N 次位移解

6. 实验思考题

（1）如果修改题目要求，允许使用另外一个大小为 M（假设 $N>M>0$）的数组，则如何提高程序效率？

（2）不改变题目的任何限定，能否设计一种移动次数不超过 $2N$ 的方法？〔提示：可以通过分析每个数据原位置与目标位置之间的下标关系，将每个数据一次性定位。根据题目的要求，可以发现：任何位于数组下标 i 位置的数据，其目的地址是下标为 $(i-M+N)\%N$ 的位置，或者说第 $(i+M)\%N$ 位置的数据将移到第 i 个位置。由于所有数据都需要移动，因此数据之间形成了一个移动环。在这个移动环内实现循环移动，可以将第一个数据放到临时变量 t 中，然后将第二个数据放到第一个数据的位置，第三个数据放到第二个数据的位置，……，最后将 t 放到最后一个数据的位置。同时，也可以发现，对于任意的正数 N 和 M（不妨设 $M<N$），需要移动的环的个数就是 N 和 M 的最大公约数 $\gcd(N,M)$。基于上述思路就可以将每个数据一次性定位〕

案例 2-1.3：数列求和（主教材习题 2.3）

1. 实验目的

（1）熟练掌握循环控制语句。
（2）熟练掌握数组的存储与使用方法。
（3）熟练掌握大整数（其数值超过整型的数值表示范围）的存储方法与运算方法。

2. 实验内容

给定某数字 A（$1 \leqslant A \leqslant 9$）以及非负整数 N（$0 \leqslant N \leqslant 100\,000$），求数列之和 $S=A+AA+AAA+\cdots+AA\cdots A$（$N$ 个 A）。例如 $A=1$，$N=3$ 时，$S=1+11+111=123$。

3. 实验要求

（1）输入说明：输入数字 A（$1 \leqslant A \leqslant 9$）与非负整数 N。
（2）输出说明：输出其 N 项数列之和 S 的值。
（3）测试用例：

序号	输入	输出	说明
0	1 3	123	结果在整型范围内
1	6 100	74074074074074074074074074074074074074074074074074074074074074074074074074074074074074074074074074407340	结果超过整型范围
2	1 0	0	最小 A 和 N 的测试
3	9 100000	略	最大 A 和 N 的测试

4. 实验分析

（1）问题分析

N 较小时，可以直接用整型变量模拟求和过程。首先用整数变量 K 来保存当前的数列项，每次将当前数列项 K 加入总和，并将 K 更新为下一个数列项；根据题意可知 $K_1=A$，$K_N=K_{N-1} \times 10 + A$。简单的实现如代码 2.4 所示。

```c
#include <stdio.h>

int main()
{
    int A, N, K, S, i;

    scanf("%d %d", &A, &N);
    if(!N){ /* 处理 N 为 0 时的特殊情况 */
        printf("0\n");
        return 0;
    }
    S = K = A;/* 初始化 K 和总和 S */
    for(i=1;i<N;i++){
        K = K*10 + A;/* 计算下一个数列项 */
        S += K;
    }
    printf("%d\n", S);

    return 0;
}
```

源代码2-4：
数列求和的
简单计算

代码 2.4   数列求和的简单计算

然而当 N 较大时，上述方法不再适用。例如 N 大于 21 时，$AA\cdots A$（N 个 A）的值超过 64 位，超出了整型的数值表示范围，就需要用数组来表示它们。

方法一：使用数组来模拟大数的求和过程。用一个数组表示当前数列和，另一个数组表示当前第 i 个数列项 $AA\cdots A$（i 个 A）；每次将下一个数列项加入当前结果中。由于每次构造下一个数列项，只需在最高位补上 A，需 $O(1)$ 时间；每次将两数组相加，需 $O(N)$ 时间；总共 N 次加法，因此时间复杂度为 $O(N^2)$。具体实现请见代码 2.5。

方法二：方法一只使用加法，效率较低。可以发现，求和时个位数上共有 N 个 A 相加，十位数上共有 $N-1$ 个 A 相加，百位数上共有 $N-2$ 个 A 相加，依次类推。因此，可以直接计算个位数的结果，十位数的结果，等等。每个数位的结果为 $A \times (N-i)$ 加上进位值，需 $O(1)$ 时间；总共有 N 个数位，因此时间复杂度为 $O(N)$。具体实现如代码 2.6 所示。

（2）实现要点

大整数用数组表示，将十进制表示中的每个数位值放在数组中的对应位置。实现大整数加法时，模拟加法笔算过程，即当前数位值相加，并保留进位到更高一位中。注意记得处理最高位上的进位。

5. 实验参考代码

方法一：

```c
#include <stdio.h>

#define MAXN 100000

int main()
{
    int A, N;
    int S[MAXN], K[MAXN], C, i, j;

    scanf("%d %d", &A, &N);
    if(!N){ /* 处理N为 0 时的特殊情况 */
        printf("0\n");
        return 0;
    }
    for(i=0;i<N;i++){
        S[i] = 0;/* 初始化大数和各位均为 0 */
        K[i] = A;/* 数列项的每位都是 A */
    }
```

```
        C = 0;   /* 初始化进位为 0 */
        for(i=0;i<N;i++){        /* 对每个数列项 K[0]~K[i]*/
            for(j=0;j<=i;j++){ /* 逐位求和 */
                S[j] +=(K[j]+C);
                C = S[j]/10;
                S[j] %= 10;
            }
        }
        if(C) printf("%d", C);/* 输出最高位的进位 */
        for(i=N-1;i>=0;i--)
            printf("%d", S[i]);
        printf("\n");

        return 0;
    }
```

源代码2-5:
数列求和的
简单大数加
法解

代码 2.5 数列求和的简单大数加法解

方法二:

```
#include <stdio.h>

#define MAXN 100000

int main()
{
    int A, N;
    int i, S[MAXN], C;

    scanf("%d %d", &A, &N);
    if(!N){ /* 处理 N 为 0 时的特殊情况 */
        printf("0\n");
        return 0;
    }
    for(i=0;i<N;i++) S[i] = 0;/* 初始化大数和各位均为 0 */
    C = 0;   /* 初始化进位为 0 */
```

```
for(i=0;i<N;i++){ /* 对每一位 */
    C += A *(N-i);/* 直接计算累加结果 */
    S[i] = C%10;
    C /= 10;
}
if(C) printf("%d",C);/* 输出最高位的进位 */
for(i=N-1;i>=0;i--)
    printf("%d",S[i]);
printf("\n");

return 0;
}
```

源代码2-6：数列求和的逐位累加解

代码 2.6　数列求和的逐位累加解

6. 实验思考题

（1）方法二在运算过程中其进位值将越来越大，如何证明它不会越界，即不会超过整型表示范围？

（2）方法二在实现时使用了数组来保存各个数位上的结果值，空间复杂度为 $O(N)$，若不允许使用数组保存结果，该如何修改程序？（提示：使用递归函数）

案例 2-1.4：递归求简单交错幂级数的部分和（主教材习题 2.6）

1. 实验目的

熟练掌握递归算法的应用与设计。

2. 实验内容

本题要求实现一个函数，计算下列简单交错幂级数的部分和：

$$f(x,n)=x-x^2+x^3-x^4+\cdots+(-1)^{n-1}x^n,\ (n>0)$$

3. 实验要求

（1）函数接口说明：

```
double fn(double x, int n);
```

其中题目保证传入的 n 是正整数，并且输入输出都在双精度范围内。函数 fn( )应返回上述级数的部分和。建议尝试用递归实现。

（2）测试用例：

序号	传入参数值		返回	说明
	x	n		
0	0.5	12	0.33	偶数 n
1	0.73	9	0.45	奇数 n
2	0.2	1	0.20	最小 n
3	0	100	0.00	x=0

4. 实验分析

（1）问题分析

如果不用递归,可以写个很简单的循环函数来计算。只要把 $f(x,n)$ 的表达式用求和号改写成 $\sum_{i=1}^{n}(-1)^{i-1}x^i$,就可以清楚地看到循环体的表达式。

用递归实现的难点在于如何发现 $f(x,n)$ 与一个较小规模（例如 n 减小为 $n/2$ 或 $n-1$）但结构相同的子问题之间的关系。可以尝试写出 $f(x,cn)$（其中 c 为常数）的表达式,很难看出其与 $f(x,n)$ 之间的递推关系。但是把 n 换成 $n-1$ 就不同了——比较 $f(x,n)$ 和 $f(x,n-1)$ 的表达式:

$$f(x,n)=x-x^2+x^3-x^4+\cdots+(-1)^{n-1}x^n$$
$$=x\left[1-x+x^2-x^3+\cdots+(-1)^{n-1}x^{n-1}\right]$$
$$f(x,n-1)=x-x^2+x^3-x^4+\cdots+(-1)^{n-2}x^{n-1}$$

可以得到递推式 $f(x,n)=x\left[1-f(x,n-1)\right]$,即 $f(x,n)$ 的值可以通过递归计算 $f(x,n-1)$ 的值之后,再进行简单计算得到。

（2）实现要点

递归函数实现时,一定要注意停止条件。题目给定 n 是正整数,可以令递归函数在 n 取最小值 1 时开始返回。

5. 实验参考代码

```
double fn(double x, int n)
{
    if(n==1)  return x;
    else      return(x *(1-fn(x, n-1)));
}
```

代码 2.7　交错幂级数的递归求和

6. 实验思考题

（1）如果用循环函数来求和,并且用 pow(x,i) 函数来计算 x^i 的值,则计算过程中需要多少次乘法运算？递归实现进行了多少次乘法运算？

（2）用 clock 函数精确测量循环函数和递归函数的计算时间,哪个更快？为什么？

案例 2-1.5：递增的整数序列链表的插入（主教材习题 2.4）

1. 实验目的

（1）熟练掌握循环控制语句。

（2）熟练理解和掌握链表的构造方法以及结点插入方法。

2. 实验内容

本题要求实现一个函数,在递增的整数序列链表（带头结点）中插入一个新整数,并保持该序列的有序性。

3. 实验要求

（1）函数接口说明：

```
List Insert(List L, ElementType X);
```

其中 List 结构定义如下：

```
typedef struct Node *PtrToNode;
struct Node {
    ElementType Data;/* 存储结点数据 */
    PtrToNode   Next;/* 指向下一个结点的指针 */
};
typedef PtrToNode List;/* 定义单链表类型 */
```

L 是给定的**带头结点**的单链表,其结点存储的数据是递增有序的；函数 Insert 要将 X 插入 L,并保持该序列的有序性,返回插入后的链表头指针。

（2）测试用例：

序号	传入参数值		返回	说明
	L	X		
0	1 2 4 5 6	3	1 2 3 4 5 6	插入在中间
1	10	−1	−1 10	插入在单结点链表的最前面
2	1 2 3 4 5	6	1 2 3 4 5 6	插入在最后
3	空	233	233	插入空链表

4. 实验分析

（1）问题分析

在链表中插入结点的关键是要找到它的前驱结点。由于是递增序列，新插入结点的位置应该是，前驱结点值比它小，后继结点值比它大。所以，可以从链表的第一个结点开始比较，当遇到第一个比插入值 X 大的结点时，就可以插入到该结点之前了，或者说需要插入到该结点前驱结点之后。

（2）实现要点

以 Pre 指向待比较结点的前一个结点，也就是 X 是与 Pre 的下一结点比较，而不是直接与 Pre 比较。这样，当找到比 X 大的结点时，Pre 就是插入结点的前驱结点。

如果第 1 个数据就比 X 大，则 Pre 应指向第 1 个数据结点的前驱。由于使用了带头结点的单链表，Pre 此时指向的就是头结点，而不会是一个空指针。这样头结点就优雅地解决了这个特殊情况的处理。另外，由于头结点的存在，空链表也不再特殊——这就是头结点存在的意义：虽然额外占用一个结点的空间，但可以把程序需要处理的各种特殊情况都统一处理，使得代码更为清晰优雅。

5. 实验参考代码

```
List Insert(List L, ElementType X)
{
    List Pre, Tmp;

    Pre = L;/* 前驱结点从头结点开始 */
    while(Pre->Next){ /* 当 Pre 的下一个结点存在时 */
        if(X < Pre->Next->Data)break;/* 找到第一个比 X 大的结点 */
        else Pre = Pre->Next;
    }
    Tmp =(PtrToNode)malloc(sizeof(struct Node));
    Tmp->Data = X;  /* 建立 X 结点 */
    Tmp->Next = Pre->Next;
    Pre->Next = Tmp;/* 将 X 插入 Pre 后一个位置 */

    return L;
}
```

源代码2-8：
递增链表的
插入

代码 2.8　递增链表的插入

6. 实验思考题

（1）如果表头不使用额外的空结点，程序该如何修改？

（2）如果给定的输入序列是无序的，而仍然要求输出递增序列，则程序该如何修改？

案例 2-1.6：两个有序链表序列的合并（主教材习题 2.5）

1. 实验目的

（1）熟练掌握循环控制语句。

（2）熟练掌握构造新链表方法。

（3）熟悉掌握链表的遍历查找操作与结点插入操作。

2. 实验内容

本题要求实现一个函数，将两个链表表示的递增整数序列合并为一个非递减的整数序列。

3. 实验要求

（1）函数接口说明：

```
List Merge(List L1, List L2);
```

其中 **List** 结构定义如下：

```
typedef struct Node *PtrToNode;
struct Node {
    ElementType Data;/* 存储结点数据 */
    PtrToNode   Next;/* 指向下一个结点的指针 */
};
typedef PtrToNode List;/* 定义单链表类型 */
```

L1 和 L2 是给定的**带头结点**的单链表，其结点存储的数据是递增有序的；函数 Merge 要将 L1 和 L2 合并为一个非递减的整数序列。应**直接使用原序列中的结点**，返回归并后的**带头结点的链表头指针**。

（2）测试用例：

序号	传入参数值		返回			说明
0	L1	1 3 5	L3	L1	L2	交错归并
	L2	2 4 6 8 10	1 2 3 4 5 6 8 10	空	空	
1	L1	1 2 3 4 5	L3	L1	L2	两个完全一样的链表
	L2	1 2 3 4 5	1 1 2 2 3 3 4 4 5 5	空	空	

续表

序号	传入参数值		返回			说明
2	L1	空	L3		L1	L2	两个空链表
	L2	空	空		空	空	
3	L1	1 8 12	L3		L1	L2	L2 完全贴在 L1 后面
	L2	24 28 33 45	1 8 12 24 28 33 45		空	空	
4	L1	24 28 33 45	L3		L1	L2	L1 完全贴在 L2 后面
	L2	–1 8 12	–1 8 12 24 28 33 45		空	空	

4. 解决思路

（1）问题分析

设序列 L1 与 L2 的长度分别为 N_1 和 N_2。求并集可从两序列的列首开始比较,不断将较小值从原序列取下,移入新序列,并更新下一次要比较的结点指针。最坏情况下,需 O (N_1+N_2) 时间。

当某个序列遍历完,即 L1 或 L2 的头结点指向为空时,需继续将另一个序列的剩余链表复制到并集序列 L3 的末尾。

（2）实现要点

复制结点时,注意用 malloc 函数申请内存;由于每次总是插入 L3 末尾,可以用指针变量 Rear 指向 L3 尾结点,添加新结点时插入 Rear 结点之后并更新 Rear。

使用带空头结点的链表结构,可以简化对特殊情况的处理。

5. 实验参考代码

```
List Merge(List L1,List L2)
{
    List L3,Rear;

    L3 =(PtrToNode)malloc(sizeof(struct Node));/* 建头结点 */
    L3->Next = NULL;
    Rear = L3;/* 尾指针初始状态下指向头结点 */
    while(L1->Next && L2->Next){ /* 当 L1 和 L2 都没被清空时 */
        if(L1->Next->Data < L2->Next->Data){ /* 如果 L1 较小 */
            /* 将 L1 当前结点摘除，复制到 L3 末尾 */
            Rear->Next = L1->Next;
```

```
        L1->Next = L1->Next->Next;
        Rear->Next->Next = NULL;
        Rear = Rear->Next;
    }
    else{/* 如果 L2 较小 */
        /* 将 L2 当前结点摘除，复制到 L3 末尾 */
        Rear->Next = L2->Next;
        L2->Next = L2->Next->Next;
        Rear->Next->Next = NULL;
        Rear = Rear->Next;
    }
}
if(L1->Next){ /* 把 L1 的剩余链表复制到 L3 的末尾 */
    Rear->Next = L1->Next;
    L1->Next = NULL;
}
if(L2->Next){ /* 把 L2 的剩余链表复制到 L3 的末尾 */
    Rear->Next = L2->Next;
    L2->Next = NULL;
}
return L3;
}
```

源代码2-9：有序链表合并

代码 2.9 有序链表合并

6. 实验思考题

（1）如果链表结构中不带头结点，应该如何修改代码 2.9 ？
（2）如果不允许修改链表 L1 与 L2，如何构造出其并集序列链表？

案例 2-1.7：输出全排列（主教材习题 2.8）

1. 实验目的

（1）熟练掌握循环控制语句。
（2）熟练掌握递归算法的应用与设计。

2. 实验内容

请编写程序输出前 N 个正整数的全排列（N<10），并通过 9 个测试用例（即 N 从 1 到 9）观察 N 逐步增大时程序的运行时间。

3. 实验要求

（1）输入说明：输入给出正整数 N（<10）。

（2）输出说明：输出 1 到 N 的全排列。每种排列占一行，数字间无空格。排列的输出顺序为字典序，即序列 $a_1, a_2, \cdots, a_n$ 排在序列 $b_1, b_2, \cdots, b_n$ 之前，如果存在 k 使得 $a_1=b_1$, $\cdots$, $a_k=b_k$ 并且 $a_{k+1}<b_{k+1}$。

（3）测试用例：即 9 组测试，分别顺序给出 1~9 作为输入。输出结果在此省略。

4. 实验分析

（1）问题分析

此问题用递归的思想比较容易理解：首先用一个数组存储 1~N。每次把 1 个数字挑出来放到最左边，然后递归地排列剩下的数字；当只剩下 1 个数字时，就可以输出了。输出后再把那个数字换回原位，继续挑下一个数字放到最左边，以此类推。例如当 N 取 3 时：

① 把 1 放最左边，递归排列 2 和 3，得到 123、132。

② 把 2 放最左边，递归排列 1 和 3，得到 213、231。

③ 把 3 放最左边，递归排列 1 和 2，得到 312、321。

一个简单（但并不正确）的解决方案是，对于当前要处理的数字序列，写一个循环，每次将第 i 个数字与当前最左边的数字进行交换。具体实现请见代码 2.10。

```
#include <stdio.h>

#define MAXN 9

void Swap(int L[], int i, int j)
{ /* 交换 L[i] 和 L[j] */
    int Tmp = L[i];L[i] = L[j];L[j] = Tmp;
}

void Permutation(int L[], int Left, int Right)
{ /* 递归处理从 L[Left] 到 L[Right] 的全排列 */
    int i;

    if(Left==Right){ /* 如果只剩 1 个数字，就输出当前的一组排列 */
```

```
            for(i=0;i<=Right;i++)printf("%d", L[i]);
            printf("\n");
        }
    else{
        for(i=Left;i<=Right;i++){
            Swap(L,Left,i);/* 挑出第 i 个数字，交换到最左边 */
            Permutation(L,Left+1,Right);/* 递归解决剩余问题 */
            Swap(L,Left,i);/* 完成一次排列后恢复原貌 */
        }
    }
}


int main()
{
    int N,L[MAXN],i;

    scanf("%d",&N);
    for(i=0;i<N;i++)L[i] = i+1;/* 将 1~N 顺序存入数组 */
        Permutation(L, 0, N-1);

        return 0;
}
```

源代码2-10:
不保证字典
序的全排列
算法

代码 2.10 不保证字典序的全排列算法

　　这个算法的错误在于,简单的交换会破坏字典序。仍然以 $N=3$ 为例,初始状态下的数字顺序是 1、2、3,当把 3 与最左边的 1 进行交换时,数组里依次存的是 3、2、1,最先被输出的将会是 321,而不是字典序靠前的 312。为了保证按字典序输出,希望把 3 换到最左边的同时,剩下的数字 1 和 2 能保持原有顺序**整体右移**,变成 3、1、2。所以,代码 2.10 中的 Swap( ) 函数应被替换成两个位移函数,第一个将剩下的数字整体右移,第二个通过整体左移将数组恢复原貌。具体实现请见代码 2.11。

　　由于每次递归将问题的规模减 1,所以需要 $O(N)$ 次递归。而每步递归占用的空间是常量,所以算法的空间复杂度就是 $O(N)$。

　　对于给定 N,有 $N!$ 种不同的排列,每种排列的输出需要 $O(N)$ 时间,所以算法复杂度至少是 $\Omega(N \times N!)$。这个 "保证按字典序输出" 的要求使得算法的每一步都增加了 $O(N_k)$ 工作量,其中 N_k 是第 k 步要处理的数字个数,但这个增加的工作量有没有从根本上改变算法的复杂度呢?

设处理规模为 N 的问题的时间复杂度为 $T(N)$。在处理的过程中，对每个被换到最左边的数字，需要 $2N$ 步将剩余数字整体移动两次，并用 $T(N-1)$ 的时间递归处理剩余数字。而需要被换到左边的数字有 N 个，所以得到递推式：$T(N)=N[2N+T(N-1)]$，并且 $T(1)=O(N)$。由此可得 $T(N)=O(N \times N!)$，证明留给读者去完成。

（2）实现要点

注意递归停止的条件是"只剩下 1 个数字"，此时对应的情况是左右两端重合。

5. 实验参考代码

```
#include <stdio.h>

#define MAXN 9

void RightShift(int L[], int Left, int i)
{
    int j, Tmp = L[i];
    for(j=i;j>Left;j--)L[j] = L[j-1];
    L[j] = Tmp;
}
void LeftShift(int L[], int Left, int i)
{
    int j, Tmp = L[Left];
    for(j=Left;j<i;j++)L[j] = L[j+1];
    L[j] = Tmp;
}


void Permutation(int L[], int Left, int Right)
{ /* 递归处理从 L[Left] 到 L[Right] 的全排列 */
    int i;
    if(Left==Right){/* 如果只剩 1 个数字，就输出当前的一组排列 */
        for(i=0;i<=Right;i++)printf("%d", L[i]);
        printf("\n");
    }
    else{
        for(i=Left;i<=Right;i++){
            RightShift(L, Left, i);
            Permutation(L, Left+1, Right);
```

```
            LeftShift(L,Left,i);
        }
    }
}

int main()
{
    int N,L[MAXN],i;

    scanf("%d", &N);
    for(i=0;i<N;i++)L[i] = i+1;
    Permutation(L, 0, N-1);

    return 0;
}
```

源代码2-11:
保证字典序
的全排列算
法

代码 2.11　保证字典序的全排列算法

6. 实验思考题

（1）证明代码 2.11 对应算法的时间复杂度是 $T(N)=O(N \times N!)$。
（2）如果不要求按字典序输出，则时间复杂度会是多少？

基础实验 2-2.1：整数的分类处理

1. 实验目的

（1）熟练掌握循环控制。
（2）熟练掌握 switch 语句控制多分支选择。

2. 实验内容

给定 N 个正整数，要求从中得到下列三种计算结果：
（1）A1= 能被 3 整除的最大整数。
（2）A2= 存在整数 K 使之可以表示为 $3K+1$ 的整数的个数。
（3）A3= 存在整数 K 使之可以表示为 $3K+2$ 的所有整数的平均值（精确到小数点后 1 位）。

3. 实验要求

（1）输入说明：首先在第一行给出一个正整数 N，随后一行给出 N 个正整数。所有数字都不超过 100,同行数字以空格分隔。

（2）输出说明:在一行中顺序输出 A_1、A_2、A_3 的值,其间以 1 个空格分隔。如果某个数字不存在,则对应输出 "NONE"。

（3）测试用例:

序号	输入	输出	说明
0	8 5 8 7 6 9 1 3 10	9 3 6.5	3 种都有
1	8 15 18 7 6 9 1 3 10	18 3 NONE	缺 A_3
2	7 15 21 9 18 6 3 36	36 NONE NONE	全被 3 整除
3	5 4 10 100 19 79	NONE 5 NONE	全是 $3k+1$
4	7 5 11 101 20 80 14 2	NONE NONE 33.3	全是 $3k+2$
5	1 1	NONE 1 NONE	最小 N
6	略	略	100 个随机数

4. 解决思路

（1）问题分析

此题涉及 3 种常见问题的解决:找出最大值、统计个数、求平均值（即同时求和并统计个数）。

首先需要用一个 for 循环逐一读入数据。在每次循环内要处理哪一种问题,取决于读入的数据对 3 取模后的结果,这是典型的 switch 语句运用的场景。

（2）实现要点

对于找最大值 A_1,需要将 A_1 初始化为任意小于最小正整数 1 的数字（例如 0）。最后如果发现 A_1 没有变成正数,就说明不存在被 3 整除的数字。

对于统计个数 A_2,需要将 A_2 初始化为 0,每发现一个进入此分支的整数就加 1。

对于要求的平均值 A_3,可以先将其用于求和,同时用一个辅助变量统计个数,最后相除。这两个变量都需要被初始化为 0。

5. 实验思考题

（1）如果将 A_1 改为 "能被 3 整除的最小整数",该如何修改程序?

（2）如果给 A_2 增加一个"数值不超过 50"的限制，该如何修改程序？

（3）如果把 A_3 的条件从"整数的平均值"改为"偶数的平均值"，该如何修改程序？

基础实验 2-2.2：求集合数据的均方差

1. 实验目的

（1）熟练掌握循环控制语句的使用方法。

（2）熟练掌握数组的含义、定义与使用方法。

（3）熟练掌握浮点数的输入与格式化输出的方法。

2. 实验内容

设计函数求 N 个给定整数的均方差。若将 N 个数 $A_1, A_2, \cdots, A_N$ 的平均值记为 Avg，则均方差计算公式为

$$\sqrt{\left[(A_1-\text{Avg})^2+(A_2-\text{Avg})^2+\cdots+(A_N-\text{Avg})^2\right]/N}$$

3. 实验要求

（1）输入说明：首先在第一行给出一个正整数 $N(\leqslant 10\,000)$，随后一行给出 N 个正整数。所有数字都不超过 1 000，同行数字以空格分隔。

（2）输出说明：输出这 N 个数的均方差，要求固定精度输出小数点后 5 位。

（3）测试用例：

序号	输入	输出	说明
0	10 6 3 7 1 4 8 2 9 11 5	3.03974	一般情况
1	1 2	0.00000	最小 N 的情况
2	10000 随机数略	略	最大 N 的情况

4. 解决思路

（1）问题分析

先将输入数据保存到数组中，然后根据题目所给公式进行计算：先求 N 个整数的平均数 Avg，然后使用一个变量将（A[i]-Avg）的平方结果逐步累加起来。最后将结果除以 N 并且使用求根函数 sqrt 返回结果。注意，使用数学函数时要正确地用 include 包含相应的 .h 文件，

并要注意函数的参数类型要求。

（2）实现要点

注意输入输出浮点数时，scanf 与 printf 函数中需要匹配数据类型。

5. 实验思考题

如果不保存输入，即在不使用数组的情况下，能否求出均方差？［提示：方差公式可转换为 $D(X)=E(X^2)-[E(X)]^2$，其中 $E(X)$ 为随机变量 X 的均值；均方差 $\sigma(X)=D(X)^{0.5}$］

基础实验 2-2.3：组合数的和

1. 实验目的

（1）熟练掌握嵌套循环控制语句的使用方法。

（2）熟练掌握数组的含义、定义与使用方法。

2. 实验内容

给定 N 个非 0 的个位数字，用其中任意 2 个数字都可以组合成 1 个 2 位的数字，要求所有可能组合出来的 2 位数字的和。例如给定 2、5、8，则可以组合出 25、28、52、58、82、85，它们的和为 330。

3. 实验要求

（1）输入说明：在第一行中给出 $N(1<N<10)$，随后一行给出 N 个不同的非 0 个位数字。数字间以空格分隔。

（2）输出说明：输出所有可能组合出来的 2 位数字的和。

（3）测试用例：

序号	输入	输出	说明
0	3 2 8 5	330	一般情况
1	2 8 4	132	最小 N
2	9 8 1 2 7 9 4 6 5 3	3960	最大 N

4. 解决思路

（1）问题分析

先将输入数据保存到数组 D[ ]中，然后通过双重循环遍历所有 2 个数字 D[i]和 D[j]组合成的 D[i]×10+D[j]，用一个求和变量把它们累加起来。

（2）实现要点

注意在循环中不能把同一个数字与自己组合，例如 2、8、5 不应该组合出 22、88、55。所以在嵌套循环中，需要加个判断，只有当 i 不等于 j 时才是有效组合。

5. 实验思考题

（1）如果用任意 3 个数字组合，该如何修改程序？

（2）* 如果不限制每个数字都是个位数字，题目改为任给 N 个一般的正整数，用其中 $M(<N)$ 个组合成一个数字，该如何解决？注意此时无法用简单的 M 重循环解决问题了，因为 M 是输入的一个数字，不再是固定的常数 2。[提示：考虑递归]

基础实验 2-2.4：装箱问题

1. 实验目的

（1）熟练使用嵌套循环控制。
（2）熟练理解和掌握数组存储结构的使用技巧。

2. 实验内容

假设有 N 项物品，大小分别为 $s_1, s_2, \cdots, s_i, \cdots, s_N$，其中 s_i 为满足 $1 \le s_i \le 100$ 的整数。要把这些物品装入到容量为 100 的一批箱子（序号 1 ~ N）中。装箱方法是，对每项物品，顺序扫描箱子，把该物品放入足以能够容下它的第一个箱子中。请写一个程序模拟这种装箱过程，并输出每个物品所在的箱子序号以及放置全部物品所需的箱子数目。

3. 实验要求

（1）输入说明：输入第一行给出物品个数 $N(\le 1\,000)$，第二行给出 N 个正整数 s_i（$1 \le s_i \le 100$，表示第 i 项物品的大小）。

（2）输出说明：按照输入顺序输出每个物品的大小及其所在的箱子序号，每个物品占 1 行，最后一行输出所需的箱子数目。

（3）测试用例：

序号	输入	输出	说明
0	8 60 70 80 90 30 40 10 20	60 1 70 2 80 3 90 4 30 1 40 5 10 1 20 2 5	一般情况
1	6 100 90 80 70 60 50	100 1 90 2 80 3 70 4 60 5 50 6 6	最坏情况
2	1 2	2 1 1	最小 N
3	1000 随机给出 1 000 个物品的大小	略	最大 N

4. 解决思路

（1）问题分析

对每个输入的大小为 s_i 的物品,都需要从第 1 号箱子开始检查是否能够容纳,如果能够容纳就将其放入,相应箱子的已有存储量就要增加;如果该所剩空间不足以容纳它,就检查下一只箱子。如此循环下去,因为一只空箱子是必定能够容纳一件物品的,所以,每件物品总可以找到可以容纳它的箱子。

（2）实现要点

解决这个问题显然需要两层嵌套循环控制。外层循环控制每个物品,内层循环寻找首个可以容纳该物品的箱子。用数组元素表示箱子被占据的容量,初值为 0,表示开始都是空箱子。一旦有物品放入某只箱子,就把相应的数组元素加上相应的大小。当某箱子对应的数组元素值加上要放置的物品的大小超过 100 时,表示该箱子已经不能容纳该物品,需考察下一只箱子。

5. 实验思考题

（1）分析你的程序在最坏的 s_i 序列情况下需要多少次比较。

（2）如何改进装箱策略,使得对给定的序列 $\{s_i\}(1 \leqslant i \leqslant N)$,装箱所需的箱子数目最少?

基础实验 2−2.5：整数分解为若干项之和

1. 实验目的

（1）熟练掌握循环控制语句。
（2）熟练掌握数组的定义与使用。
（3）熟练掌握递归算法的应用与设计。

2. 实验内容

将一个正整数 N 分解成几个正整数相加，可以有多种分解方法，例如 7=6+1，7=5+2，7=5+1+1，…。编程求出正整数 N 的所有整数分解式子。

3. 实验要求

（1）输入说明：输入正整数 N（ $0<N \leqslant 30$ ）。
（2）输出说明：按递增顺序输出 N 的所有整数分解式子。递增顺序是指，对于两个分解序列 $N_1=\{n_1, n_2, \cdots\}$ 和 $N_2=\{m_1, m_2, \cdots\}$，若存在 i 使得 $n_1=m_1$，…，$n_i=m_i$，但是 $n_{i+1}<m_{i+1}$，则 N_1 序列必定在 N_2 序列之前输出。每个式子由小到大相加，式子间用分号隔开，且每输出 4 个式子后换行。
（3）测试用例：

序号	输入	输出	说明
0	7	7=1+1+1+1+1+1+1；7=1+1+1+1+1+2；7=1+1+1+1+3；7=1+1+1+2+2 7=1+1+1+4；7=1+1+2+3；7=1+1+5；7=1+2+2+2 7=1+2+4；7=1+3+3；7=1+6；7=2+2+3 7=2+5；7=3+4；7=7	多行输出
1	3	3=1+1+1；3=1+2；3=3	一行内输出
2	1	1=1	最小 N
3	30	略	最大 N

4. 解决思路

（1）问题分析
本问题难以直接求解，因此要考虑能否采用分治策略，即将问题分解成同类型子问题来求解。不难看出，可以将整数 N 先分解出第一项 k_1，然后对剩下的 $N-k_1$ 再进行整数分解，而后者是一个同类型子问题，因此可以采用递归算法。

递归求解思路：分解当前整数 N 时，先通过循环枚举出第一项 k_1 的所有可能值，并记录下来，然后对 N−k_1 再进行整数分解，即以 N−k_1 为参数进行递归调用；注意递归调用的边界为剩余值不可再分解（即 N 等于 0）时，此时将结果输出。

为了输出完整式子，还需要在每一步递归时，保存当时分解得到的项。可以用两种方法保存：全局数组和字符串函数参数形式。

方法一：使用 Search（int Remainder, int Start, int nTerm）递归函数实现上述思路，表示目前已分解到第 nTerm 项，将对剩余值 Remainder 继续分解，且要求之后的每个分解项都大于 Start；用全局数组 Terms［］保存递归过程中的分解项。

方法二：类似方法一，但采用字符串函数参数 STerms［］来保存递归过程中得到的分解式子；其次可以注意到，方法一中由于加入了枚举起点值，可能造成剩余的数值小于起点值的情况，此时递归函数判断后直接结束，这样多次无意义地调用与退出函数，造成程序效率降低。因此方法二在递归调用前判断下一次的起点值是否大于剩余值，来避免此情况。

注意可能出现重复情况，例如同时出现 3=1+2 与 3=2+1 两种相同的分解情况，为此可以令分解时总是从小到大分解，即不允许形如 3=2+1 的情况，这样既能保证结果完整性，也避免了重复。为实现从小到大分解，可以加入分解的起点值参数，枚举分解项时总是从大于起点值的数值开始枚举。

（2）实现要点

首先要确定递归的终点，即无须再调用子函数的边界情况，这里为 N 等于 0 时。当 N==0 时，意味着全部分解完成，此时便可以将之前记录的项全部打印输出。

方法二中可使用 sprintf 函数将当前分解结果拼接到已有分解结果（作为函数参数传递进函数中），其中需要注意正确计算拼接的起始位置。

注意输出格式要求：每输出 4 个式子换行，式子间用分号隔开。为此可以加入变量 Count 记录当前结果数，Count%4!=1 时在式子前加入分号，Count%4==0 时在式子后加入换行符。在输出最后一个结果后，还需要检查一下 Count%4 的值，如果非 0，则说明还没有输出过换行符，于是需要补输出。

5. 实验思考题

（1）如何证明以上方法中所输出式子是完整的（穷尽所有情况），且不重复？

（2）此算法的时间复杂度为多少？如何计算一般递归函数的时间复杂度？

（3）如果不允许递归函数，应该如何修改程序？

进阶实验 2–3.1：海盗分赃

1. 实验目的

（1）熟练掌握循环控制语句的使用方法。

（2）熟练掌握数组存储的方法。

（3）掌握用反向递推的思路思考解决问题的方法。

2. 实验内容

P 个海盗偷了 D 颗钻石后来到公海分赃，一致同意如下分赃策略：首先，P 个海盗通过抽签决定 1-P 的序号。然后由第 1 号海盗提出一个分配方案（方案应给出每个海盗分得的具体数量），如果能够得到包括 1 号在内的绝对多数（即大于半数）同意，则按照该分配方案执行，否则 1 号将被投入大海喂鲨鱼；而后依次类似地由第 2 号、第 3 号等等海盗提出方案，直到能够获得绝对多数同意的方案出现为止，或者只剩下最后一位海盗，其独占所有钻石。请编写一个程序，给出第 1 号海盗的钻石分配方案中自己分得的钻石数量。

附带的三个假定：

（1）"聪明"与"贪婪"假定：每个海盗总能够以本人利益最大化作为行为准则。

（2）"人性化"假定：在能够取得尽量多钻石的情况下，海盗不会故意致同伙于死地。

（3）"无偏见"假定：海盗之间没有个人恩怨，分给其他海盗钻石的次序以小序号优先为原则。

3. 实验要求

（1）输入说明：在一行中给出 2 个正整数 D 和 P（$3 \leqslant P \leqslant D \leqslant 100$）。

（2）输出说明：输出第 1 号海盗的钻石分配方案中自己分得的钻石数量。

（3）测试用例：

序号	输入	输出	说明
0	10 7	6	即表 2.2 给出的例子
1	3 3	2	边界测试最小 D 和 P 以及两者相等的情况
2	100 3	99	测试最大 D 和最小 P 值
3	100 100	49	测试最大 D 和 P 值

4. 解决思路

（1）问题分析

本问题的求解不能仅仅停留在给出 1 号海盗可以"安全地"得到的最多钻石数，实际上一定还要求出整个钻石分配方案，即海盗 1~P 的每人钻石数量 D_1-D_P。要考虑在"聪明"和"贪婪"假定下，1 号海盗的整个分配方案，一定是基于下一轮次的 2 号海盗的"最佳"分配方案而设计的，而每个海盗都清楚 2 号分配方案，因为他们都足够"聪明"。利用这一点，1 号海盗给出的方案只需争取 2 号海盗的"最佳"分配方案中分得数量最少的半数的支持就可以了，因为这样付出的代价最小。所谓"争取"，就是分给他们的数量比在 2 号海盗的"最佳"分配方案中多一颗钻石。以此类推，2 号海盗的"最佳"分配方案是根据 3 号海盗的"最佳"分配方案而设计的,等等。

　　因此,最后剩下两个海盗时的分配方案将起到重要作用。$P-1$ 号海盗是不敢要 1 颗钻石的,因为他清楚那样将无法获得绝对多数的赞同(2 个人的绝对多数还是 2 个人),所以 P 号海盗将获得全部钻石。

　　由上面分析可知,计算的过程应该是反向进行的,即从只剩 2 人的分配方案,推算只剩 3 人的分配方案,直至剩 P 个人(即第 1 号海盗)的分配方案。

　　以海盗人数 $P=7$,钻石数量 $D=10$ 为例,看反向递推思维的过程如下(表 2.2)。

　　第 1 步:如果只剩最后两个海盗 6 号和 7 号,7 号海盗将得到全部 10 颗钻石。

　　第 2 步:6 号海盗为了不发生上面的情况,第 5 轮次的 5 号海盗只要给 6 号一颗钻石,他就会同意,7 号也就一颗都没有了(因为不需要他同意已经可以获得绝对多数赞成)。

　　第 3 步:4 号海盗要争取 5~7 号三位中的两位投赞成票,才可能有绝对多数,最小成本是争取 6、7 号。

　　第 4 步:3 号海盗要争取 4~7 号四位中的两位投赞成票,最小成本是争取 5 号和 7 号。

　　第 5 步:2 号海盗要争取 3~7 五位中的三位投赞成票,才可能有绝对多数,最小成本是争取 4、5、6 号。

　　第 6 步:1 号海盗要争取 2~7 六位中的三位投赞成票,最小成本是争取 3 号和 7 号,4 号和 6 号只需一位投赞成票就够了,根据“无偏见”假定,争取 4 号同意。

　　(2)实现要点

　　首先,可以采用二维数组存储上面的计算过程。依次计算矩阵每一行的“反下三角”部分的元素值:第 r 轮次计算从 r 到 P 的 $P-r+1$ 个元素的值,其中 $r+1$ 到 P 元素的值是从第 $r+1$ 轮次相应值中钻石数量最少的那一半元素加 1 颗钻石得到,另外的元素置 0 值(1 颗钻石也不给);而 r 位置的值就是总钻石数减去分给其他海盗的钻石数。最后算出第 1 轮次的第 1 个元素就是 1 号海盗分给自己的钻石数。

表 2.2　反向递推表

(海盗 $P=7$,钻石 $D=10$)		1	2	3	4	5	6	7
第 1 步	第 6 轮次钻石分配						0	10
第 2 步	第 5 轮次钻石分配					9	1	0
第 3 步	第 4 轮次钻石分配				7	0	2	1
第 4 步	第 3 轮次钻石分配			7	0	1	0	2
第 5 步	第 2 轮次钻石分配		6	0	1	2	1	0
第 6 步	第 1 轮次钻石分配	6	0	1	2	0	0	1

5. 实验思考题

　　如果不能采用二维数组存储数据,而只能采用一维数组,那么应该如何修改程序?

进阶实验 2-3.2：用扑克牌计算 24 点

1. 实验目的

（1）熟练掌握一维、二维数组的含义和定义、使用方法。

（2）熟练掌握数组数据的读入与输出方法。

（3）熟练掌握多层循环嵌套方法的使用方法。

2. 实验内容

一副扑克牌的每张牌表示一个数（J、Q、K 分别表示 11、12、13，两个司令都表示 6）。任取 4 张牌，即得到 4 个 1~13 的数，请添加运算符（规定为加、减、乘、除 4 种）使之成为一个运算式。每个数只能参与一次运算，4 个数顺序可以任意组合，4 个运算符任意取 3 个且可以重复取。运算遵从一定优先级别，可加括号控制，最终使运算结果为 24。请输出一种解决方案的表达式，用括号表示运算优先。如果没有一种解决方案，则输出 –1 表示无解。

3. 实验要求

（1）输入说明：在一行中给出 4 个整数，每个整数取值范围是 [1, 13]。

（2）输出说明：输出任一种解决方案的表达式，用括号表示运算优先。如果没有解决方案，请输出 –1。

（3）测试用例：

序号	输入	输出	说明
0	2 3 12 12	((3-2)*12)+12	表 2.3 中组合 1
1	5 5 5 5	(5*5)-(5/5)	表 2.3 中组合 2
2	1 3 5 6	(1+(3*6))+5	表 2.3 中组合 3
3	8 13 9 4	8+((13-9)*4)	表 2.3 中组合 4
4	2 13 7 7	2*(13-(7/7))	表 2.3 中组合 6
5	5 5 5 2	–1	无解情况

4. 解决思路

（1）问题分析

问题中涉及 4 个整数与 4 个运算符，每个运算解决方案的组合由 4 个数和 3 个运算符组成。4 个数顺序可以是任意的，运算符可以重复使用。由于 4 个数的顺序组合可以有 4!=24 种，从 4 个运算符中取 3 个且可重复的组合可以有 4^3=64 种，因此所有可能的组合有 24 × 64=1 536 种。

假定 s1，s2，s3，s4 是 4 个运算操作数，op1，op2，op3 表示 3 个运算符，运算表达式基本形式为"s1 op1 s2 op2 s3 op3 s4",保持4个数的排列顺序不变,用括号控制3个运算符的优先顺序,则有6种计算组合形式,如表2.3所示。

表 2.3 计算组合形式表

序号	简写表示形式	加上括号后的表示形式	运算规则说明
1	op1-op2-op3	((s1 op1 s2)op2 s3)op3 s4	表示先对 s1 和 s2 做 op1 运算,然后结果与 s3 做 op2 运算,最后结果与 s4 做 op3 运算
2	op1-op3-op2	(s1 op1 s2)op2(s3 op3 s4)	先对 s1 和 s2 做 op1 运算得结果1,然后对 s3 和 s4 做 op3 运算得结果2,最后对结果1和结果2做 op2 的运算
3	op2-op1-op3	(s1 op1(s2 op2 s3))op3 s4	先对 s2 和 s3 做 op2 运算的结果1,然后对 s1 和结果1做 op1 运算得结果2,最后对结果2和 s4 做 op3 运算,得最终结果
4	op2-op3-op1	s1 op1((s2 op2 s3)op3 s4)	先对 s2 和 s3 做 op2 运算得结果1,然后对结果1和 s4 做 op3 运算得结果2,最后对 s1 和结果2做 op1 运算,得最终结果
5	op3-op1-op2	(s1 op1 s2)op2(s3 op3 s4)	同(2),事实上,正确的应该是(s3 op3 s4)op2(s1 op1 s2),已经改变了顺序,可不考虑,因其他的排列顺序已经包括该情况
6	op3-op2-op1	s1 op1(s2 op2(s3 op3 s4))	先对 s3 和 s4 做 op3 运算得结果1,然后对 s2 和结果1做 op2 运算得结果2,最后对 s1 和结果2做 op1 运算,得最终结果

按照表2.3中的分析,形式5不必考虑,因此,只考虑其他5种形式即可。因数据个数较少,采用穷举算法遍历所有可能的组合,只要找到一种运算符和数据运算顺序的组合形式,就输出结果,并结束程序;否则输出"无解"。

（2）实现要点

① 数据存储问题:为处理方便,可用一个数组存放输入的4个整数,用一个数组存放4个运算符(+、-、*、/)。再定义一个二维数组存放4个整数的任意顺序组合,用一个二维数组存放3个运算符的组合。

② 遍历可能的运算组合:可采取操作数优先进行穷举,遍历各种可能的组合,任意取4个数组合和运算符的组合,进行运算。

③ 优先级别控制与计算:对给定的4个数据和3个运算符的组合方案,再按照优先级运算规则的各种形式(见表2.3),组成相应的一个运算方案依次进行运算,直到找到运算结果为24的方案为止。

④ 函数运用:为简化运算,定义对两个操作数进行某种运算得到一个结果的函数,多级

运算可以进行嵌套。

5. 实验思考题

（1）以上问题要求输出一种解决方案。如果要输出所有的解决方案，该如何实现？

（2）如果把本题问题扩展一下，给定扑克牌数为 N，运算符个数则为 $N-1$ 个，要求表达式得到任意给定的一个整数 M，该如何实现？

进阶实验 2–3.3：两个有序链表序列的交集

1. 实验目的

（1）熟练掌握循环控制语句的使用方法。
（2）熟练掌握构造新链表的方法。
（3）熟悉掌握链表的遍历查找操作与结点插入操作方法。

2. 实验内容

已知两个非降序链表序列 S_1 与 S_2，设计函数构造出 S_1 与 S_2 的交集新链表 S_3。

3. 实验要求

（1）输入说明：输入分两行，分别在每行给出由若干个正整数构成的非降序序列，用 –1 表示序列的结尾（ –1 不属于这个序列）。数字用空格间隔。

（2）输出说明：在一行中输出两个输入序列的交集序列，数字间用空格分开，结尾不能有多余空格；若新链表为空，输出 NULL。

（3）测试用例：

序号	输入	输出	说明
0	1 2 5 –1 2 4 5 8 10 –1	2 5	一般情况
1	1 3 5 –1 2 4 6 8 10 –1	NULL	交集为空
2	1 2 3 4 5 –1 1 2 3 4 5 –1	1 2 3 4 5	完全相交
3	3 5 7 –1 2 3 4 5 6 7 8 –1	3 5 7	其中一个序列完全属于交集
4	–1 10 100 1000 –1	NULL	其中一个序列为空
5	给出任意大数据量的输入	略	序列长度上限未定，所以应该用链表实现

4. 解决思路

（1）问题分析

设序列 S_1 与 S_2 的长度分别为 N_1 和 N_2。求交集可从两序列的列首开始比较，不断将相等的值移入新数列，并注意过程中不断更新下一次要比较的链表指针，需 $O(\min(N_1, N_2))$ 时间。

可以令结点指针 P1 指向 S_1 的首结点，P2 指向 S_2 的首结点，不断比较 P1 与 P2 所指结点的值：若两结点值相等，则创建新结点将这个值插入到新链表 S_3 的末尾，并将 P1 与 P2 分别往前移（P=P->Next）；若不相等，将较小结点的对应结点指针往前移。

创建结点时，注意用 malloc 函数申请内存；由于每次总是插入 S_3 末尾，可以用指针变量 pRear 指向 S_3 尾结点，添加新结点时插入 pRear 结点之后并更新 pRear。

如此反复直到某个链表遍历完，即 P1 或 P2 为空为止。

（2）实现要点

使用带空头结点的链表结构，可以简化程序。注意检查边界情况，例如当某个链表序列为空时的情况。

5. 实验思考题

如果允许利用和修改链表 S_1 与 S_2，如何在不申请新内存的情况下，构造出其交集序列链表?

进阶实验 2-3.4：素因子分解

1. 实验目的

（1）熟练理解和掌握递归函数的设计方法。
（2）熟练掌握如何找到递归函数的所有边界情况，即何时中止递归。
（3）熟练理解和掌握如何用非递归方法实现递归函数。

2. 实验内容

给定某个正整数 N，求其素因子分解结果，即给出其因式分解表达式 $N=p_1^{k_1} \cdot p_2^{k_2} \cdot \cdots \cdot p_m^{k_m}$。

3. 实验要求

（1）输入说明：输入 long int 范围内的正整数 N。
（2）输出说明：按给定格式输出 N 的素因式分解表达式，即 $N=p_1\char`^k_1*p_2\char`^k_2*\cdots*p_m\char`^k_m$，其中 p_i 为素因子并要求由小到大输出，指数 k_i 为 p_i 的个数；当 $k_i==1$ 即因子 p_i 只有一个时不输出 k_i。要求给出递归以及非递归两种求解算法。
（3）测试用例：

序号	输入	输出	说明
0	1323	1323=3^3*7^2	多个素因子
1	97532468	97532468=2^2*11*17*101*1291	有多个素因子，其中有因子只出现 1 次
2	1024	1024=2^10	只有 1 个素因子
3	3	3=3	N 是素数
4	1	1=1	特殊情况

4. 解决思路

（1）问题分析

递归方法：求出并输出当前值 N 的最小素因子 p 及其个数 k，接着求出剩余值 $N/(p^k)$ 的素因子分解式子，而后者为同类型子问题。递归的边界为当前剩余值为 1 或者素数时：值为 1 时直接退出；值为素数时，将其打印。

非递归方法：从 2 开始从小到大循环查找素因子，找到时同上所述输出此因子及其指数，然后接着找下一个因子。

（2）实现要点

递归方法的若干处理技巧：需要求出素因子 p 的个数，并根据其判断是否输出指数，因此找到 p 时，需循环将其所有 p 因子除尽；寻找当前最小因子 p 时，无须从 2 开始，而可以由上一轮所得因子之后的数值开始查找，因此可以在递归函数参数中加入查找起点值，提高效率。

查找数值 r 的因子 p 时，要提高效率可使用 for（p=3；p*p<=r；p+=2），其中 p==2 与 p==r 的情况单独考虑。

注意考虑边界情况，例如 $N==1$ 或素数时。

5. 实验思考题

（1）此算法的时间复杂度为多少？

（2）算法中寻找从小到大因子 p 时，并没有判断 p 是否为素数，为什么？能否证明此时 p 一定为素数？

第 3 章

线 性 结 构

本章实验内容主要围绕线性表、堆栈和队列这三部分内容,共包括了 9 个案例和 5 项基础实验、2 项进阶实验。这些题目涉及的知识内容如表 3.1 所示。

表 3.1 本章实验涉及的知识点

序号	题目名称	类别	内容	涉及主要知识点
3-1.1	线性表元素的区间删除	案例	从线性表中删除数值位于某区间内的所有元素	顺序存储的线性表
3-1.2	最长连续递增子序列	案例	查找线性表中最长的连续递增子序列	顺序存储的线性表
3-1.3	求链表的倒数第 m 个元素	案例	在不改变链表的前提下,求链表的倒数第 m 个元素	链式存储的线性表
3-1.4	一元多项式的乘法运算	案例	利用链表表示一元多项式,求两多项式的乘积	链式存储的线性表、多项式运算
3-1.5	符号配对	案例	检查 C 语言源程序中部分成对符号是否配对	堆栈、递归
3-1.6	堆栈操作合法性	案例	判断一系列入栈和出栈操作是否均合法	堆栈
3-1.7	汉诺塔的非递归实现	案例	借助堆栈以非递归方式求解汉诺塔的问题	堆栈
3-1.8	表达式转换	案例	中缀表达式转换为后缀表达式	堆栈、表达式求值

序号	题目名称	类别	内容	涉及主要知识点
3–1.9	银行业务队列简单模拟	案例	模拟有两个业务窗口的银行排队问题	队列
3–2.1	一元多项式求导	基础实验	利用链表表示一元多项式，求其导数	链式存储的线性表、多项式运算
3–2.2	单链表分段逆转	基础实验	将给定单链表的元素每 K 个逆转一段	链式存储的线性表
3–2.3	共享后缀的链表	基础实验	找到两个共享后缀链表的共享起点	链式存储的线性表
3–2.4	出栈序列的合法性	基础实验	判断一个出栈序列是否有可能得到	堆栈
3–2.5	堆栈模拟队列	基础实验	用两个堆栈模拟实现一个队列	堆栈、队列
3–3.1	求前缀表达式的值	进阶实验	给定前缀表达式，计算其值	递归、表达式求值
3–3.2	银行排队问题之单窗口"夹塞"版	进阶实验	排队时有"夹塞"现象，即队列中有分支队列存在时的模拟	队列

建议在学习中，选择 2 个案例进行深入学习与分析，再选择 2 个基础实验项目进行具体的编程实践。学有余力者可以挑战 1~2 个进阶实验项目。

案例 3–1.1：线性表元素的区间删除（主教材习题 3.3）

1. 实验目的

熟练掌握顺序存储的线性表的基本操作。

2. 实验内容

给定一个顺序存储的线性表，请设计一个函数删除所有值大于 min 并且小于 max 的元素。删除后表中剩余元素保持顺序存储，并且相对位置不能改变。

3. 实验要求

（1）函数接口说明：

```
List Delete(List L, ElementType minD, ElementType maxD);
```

其中 List 结构定义如下：

```
typedef int Position;
typedef struct LNode *List;
struct LNode {
    ElementType Data[MAXSIZE];
    Position Last;/* 保存线性表中最后一个元素的位置 */
};
```

L 是用户传入的一个线性表，其中 ElementType 元素可以通过 >、==、< 进行比较；minD 和 maxD 分别为待删除元素的值域的下、上界。函数 Delete 应将 Data[ ] 中所有值大于 minD 而且小于 maxD 的元素删除，同时保证表中剩余元素保持顺序存储，并且相对位置不变，最后返回删除后的表。

（2）测试用例：

序号	传入参数值				返回		说明
	Data	Last	minD	maxD	Data	Last	
0	4 –8 2 12 1 5 9 3 3 10	9	0	4	4 –8 12 5 9 10	5	删除中间元素，有连续删除
1	23 46 21 9 90 12	5	9	46	46 9 90	2	删除头尾元素
2	1 2 3 4 5 6	5	0	100	空	–1	全部删除
3	233	0	10	200	233	0	1 个元素，全无删除
4	略	10^5	–1	100	略	略	大规模数据，隔位删除

4. 实验分析

（1）问题分析

顺序存储的线性表最大的弱点，就是当删除某个元素时，必须移动其他元素以保持所有元素的顺序存储。本题涉及两个操作：一是判断一个元素是否在给定区间内，二是要删除这个元素。第一个操作很简单，第二个操作很耗时。这里重点讨论如何尽可能提高第二个操作的效率。

方法一：从左向右逐一扫描元素，如果这是一个需要删除的元素，就把它右边的元素整体左移。具体实现请见代码 3.1。这个方法非常简单直白。但如果所有元素都要删除，那么元素的移动次数就会是（N–1）+（N–2）+…+1=$O(N^2)$。当然，如果从右向左扫描，就可以避免这种尴尬。但是考虑最后一组测试数据，无论从哪一端开始扫描，都不能避免 $O(N^2)$ 的最坏时间复杂度。造成这种效率低下的原因，是每次移动元素时，都只移动 1 格，导致很多元素被移动了很多次才到达最终目的地。有没有"一步到位"的算法呢？

方法二： 新建一个数组，把每个应该保留的元素顺次存到新数组里。最后把新数组里的元素复制回 Data[ ]里。这样每个元素或者被删除，或者只需要移动 2 次就到达最终目的地，整体时间复杂度就降到了 $O(N)$。但是再仔细思考一下，真的有必要把保存的元素移动 2 次吗？令一个位置变量 p 始终指向 Data[ ]里面最左边可以填充的空格，把下一个应该保留的元素直接存到 Data[p]这个空格里，再将 p 向右移动 1 格，是不是就可以解决问题了？代码 3.2 实现了这个算法。

（2）实现要点

实现方法一时，当 Data[i]被删除后，要注意新填充到 Data[i]的这个元素还没有被检查过，所以应把 i 回退 1 格，使得下一次循环可以重新检查 i 这个位置的元素。

在方法二中，p 的初始值应该是从左向右扫描时发现的第一个应该被删除的元素位置。当所有元素被扫描完后，因为 p 此时指向表尾最后一个空格处，所以可以把 Last 更新为 p 的前一格位置。

5. 实验参考代码

方法一：

```
List Delete(List L,ElementType minD,ElementType maxD)
{
    int i,j;

    for(i=0;i<=L->Last;i++)  /* 扫描每个元素 L->Data[i] */
        if ((L->Data[i]>minD) && (L->Data[i]<maxD)){ /* 如果要删除 */
            for(j=i+1;j<=L->Last;j++)
                L->Data[j-1] = L->Data[j];/* 整体左移 */
            L->Last--;/* 更新表长 L->Last */
            i--;/* 令 i 指向当前最后一个不删除的元素 */
        }

    return L;
}
```

> 源代码3-1：
> 区间删除的
> 平方复杂度
> 算法

代码 3.1 区间删除的平方复杂度算法

方法二：

```
List Delete(List L,ElementType minD,ElementType maxD)
{
    int i,p;
```

```
for(i=0;i<=L->Last;i++)
    if ((L->Data[i]>minD) && (L->Data[i]<maxD))
        break;/* 找到第 1 个待删元素 */
p = i;/* p 指向最左边可以填充的空格 */
for(;i<=L->Last;i++) /* i 继续向右扫描 */
    if (!((L->Data[i]>minD) && (L->Data[i]<maxD)))
        /* 对每个应保留的元素 */
        L->Data[p++] = L->Data[i];/* 将之存到最左边可以填充的空格 */
        /* p 继续向右移动 1 格，指向下一个最左边可以填充的空格 */
L->Last = p-1;/* p 最后指向表尾最后一个空格处 */
return L;
}
```

源代码3-2：区间删除的线性复杂度算法

代码 3.2　区间删除的线性复杂度算法

6. 实验思考题

（1）在方法二中，为什么 p 向右移动 1 格后，仍然能保证它指向最左边可以填充的空格？

（2）方法二中提到了两种实现办法，它们的空间复杂度有什么不同？

案例 3-1.2：最长连续递增子序列（主教材习题 3.4）

1. 实验目的

熟练掌握顺序存储的线性表的基本操作。

2. 实验内容

给定一个顺序存储的线性表，请设计一个算法查找该线性表中最长的连续递增子序列。例如，$(1,9,2,5,7,3,4,6,8,0)$ 中最长的递增子序列为 $(3,4,6,8)$。

3. 实验要求

（1）输入说明：第 1 行给出正整数 $n(\leqslant 10^5)$；第 2 行给出 n 个整数，其间以空格分隔。

（2）输出说明：在一行中输出**第一次出现的**最长连续递增子序列，数字之间用空格分隔，序列结尾不能有多余空格。

（3）测试用例：

序号	输入	输出	说明
0	15 1 9 2 5 7 3 4 6 8 0 11 15 17 17 10	3 4 6 8	有相等元素；解不唯一，输出第一组
1	9 1 2 3 4 5 6 7 8 9	1 2 3 4 5 6 7 8 9	全顺序
2	9 9 8 7 6 5 4 3 2 1	9	全逆序
3	1 233	233	最小 n
4	略	略	最大 n，随机数据

4. 实验分析

（1）问题分析

由于题目要求输出找到的最长连续递增子序列，所以需要用一个线性表把数据存好，以备最后输出之用。有几个子问题需要解决。

① 从某个位置出发，找当前连续递增的子序列，并记录其长度和首尾位置。

② 找出最大的长度。

③ 找出最长连续递增子序列中左端点最靠左的那个序列。

要解决第 1 个问题，可以从左向右顺次判断当前元素 Data[i] 与其左边相邻元素 Data[i-1] 之间的大小关系：如果 Data[i] 更大，就继续向右延伸；否则就意味着 Data[i-1] 是一段连续递增子序列的末尾，而 Data[i] 是下一段连续递增子序列的开头。在扫描开始时，可以记录其左端点位置；在向右延伸的过程中，可以记录其当前长度和右端点的位置。

要从中找出最大长度，只需要设置一个变量 maxLen 来记录当前的最大长度，当找到一个子序列的末尾时，把这个序列的长度与 maxLen 比较，如果更长就更新这个值。

关于最长连续递增子序列可能不唯一的问题，只需要在每次得到更长子序列时记录这个子序列的左右端点，而忽略并列的解，就可以了。

（2）实现要点

在扫描当前连续递增的子序列时，需要设置 3 个辅助变量：thisLen 随着序列向右延伸而递增，记录当前连续递增子序列的长度；thisL 和 thisR 分别记录当前连续递增子序列的左右端点位置，其中 thisR 随着序列延伸而延伸。

由于原始序列不为空，所以最长连续递增子序列至少会包含 1 个元素。于是初始状态下，把 Data[0] 当成当前的子序列，对记录长度和位置的变量进行初始化。但这样也带来一个问题：因为只有当发现相邻两个元素大小错位时，才会意识到这是一段连续递增子序列的末尾，才会更新 maxLen；那么如果序列最右边的一段是递增的，直到扫描到序列结束，都没有机会检查更新 maxLen。所以为了避免出错,在扫描结束后又加了一道检查,看最后一段子序列的长度是否更长。当然,在一个函数内出现重复的代码是很不优雅的,你有更好的办法解决这个问题吗?

5. 实验参考代码

```c
#include <stdio.h>
#include <stdlib.h>

#define MAXSIZE 100000
typedef int ElementType;

typedef int Position;
typedef struct LNode *List;
struct LNode {
    ElementType Data[MAXSIZE];
    Position Last;/* 保存线性表中最后一个元素的位置 */
};

List ReadInput()
{
    List L;
    int N;

    L = (List)malloc(sizeof(struct LNode));
    scanf("%d", &N);
    for(L->Last=0;L->Last<N;L->Last++)
        scanf("%d", &L->Data[L->Last]);
    L->Last--;
    return L;
}

void PrintResult(List L, Position Left, Position Right)
{
    Position i;

    printf("%d", L->Data[Left]);
    for(i=Left+1; i<=Right;i++)
        printf("%d", L->Data[i]);
```

```
        printf("\n");
    }

int main()
{
    List L;
    Position Left, Right, thisL, thisR, i;
    int maxLen, thisLen;

    L = ReadInput();/* 读入整个序列 */
    /* 初始化当前子序列为 Data[0] */
    Left = Right = thisL = thisR = 0;
    maxLen = thisLen = 1;

    for(i=1;i<=L->Last;i++){
        if(L->Data[i]>L->Data[i-1]){ /* 递增 */
            thisLen++;/* 当前长度递增 */
            thisR++;/* 当前右端点延伸 */
        }
        else { /* Data[i] 不属于当前子序列 */
            if(thisLen > maxLen) { /* 更长序列 */
                maxLen = thisLen;
                Left = thisL;Right = thisR;
            }
            /* 将 Data[i] 计入下一个子序列 */
            thisLen = 1;thisL = thisR = i;
        }
    }
    if(thisLen > maxLen) { /* 处理末尾的子序列 */
        maxLen = thisLen;
        Left = thisL;Right = thisR;
    }
    PrintResult(L, Left, Right);

    return 0;
}
```

源代码3-3：
最长连续递
增子序列的
解

代码 3.3 最长连续递增子序列的解

6. 实验思考题

（1）如果不要求输出子序列，只要输出最大长度，还有必要存储数据吗？代码 3.3 该如何修改？

（2）如果题目要求改为输出最后一个出现的最长递增子序列，代码 3.3 该如何修改？

案例 3-1.3：求链表的倒数第 m 个元素（主教材习题 3.5）

1. 实验目的

熟练掌握链式线性表的基本操作，并关注操作效率。

2. 实验内容

请设计时间和空间上都尽可能高效的算法，在不改变链表的前提下，求链式存储的线性表的倒数第 m（>0）个元素。

3. 实验要求

（1）函数接口说明：

```
ElementType Find(List L, int m);
```

其中 List 结构定义如下：

```
typedef struct Node *PtrToNode;
struct Node {
    ElementType Data;/* 存储结点数据 */
    PtrToNode   Next;/* 指向下一个结点的指针 */
};
typedef PtrToNode List;/* 定义单链表类型 */
```

L 是给定的带头结点的单链表；函数 Find 要将 L 的倒数第 m 个元素返回，并不改变原链表。如果这样的元素不存在，则返回一个错误标志 ERROR。

（2）测试用例：

序号	传入参数值		返回		说明
	L	m	元素	L	
0	1 2 4 5 6	3	4	1 2 4 5 6	一般情况
1	2 7 8	3	2	2 7 8	m 等于长度
2	8 7 5 10 233	1	233	8 7 5 10 233	最小 m
3	空	233	ERROR	空	m 大于长度，空链表
4	略	略	略	略	大规模数据，用于效率比较

4. 实验分析

（1）问题分析

该题目有很多不同解法。例如先扫描一遍链表，得到其长度 N。再从头扫描链表找到第 $N-m+1$ 个元素，即是倒数第 m 个。但注意到题目要求"尽可能高效的算法"，上述扫描 2 遍的算法需要查看 $2N-m+1$ 次，并不是最快的。

另外，还有一种空间复杂度高的算法，例如在扫描完输入从而得到链表长度 N 后，创建数组 $A[N]$，将链表中的数据值复制到数组 $A[\ ]$ 中，然后直接输出 $A[N-m]$。表面上看似乎只扫描了 1 遍链表，但是复制数据的时间一般大大超出查看结点的时间，所以效率也是不够高的。

一种比较巧妙的方法是，定义两个指针变量 p1 和 p2，在初始时指向 L 的头结点。指针 p1 先开始移动；当 p1 指针移动到第 m 个结点时，p2 指针开始与 p1 指针同步移动；当 p1 指针移动到链表最后一个结点时，p2 指针所指元素为倒数第 m 个结点。

（2）实现要点

不管是采用上述哪种方法，只要确定了算法思路，本题都不难实现。关键是要对程序进行精细的设计，分析程序中主要操作（本题主要是计数和指针移动）的执行次数，避免不必要的动作，减少主要操作的执行次数。

5. 实验参考代码

```
ElementType Find(List L, int m)
{
    List p1, p2;
    int Counter;


    p1 = p2 = L;
    Counter = 0;
    while(p1 && (++Counter <= m))
        p1 = p1->Next; /* p1 移动到第 m 个结点 */
    if (Counter <= m)
        return ERROR;/* m 超过了链表长度，不存在倒数第 m 个元素 */
    while(p1) { /* 两指针同步移动，直到 p1 到达表尾 */
        p1 = p1->Next;
        p2 = p2->Next;
    }
    return p2->Data;/* 此时 p2 指向倒数第 m 个元素 */
}
```

源代码3-4：求链表的倒数第 *m* 个元素

代码 3.4　求链表的倒数第 *m* 个元素

6. 实验思考题

还有一种稍微复杂的三指针算法效率有可能更高。该算法的思路是,用一个指针 p 遍历链表,另外 2 个指针 p1 和 p2 相隔 m 个元素(p1 在前);只有当 p 走过 m 的整数倍距离时,另外 2 个指针才同时向前跳进。当 p 完成遍历时,计数器中存的是 p1 到表尾的距离,然后将 p2 移动这个距离,p2 就指向了倒数第 m 个元素。读者可以自己实现上述这些算法,并进行比较。

案例 3–1.4:一元多项式的乘法运算(主教材习题 3.6)

1. 实验目的

熟练掌握链式线性表的基本操作以及在多项式运算上的应用。

2. 实验内容

请设计实现两个链式存储的一元多项式乘法运算的算法,并分析该算法的时间复杂度。

3. 实验要求

(1)输入说明:输入分 2 行,每行分别先给出多项式非零项的个数,再以指数递降方式输入一个多项式非零项系数和指数(绝对值均为不超过 1 000 的整数)。数字间以空格分隔。

(2)输出说明:在 1 行中以指数递降方式输出乘积多项式非零项的系数和指数。数字间以空格分隔,但结尾不能有多余空格。

(3)测试用例:

序号	输入	输出	说明
0	4 3 4 –5 2 6 1 –2 0 3 5 20 –7 4 3 1	15 24 –25 22 30 21 –10 20 –21 8 35 6 –33 5 14 4 –15	一般情况
1	2 1 2 1 0 2 1 2 –1 0	1 4 –1 0	同类项合并时有抵消
2	2 –1000 1000 1000 0 2 1000 1000 –1000 0	–1000000 2000 2000000 1000 –1000000 0	系数和指数取上限
3	0 1 999 1000	0 0	输入有零多项式,结果为零多项式

4. 实验分析

（1）问题分析

由于多项式可能非常稀疏，所以宜采用链式线性表表示，仅存储非零项。出于算法通用性考虑，在计算中不破坏原始输入的两个多项式，需要建立新的链表存储结果多项式。

对于两个多项式 P1 和 P2 相乘，可有两种求解思路。

① 利用多项式的加法运算，即将多项式 P2 的每一项分别与 P1 多项式相乘，其结果也是一个多项式。应用多项式的加法运算，逐步将这些多项式累加，就可获得结果。

② 直接运算，逐项插入。将多项式 P2 的每一项分别与 P1 各项相乘，将所乘形成的新项插入到中间结果多项式中。该中间结果多项式一开始为空，并以指数递减的顺序维持当前的运算中间状态。当有新项需要插入时，相当于在一个递减链表中插入一个新结点，并维持递减顺序。如果插入的新结点的指数与链表中某结点的指数一样，则将它们的系数相加；如果系数相加后的结果为零，则从中间结果链表中删除相应结点，否则就更改链表中的系数值；如果不存在指数相同的结点，则将新结点插入到相应位置。这种算法的实现见代码 3.5。

（2）实现要点

不管是采用上述哪种方法，都需要使用一个链表 P 表示当前运算的中间状态（也是一个多项式），P 一开始是空的。如果直接使用多项式加法运算，则每次将 P2 的某项与 P1 相乘的结果生成一个新多项式 TmpP，然后将 TmpP 加到 P 中，使 P 保持目前的运算结果。如果采用直接插入各项的方法，则将 P2 的某项与 P1 的某项相乘的结果（系数相乘，指数相加），按顺序插入到 P 中。

微视频3-1：
逐项插入法
的详细讲解

5. 实验参考代码

```c
#include<stdio.h>
#include<stdlib.h>

typedef struct PolyNode *PtrToPolyNode;
struct PolyNode {
    int Coef;
    int Expon;
    PtrToPolyNode Next;
};
typedef PtrToPolyNode Polynomial;

void Attach(int coef, int expon, Polynomial *PtrRear)
```

```
{   /* 将由 (coef, expon) 构成的新项插入到 PtrRear 间接指向的结点后面 */
    Polynomial P;
    /* 申请一新结点 */
    P = (Polynomial)malloc(sizeof(struct PolyNode));
    P->Coef = coef;    /* 对新结点赋值 */
    P->Expon = expon;
    P->Next = NULL;
    /* 将 P 指向的新项插入到当前结果表达式尾项的后面 */
    (*PtrRear)->Next = P;
    *PtrRear = P; /* 修改 PtrRear 值 */
}


Polynomial ReadPoly()
{   /* 读入并建立多项式 */
    Polynomial  P, Rear, t;
    int coef, expon, N;

    scanf("%d", &N);
    /* 为了程序处理方便起见，先构造一个链表头空结点 */
    P = (Polynomial)malloc(sizeof(struct PolyNode));
    P->Next = NULL;
     Rear = P;
     while(N--) {
        scanf("%d %d", &coef, &expon);
        Attach(coef, expon, &Rear);/* 将当前项插入多项式尾部 */
     }
     /* 删除临时生成的头结点 */
    t = P; P = P->Next; free(t);
    return P;
}


Polynomial Mult(Polynomial P1, Polynomial P2)
{
    Polynomial P, Rear, t1, t2, t;
    int coef, expon;
```

```
if (!P1 || !P2) return NULL;

t1 = P1;t2 = P2;
P = (Polynomial)malloc(sizeof(struct PolyNode));
P->Next = NULL;
Rear = P;
while (t2) { /* 先用 P1 的第 1 项乘以 P2, 得到 P */
    Attach(t1->Coef*t2->Coef, t1->Expon+t2->Expon, &Rear);
    t2 = t2->Next;
}
t1 = t1->Next;
while (t1){ /* 用 P1 的每一项乘以 P2 */
    t2 = P2;Rear = P;
    while (t2) { /* P1 与 P2 的两项相乘并插入 P */
        /* 计算乘积项 */
        expon = t1->Expon + t2->Expon;
        coef = t1->Coef * t2->Coef;
        /* 找到合适的插入位置 */
        while (Rear->Next && Rear->Next->Expon > expon)
            Rear = Rear->Next;
        /* 如果 P 有指数相同的项，叠加 */
        if (Rear->Next && Rear->Next->Expon == expon) {
            if (Rear->Next->Coef + coef)
                Rear->Next->Coef += coef;
            else { /* 如果系数叠加后为 0, 则删除该项 */
                t = Rear->Next;
                Rear->Next = t->Next;
                free(t);
            }
        }
        else{ /* P 中没有指数相同项，插入新结点 */
            t = (Polynomial)malloc(sizeof(struct PolyNode));
            t->Coef = coef;t->Expon = expon;
            t->Next = Rear->Next;
            Rear->Next = t;Rear = Rear->Next;
        }
    t2 = t2->Next;
```

```
        }
        t1 = t1->Next;
    }
    /* 删除临时生成的头结点 */
    t = P; P = P->Next; free(t);

    return P;
}

void PrintPoly(Polynomial P)
{   /* 输出多项式 */
        if (!P) printf("0 0\n");/* 输出零多项式 */
        else {
            printf("%d %d", P->Coef, P->Expon);
            P = P->Next;
            while(P){
                printf(" %d %d", P->Coef, P->Expon);
                P = P->Next;
            }
            printf("\n");
        }
}

int main()
{
        Polynomial P1, P2, P;

        P1 = ReadPoly();
        P2 = ReadPoly();
        P = Mult(P1, P2);
        PrintPoly(P);

        return 0;
}
```

源代码3-5:
计算一元多
项式乘积的
逐项插入法

代码 3.5 计算一元多项式乘积的逐项插入法

6. 实验思考题

本题以链表的方式表示多项式,读者可以改用数组的方式实现相应的多项式乘法与加法运算。

案例 3-1.5：符号配对（主教材习题 3.8）

1. 实验目的

掌握利用堆栈和递归函数解决问题的方法。

2. 实验内容

请编写程序检查 C 语言源程序中下列符号是否配对:/* 与 */、(与)、[与]、{ 与 }。

3. 实验要求

（1）输入说明:输入为一个 C 语言源程序。当读到某一行中只有一个句点 "." 和一个回车时,标志着输入结束。程序中需要检查配对的符号不超过 100 个。

（2）输出说明:首先,如果所有符号配对正确,则在第一行中输出 YES,否则输出 NO。然后在第二行中指出第一个不配对的符号:如果缺少左符号,则输出 "? – 右符号";如果缺少右符号,则输出 "左符号 – ?"。

（3）测试用例:

序号	输入	输出	说明
0	```void test() { int i,A[10]; for (i=0;i<10;i++) /* A[i] = i; } .```	NO /*-?	缺右边
1	```void test() { int i,A[10]; for (i=0;i<10;i++) /**/ A[i] = i; }] .```	NO ?-]	缺左边

续表

序号	输入	输出	说明
2	```void test()
{
int i
double A[10];
for (i=0;i<10;i++) /**/
A[i] = 0.1*i;
}
.```	YES	匹配正确
3	`((((s d){*})/****/)` .	NO (-?	开头有多余左符号
4	```void test()
{
int i
double A[10];
for (i=0;i<10;i++) /**/
A[i] = 0.1*i;
}
)))
.```	NO ?-)	结尾有多余右符号
5	略	略	左右符号个数相同,达到最大值,但不匹配

4. 实验分析

（1）问题分析

左右符号匹配问题的核心操作是,首先应该读入一系列左半符;当读到一个右半符时,将之与最后一个读到的左半符匹配:如果可以匹配就消掉一对,否则报错。也就是后面读进的左半符需要先处理,这是典型的"后进先出"案例。可以用一个辅助堆栈来保存顺序读入的左半符。基本算法的伪码如下:

```
建立空堆栈 S;
while (1) {
    读入一个字符 c;
    if（已经读到了输入的结尾）跳出循环;
    else {
        if(c是左半符）将c入栈;
```

```
        else if(c 是右半符) {
                if(堆栈已空)   { 报错(右半符不匹配);跳出循环;}
                else   if(栈顶的左半符与 c 不匹配)
                      { 报错(左半符不匹配);跳出循环;}
                else    删除栈顶的左半符,即消去一对正常匹配的符号;
            }
        }
    }
    if(堆栈还没空)    报错(左半符不匹配);
```

代码 3.8 给出了这个核心函数的具体实现。由于输入的每个字符都只被处理了一次,所以时间复杂度显然是 $O(N)$,这里 N 是输入的总长度。又因为需要一个辅助堆栈存放左半符,所以额外的空间复杂度也是 $O(N)$。

(2)实现要点

在核心算法中,有几个小问题需要解决。

① 如何判断"已经读到了输入的结尾"?

题目要求中说明"某一行中只有一个句点和一个回车"就表示输入结束,这里其实包含了 3 个要素:新起一行,读到句点,后面是回车。但"新起一行"是从当前的读入中无法知道的,只能设置一个变量 newline 来标识:每当读入一个回车时,就把它设为 1;如果读入的不是回车就设为 0。代码 3.9 中的 IsEnd 函数完成这个判断。

② 如何判断 c 是什么类型的字符?

首先用 enum 列出所有需要处理的字符类型,并将之命名为 Token 类型:

```
typedef  enum{ret, lc, lbrc, lbrkt, lpr, rc, rbrc, rbrkt, rpr, others}To-
ken;
```

这里 ret 对应回车;others 对应其他不用匹配的字符;其他 l 开头的对应左半符,r 开头的对应右半符。注意左右半符的对应顺序是一致的,即左半符顺序对应 /*、{、[、(,右半符顺序对应 */、}、]、)。

于是可以写一个简单的函数 GetToken(见代码 3.9),根据 c 的内容将其转换成相应的 Token 类型。其中左右注释符略麻烦,因为它们是由两个字符组成的。当 c 是"/"时,需要多读一个字符,看看是不是"*"。如果不是,则说明这个"/"是不需要处理的普通字符,还需要递归调用 GetToken 去处理新读入的这个字符。右半个注释符的处理与此类似。

③ 如何判断两个符号是否匹配?

在第②点中强调了,在 enum 中左右半符的对应顺序必须是一致的,这就意味着一对匹配的左右字符之间的间距是一样的。例如,/* 对应 lc,值为 1;*/ 对应 rc,值为 5,相差为 4。可以观察到{}、[ ]、( )也是一样,左右半符的差值都是 4。代码 3.9 中的 IsPaired 函数就利用这个特点完成了是否匹配的判断。

此外,由于用到了堆栈操作,代码 3.7 给出了一套简化版的堆栈相关函数的实现。注意与常见的 Pop(即"出栈")函数不同,这里把出栈分成了两个动作:Peek 函数只返回栈顶元素的值,并不删除该元素(所以叫 Peek);Pop 函数只删除栈顶元素。

最后,当 main 函数调用核心函数 Check 时,除了需要知道其返回的错误类型,如果有错还需要知道出错的半边符号是什么,以便最后输出。所以 Check 函数带了两个符号变量的地址作为参数,完成检查后,需要把出问题的左右两个半符存到两个对应的地址里去。

5. 实验参考代码

```c
#include <stdio.h>
#include <stdlib.h>

#define MAXN 100
typedef enum{ false, true } bool;
typedef enum{ ret, lc, lbrc, lbrkt, lpr, rc, rbrc, rbrkt, rpr, others }
Token;
typedef Token ElementType;

/*----- 堆栈的定义 -----*/
typedef int Position;
typedef struct SNode *PtrToSNode;
struct SNode {
    ElementType *Data;
    Position Top;
    int MaxSize;
};
typedef PtrToSNode Stack;

Stack CreateStack(int MaxSize);
bool IsEmpty(Stack S);
void Push(Stack S, ElementType X);
ElementType Peek(Stack S);
void Pop(Stack S);
/*----- 堆栈的定义结束 -----*/
```

```
bool IsEnd(int newline, char *c);
Token GetToken(char c);
bool IsPaired(Token t1, Token t2);
void PrintS(Token t);
int Check(Token *T1, Token *T2);

int main()
{
    Token T1, T2;
    int error = Check(&T1, &T2);

    if (!error) printf("YES\n");
    else {
        printf("NO\n");
        switch(error) {
            case 1: printf("?-");PrintS(T1);break;
            case 2: PrintS(T2);printf("-?");break;
            default: break;
        }
        printf("\n");
    }
    return 0;
}
```

源代码3-6:
符号配对算
法的主程序

代码 3.6　符号配对算法的主程序

```
Stack CreateStack(int MaxSize)
{
    Stack S = (Stack)malloc(sizeof(struct SNode));
    S->Data = (ElementType *)malloc(MaxSize * sizeof(ElementType));
    S->Top = -1;
    S->MaxSize = MaxSize;
    return S;
}


bool IsEmpty(Stack S)
{
```

```
        return (S->Top == -1);
    }

    void Push(Stack S, ElementType X)
    {
        S->Data[++(S->Top)] = X;
    }

    ElementType Peek(Stack S)
    {
        return(S->Data[S->Top]);
    }

    void Pop(Stack S)
    {
        (S->Top)--;
    }
```

源代码3-7：
堆栈相关操
作

代码 3.7　堆栈相关操作

```
    int Check(Token *T1, Token *T2)
    {
        Stack S;/* 检测匹配用的堆栈 */
        char c; /* 存读入的字符 */
        Token t;/* 存字符转换后的类型 */
        int newline,error;/* newline 标识当前是否新行，error 标识错误 */


        S = CreateStack(MAXN);
        newline = 1;error = 0;/* 初始为新行，没有错误 */
        while(1) {
            scanf("%c", &c);
            if (IsEnd(newline,&c)) break;/* 如果已经读到结尾，则跳出循环 */
            else {
                switch(t = GetToken(c)) { /* 解析 c 的类型 */
                    /* 如果是左半符 */
                    case lc:
                    case lbrc:
                    case lbrkt:
```

```
                        case lpr:
                            /* 左半符入栈，不再是新行 */
                            Push(S,t);newline = 0;break;
                        /* 如果是右半符 */
                        case rc:
                        case rbrc:
                        case rbrkt:
                        case rpr:
                            /* 若堆栈已空，右半符不匹配 */
                            if (IsEmpty(S)) error = 1;
                            /* 若栈顶元素和当前读入不匹配，左半符不匹配 */
                            else if (!IsPaired(t,Peek(S))) error = 2;
                            else Pop(S);/* 一切正常，消去一对 */
                            newline = 0;/* 不再是新行 */
                            break;
                        case ret: newline = 1;break;/* 遇回车则标识新行 */
                        default: newline = 0;break;/* 其他字符跳过不处理 */
                    }
                    if (error) break;/* 如果发现错误则跳出循环 */
                }
            }
            /* 读到结尾时堆栈还没空，左半符有多 */
            if (!error && !IsEmpty(S)) error = 2;
            (*T1) = t;(*T2) = Peek(S);

            return error;
        }
```

代码 3.8　符号配对的核心函数

源代码3-8：
符号配对的
核心函数

```
bool IsEnd(int newline,char *c)
{ /* 判断是否读到结尾 */
    if(newline && (*c)=='.') {
        scanf("%c",c);
        if ((*c)=='\n') return true;
        else return false;
```

```
    }
    else return false;
}


Token GetToken(char c)
{ /* 返回字符的类型 */
    switch(c) {
      case '\n': return ret;
      case '{': return lbrc;
      case '[': return lbrkt;
      case '(': return lpr;
      case '/':
            scanf("%c", &c);
            if (c=='*') return lc;
            else return GetToken(c);
            /* 如果不是左注释符，还要检查 c 的类型 */
      case '}': return rbrc;
      case ']': return rbrkt;
      case ')': return rpr;
      case '*':
            scanf("%c", &c);
            if (c=='/') return rc;
            else return GetToken(c);
            /* 如果不是右注释符，还要检查 c 的类型 */
      default: return others;
    }
}
bool IsPaired(Token t1, Token t2)
{
    return (t1-t2)==4;
    /* t1 是右半符，t2 是左半符 */
    /* 如果它们的 enum 值差 4，说明是匹配的 */
}


void PrintS(Token t)
```

```
{
    switch(t) {
        case lc: printf("/*");break;
        case lbrc: printf("{");break;
        case lbrkt: printf("[");break;
        case lpr: printf("(");break;
        case rc: printf("*/");break;
        case rbrc: printf("}");break;
        case rbrkt: printf("]");break;
        case rpr: printf(")");break;
        default: break;
    }
}
```

源代码3-9：
符号配对的
辅助函数

代码 3.9　符号配对的辅助函数

6. 实验思考题

（1）如果用常规的 Pop 函数，不用 Peek，该如何改写程序？

（2）如果还需要检查“<”和“>”是否匹配，该如何改写程序？

（3）* 在（2）的基础上，如果要排除“–>”和大于号、小于号的影响，判断真正的尖括号是否匹配，该如何改写程序？

案例 3–1.6：堆栈操作合法性（主教材习题 3.9）

1. 实验目的

熟练掌握堆栈的基本操作方法。

2. 实验内容

假设以 S 和 X 分别表示入栈和出栈操作。如果根据一个仅由 S 和 X 构成的序列，对一个空堆栈进行操作，相应操作均可行（如没有出现删除时栈空）且最后状态也是栈空，则称该序列是合法的堆栈操作序列。请编写程序，输入 S 和 X 序列，判断该序列是否合法。

3. 实验要求

（1）输入说明：第一行给出两个正整数 N 和 M，其中 N 是待测序列的个数，M（$\leqslant 50$）是堆栈的最大容量。随后 N 行，每行中给出一个仅由 S 和 X 构成的序列。序列保证不为空，且长度不超过 100。

（2）输出说明：对每个序列，如果该序列是合法的堆栈操作序列，在一行中输出 YES，否则输出 NO。

（3）测试用例：

序号	输入	输出	说明
0	4 10 SSSXXSXXSX SSSXXSXXS SSSSSSSSSSXSSXXXXXXXXXX SSSXXSXXX	YES NO NO NO	NO 的情形包括堆栈非空、X 空栈、S 满栈，非法操作发生在序列中间及结尾
1	6 3 S X XX SS SX XS	NO NO NO NO YES NO	最短序列、次短序列
2	略	略	最长序列，复杂组合

4. 实验分析

（1）问题分析

本题的算法十分简单，首先用一个循环来处理每个序列。在一次循环里，将待处理的序列读入一个字符串中，然后逐一检查每个字符：如果是 S，就检查入栈是否成功（如果堆栈已满就会不成功）；如果是 X，就检查出栈是否成功（如果堆栈已空就会不成功）。最后当所有字符都处理完时，检查当前堆栈是不是正好空了，如果还没空也要报错。具体实现请见代码 3.10。

（2）实现要点

主要是一系列堆栈相关函数的实现。注意到这里并不关心堆栈里的元素是什么，只关心这个操作能不能执行，所以入栈时随便把什么元素压入都可以，出栈时也并不需要获得栈顶元素，而是需要一个可否出栈的标识。

另外，每次循环要处理一个新序列时，必须把上次循环后可能残留在堆栈中的元素清空，所以代码 3.11 中还实现了一个清空函数 Clear。

5. 实验参考代码

```c
#include <stdio.h>
#include <stdlib.h>

#define MAXS 101
#define MAXN 50

typedef enum{ false, true } bool;
typedef int ElementType;

/*----- 堆栈的定义 -----*/
typedef int Position;
typedef struct SNode *PtrToSNode;
struct SNode {
    ElementType *Data;
    Position Top;
    int MaxSize;
};
typedef PtrToSNode Stack;

Stack CreateStack(int MaxSize);
bool IsEmpty(Stack S);
bool IsFull(Stack S);
bool Push(Stack S, ElementType X);
bool Pop(Stack S);
void Clear(Stack S);
/*----- 堆栈的定义结束 -----*/

int main()
{
    int N, M, i, j;
    char Str[MAXS];
    Stack S;

    scanf("%d %d\n", &N, &M);
```

```
    S = CreateStack(M);

    for (i=0;i<N;i++) {
        scanf("%s", Str);
        Clear(S);
        for(j=0;Str[j]!='\0';j++) {
            if ((Str[j]=='S') && (!Push(S,1))) break;
            if ((Str[j]=='X') && (!Pop(S))) break;
        }
        if ((Str[j]=='\0') && IsEmpty(S)) printf("YES\n");
        else printf("NO\n");
    }
    return 0;
}
```

源代码3-10:
堆栈操作合
法性判断的
主程序

代码 3.10   堆栈操作合法性判断的主程序

```
Stack CreateStack(int MaxSize)
{
    Stack S = (Stack)malloc(sizeof(struct SNode));
    S->Data = (ElementType *)
              malloc(MaxSize * sizeof(ElementType));
    S->Top = -1;
    S->MaxSize = MaxSize;
    return S;
}


bool IsEmpty(Stack S)
{
    return (S->Top == -1);
}


bool IsFull(Stack S)
{
```

```
    return (S->Top == (S->MaxSize-1));
}

bool Push(Stack S,ElementType X)
{
    if(IsFull(S)) return false;
    else {
        S->Data[++(S->Top)] = X;
        return true;
    }
}

bool Pop(Stack S)
{
    if(IsEmpty(S)) return false;
    else {
        (S->Top)--;
        return true;
    }
}

void Clear(Stack S)
{
    while(!IsEmpty(S)) Pop(S);
}
```

源代码3-11:
堆栈相关操作

代码 3.11　堆栈相关操作

6. 实验思考题

为什么需要存储每行的字符串？直接逐个读入字符并判断其操作合法性，会产生什么问题？应该如何修改代码使得结果正确？

案例 3–1.7：汉诺塔的非递归实现（主教材习题 3.10）

1. 实验目的

理解利用堆栈以非递归方式实现一些递归函数的方法。

2. 实验内容

借助堆栈以非递归（循环）方式求解汉诺塔的问题(n, a, b, c)，即将 n 个盘子从起始柱（标记为"a"）通过借助柱（标记为"b"）移动到目标柱（标记为"c"），并保证每个移动符合汉诺塔问题的要求。

3. 实验要求

（1）输入说明：输入为一个正整数 n，即起始柱上的盘数。
（2）输出说明：每个操作（移动）占一行，按"柱 1 –> 柱 2"的格式输出。
（3）测试用例：

序号	输入	输出	说明
0	1	a –> c	边界测试最小 N
1	2	a –> b a –> c b –> c	边界测试次小 N
2	3	a –> c a –> b c –> b a –> c b –> a b –> c a –> c	一般正常情况
3	20	略	较大 N

4. 实验分析

（1）问题分析

汉诺塔问题求解的基本思路是，不断将 n 个盘的汉诺塔问题转换为 2 个 $n-1$ 盘的汉诺塔问题，因此用递归实现是很自然的方法。当把 n 盘问题转换为 $n-1$ 盘问题时，问题的起始柱子和目标柱子也发生了变化。设 n 盘问题为 (n, a, b, c)，其中参数如实验内容中所定义，则问题的求解可转换为对 $(n-1, a, c, b)$、$(1, a, b, c)$、$(n-1, b, a, c)$ 这三个问题的求解，其中 $(1, a, b,$

c）不需要递归，可直接实现。

在要求不用递归的情况下，可以借助自己建立的堆栈来解决问题。将待求解问题放入堆栈，然后不断将栈顶的问题分解，再将分解出的 $n>1$ 的新问题放入堆栈，如此不断循环一直到堆栈为空，问题求解就可结束。

注意：当将分解出的上述三个问题压入堆栈时，应该按照"需要先求解的问题后压入"的顺序，也就是压入顺序为 $(n-1, b, a, c)$、$(1, a, b, c)$、$(n-1, a, c, b)$。

下面给出算法的伪码描述，具体实现请见代码 3.12。

```
将初始问题 (n, a, b, c) 放入堆栈；
while（堆栈不空）
{
    Pop 堆栈顶问题，设为 (n', a', b', c')；
    if(n' 为 1) 输出：a' -> c'；
    else {
        Push((n'-1, b', a', c'));
        Push((1, a', b', c'));
        Push((n'-1, a', c', b'));
    }
}
```

（2）实现要点

根据问题的要求，可将堆栈元素类型 ElementType 定义为一个结构体，存放待求解的问题，即包含盘数 n、起始柱 a、借助柱 b、目标柱 c 的结构。代码 3.13 给出了一个简版的堆栈操作实现，即忽略了入栈和出栈的合法性判断，因为算法本身保证了不会出现非法操作。

5. 实验参考代码

```c
#include<stdio.h>
#include <stdlib.h>

#define MAXSIZE  100
typedef enum{ false,true } bool;

typedef struct {
    int   N;/* 盘数   */
    char  A;/* 起始柱   */
    char  B;/* 借助柱   */
```

```
    char  C;/* 目标柱  */
} ElementType; /* 汉诺塔问题结构类型 */

/*----- 堆栈的定义 -----*/
typedef int Position;
typedef struct SNode *PtrToSNode;
struct SNode {
    ElementType *Data;
    Position Top;
    int MaxSize;
};
typedef PtrToSNode Stack;

Stack CreateStack(int MaxSize);
bool IsEmpty(Stack S);
void Push(Stack S, ElementType X);
ElementType Pop(Stack S);
/*----- 堆栈的定义结束 -----*/

void Hanoi(int n)        /* 借助堆栈的非递归实现 */
{
    Stack S;
    ElementType P, toPush;

    /* 初始化 */
    S = CreateStack(MAXSIZE);
    P.N = n; P.A='a'; P.B='b'; P.C='c';
    Push(S, P);/* 将初始问题 (n, a, b, c) 放入堆栈 */
    while(!IsEmpty(S)) { /* 当堆栈不空时 */
        P = Pop(S);
        if(P.N == 1)
          printf("%c -> %c\n", P. A, P. C);
        else {
            toPush.N = P.N - 1;
            toPush.A = P.B;toPush.B = P.A;toPush.C = P.C;
            Push(S, toPush);/* 将第二个待解子问题 (n-1, b, a, c) 入栈 */
```

```
            toPush.N = 1;
            toPush.A = P.A;toPush.B = P.B;toPush.C = P.C;
            Push(S, toPush);/* 将可直接求解的子问题 (1, a, b, c) 入栈 */
            toPush.N = P.N - 1;
            toPush.A = P.A;toPush.B = P.C;toPush.C = P.B;
            Push(S, toPush);/* 将第一个待解子问题 (n-1, a, c, b) 入栈 */
        }
    }
}


int main()
{
    int n;
    scanf("%d", &n);
    Hanoi(n);
    return 0;
}
```

源代码3-12: 汉诺塔的非递归实现主程序

代码 3.12　汉诺塔的非递归实现主程序

```
Stack CreateStack(int MaxSize)
{
    Stack S = (Stack)malloc(sizeof(struct SNode));
    S->Data = (ElementType *)malloc(MaxSize *
            sizeof(ElementType));
    S->Top = -1;
    S->MaxSize = MaxSize;
    return S;
}


bool IsEmpty(Stack S)
{
    return (S->Top == -1);
}


void Push(Stack S, ElementType X)
{ /* 简版入栈，不担心栈满的问题 */
```

```
        S->Data[++(S->Top)] = X;
    }


    ElementType Pop(Stack S)
    { /* 简版出栈，不担心栈空的问题 */
        return(S->Data[(S->Top)--]);
    }
```

代码 3.13　堆栈相关操作

6. 实验思考题

本题实现的非递归程序实际上是在用堆栈模仿递归程序的实现过程。读者可以同时比较非递归和递归程序在不同问题规模下的运行时间,两者是否有很大差别？为什么？

案例 3–1.8：表达式转换（主教材习题 3.11）

1. 实验目的

熟练掌握堆栈的基本操作以及在表达式求解中的应用。

2. 实验内容

算术表达式有前缀表示法、中缀表示法和后缀表示法等形式。日常使用的算术表达式是采用中缀表示法,即二元运算符位于两个运算数中间。请设计程序将中缀表达式转换为后缀表达式。

3. 实验要求

（1）输入说明:输入在一行中给出不含空格的中缀表达式,可包含 +、−、*、\ 以及左右括号( ),表达式不超过 20 个字符。

（2）输出说明:在一行中输出转换后的后缀表达式,要求不同对象（运算数、运算符号）之间以空格分隔,但结尾不得有多余空格。

（3）测试用例:

序号	输入	输出	说明
0	2+3*(7-4)+8/4	2 3 7 4 − * + 8 4 / +	正常测试 6 种运算符
1	((2+3)*4-(8+2))/5	2 3 + 4 * 8 2 + − 5 /	嵌套括号
2	1314+25.5*12	1314 25.5 12 * +	运算数超过 1 位整数且有非整数出现

续表

序号	输入	输出	说明
3	−2*（+3）	−2 3 *	运算数前有正负号
4	123	123	只有 1 个数字

4. 实验分析

（1）问题分析

在后缀表达式计算中可以应用堆栈来保存操作数，这样后缀表达式的计算过程非常简洁和方便。同样也可以应用堆栈将中缀表达式转换为后缀表达式。此时，转换前后的操作数顺序没有变，而运算符的顺序变了，所以堆栈里要保存的是**运算符**。可以从头到尾读取中缀表达式的每个对象，对不同对象按不同的情况处理：

① 若遇到操作数，则直接输出。

② 若是左括号，则将其压入至堆栈中。

③ 若遇到的是右括号，表明括号内的中缀表达式已经扫描完毕，将栈顶的运算符退栈并输出，直到遇到左括号（左括号也退栈，但不输出）。

④ 若遇到的是运算符，若该运算符的优先级大于栈顶运算符的优先级，则把它压栈；若该运算符的优先级小于等于栈顶运算符，将栈顶运算符退栈并输出，再比较新的栈顶运算符，按同样处理方法，直到该运算符大于栈顶运算符优先级为止，然后将该运算符压栈。

⑤ 若中缀表达式中的各对象处理完毕，则把堆栈中存留的运算符一并输出。

核心算法的实现在代码 3.15 中给出。

（2）实现要点

本题除要实现上述算法过程外，还需要考虑以下几点的具体实现方法：

① 如何正确地读取输入的每个对象。从中缀到后缀的转换过程主要依据每次读取的对象不同而进行不同的处理，所以首先需要解决如何正确、按顺序地读取输入的每个对象。输入的中缀表达式是一个包含符号（运算符号、左右括号）和数字的字符串，需要从中分解出不同的对象，包括运算符号（+、−、*、\）和左右括号以及运算数（数字序列）。代码 3.17 中的函数 GetOp 专门解决这个问题：如果读到一个运算符，就直接返回这个字符；如果读到一个数字，就继续把整串数字读完并写入结果字符串 Postfix 中，这时返回字符 '0' 表示读到的是数字而不是运算符。略有麻烦的是，当读出 + 或 − 时，还必须判断这究竟是运算符还是一个数字前面的正 / 负号，代码 3.17 中的函数 IsSign 根据这个符号前面一个字符的性质来判断：如果前一个字符不是数字并且也不是右括号，那么这个字符就是正 / 负号；或者，如果它是表达式的第 1 个字符，也是正 / 负号。

② 如何正确地处理优先级。转换过程的一个关键是不同运算符优先级的设置。在程序实现中，可以用一个数来代表运算符的优先级，优先级数值越大，代表对应运算的优先级越高，这样优先级的比较就转换为两个数大小的比较。也可以给左右括号设相应优先级，不过左括

号在栈外时优先级最高,而在栈内时优先级最低,这样可以把括号的处理与运算符号的处理一致起来,程序编写会更加简洁。不过,这样就需要给出两种优先级:栈内优先级和栈外优先级,除左括号的栈内外优先级不一样外,一般的运算符号栈内外优先级是一样的。

③ 由于用到了堆栈操作,代码 3.16 给出了一套简化版的堆栈相关函数的实现。除了常规的 Pop 函数之外,还用到了 Peek 函数。

5. 实验参考代码

```c
#include <stdio.h>
#include <stdlib.h>
#include <string.h>
#include <ctype.h>

#define MAXL 21
typedef enum{ false, true } bool;
typedef char ElementType;

/*----- 堆栈的定义 -----*/
typedef int Position;
typedef struct SNode *PtrToSNode;
struct SNode {
    ElementType *Data;
    Position Top;
    int MaxSize;
};
typedef PtrToSNode Stack;

Stack CreateStack(int MaxSize);
bool IsEmpty(Stack S);
void Push(Stack S, ElementType X);
ElementType Peek(Stack S);
ElementType Pop(Stack S);
/*----- 堆栈的定义结束 -----*/

typedef enum {lpr, rpr, plus, minus, times, divide, eos, operand}
        Precedence;/* 运算符的优先级类型 */
```

```
bool IsSign(char *expr, int i);
char GetOp(char *expr, int *i, char *Postfix, int *j);
Precedence GetToken(char op);
void ToPostfix(char *Expr);

int main()
{
    char Str[MAXL];

    scanf("%s", Str);
    ToPostfix(Str);
    return 0;
}
```

源代码3–14：
表达式转换
主函数

代码 3.14　表达式转换主函数

```
void ToPostfix(char *expr)
{
    int i, j, L;
    char Postfix[2*MAXL], Op;
    Stack S;
    Precedence token;

    S = CreateStack(MAXL);
    L = strlen(expr);
    j = 0;/* j 指向 Postfix[] 中当前要写入的位置 */
    for (i=0;i<L;i++) {
        Op = GetOp(expr, &i, Postfix, &j);
        token = GetToken(Op);
        if (token == operand) continue;/* 不处理数字 */
        switch(token) { /* 处理运算符 */
            case lpr: Push(S,'(');break;/* 左括号入栈 */
            case rpr: /* 括号内的中缀表达式已经扫描完毕 */
                /* 把左括号前的所有运算符写入 Postfix[]*/
                while (Peek(S)!='(') {
                    Postfix[j++] = Pop(S);
```

```
                        Postfix[j++] = ' ';
                    }
                Pop(S);/* 删除左括号 */
                break;
        default: /* 其他运算符 */
                while (!IsEmpty(S) &&
                        Peek(S)!= '(' &&
                        token <= GetToken(Peek(S))) {
                    Postfix[j++] = Pop(S);
                    Postfix[j++] = ' ';
                }
                Push(S, Op);
                break;
        }
    }
    while (!IsEmpty(S)) {
        Postfix[j++] = Pop(S);
        Postfix[j++] = ' ';
    }
    Postfix[j-1] = '\0';
    printf("%s\n", Postfix);
}
```

源代码3-15: 表达式转换核心函数

代码 3.15   表达式转换核心函数

```
Stack CreateStack(int MaxSize)
{
    Stack S = (Stack)malloc(sizeof(struct SNode));
    S->Data = (ElementType *)malloc(MaxSize *
                sizeof(ElementType));
    S->Top = -1;
    S->MaxSize = MaxSize;
    return S;
}


bool IsEmpty(Stack S)
```

```
{
    return (S->Top == -1);
}


void Push(Stack S, ElementType X)
{ /* 简版入栈，不担心栈满的问题 */
    S->Data[++(S->Top)] = X;
}


ElementType Peek(Stack S)
{
    return(S->Data[S->Top]);
}


ElementType Pop(Stack S)
{ /* 简版出栈，不担心栈空的问题 */
    return(S->Data[(S->Top)--]);
}
```

源代码3-16：堆栈相关操作

代码 3.16　堆栈相关操作

```
bool IsSign(char *expr, int i)
{
    if(!i || (!isdigit(expr[i-1]) && (expr[i-1]!=')')))
        return true;
    else return false;


}


char GetOp(char *expr, int *i, char *Postfix, int *j)
{ /* 如果是数字则直接写入 Postfix[] 并返回'0';
      如果是运算符则返回字符 */

    if(isdigit(expr[(*i)])) { /* 读入一个纯数字 */
        while (isdigit(expr[(*i)]) || (expr[(*i)]=='.'))
            Postfix[(*j)++] = expr[(*i)++];
        Postfix[(*j)++] = ' ';
```

```
                (*i)--;
            return '0';
        }
        switch(expr[(*i)]) {
        case '+':
            if(IsSign(expr, (*i))) {/* 如果是正号 */
                (*i)++;
                return GetOp(expr, i, Postfix, j);
            }
            else return '+';
        case '-':
            if(IsSign(expr, (*i))) { /* 如果是负号 */
                Postfix[(*j)++] = '-';
                (*i)++;
                return GetOp(expr, i, Postfix, j);
            }
            else return '-';
        default:
            return  expr[(*i)];
        }
    }


Precedence GetToken(char op)
{ /* 返回运算符优先级类型 */

    switch(op) {
        case '(': return lpr;
        case ')': return rpr;
        case '+': return plus;
        case '-': return minus;
        case '*':  return times;
        case '/':  return divide;
        case '\0':  return eos;
        default:  return operand;
    }
}
```

源代码3-17:
表达式转换
辅助函数

代码 3.17   表达式转换辅助函数

6. 实验思考题

（1）如果不用 Peek 函数，只用 Pop，代码该如何修改？

（2）可以将中缀表达式转换为后缀表达式，也可以根据后缀表达式求表达式的值。如果将这两者相结合，就可以直接求中缀表达式的值了。请读者思考如何将这两者结合，有效地求解中缀表达式的值。

案例 3–1.9：银行业务队列简单模拟

1. 实验目的

熟练掌握队列的基本操作，理解队列的应用。

2. 实验内容

设某银行有 A、B 两个业务窗口，且处理业务的速度不一样，其中 A 窗口处理速度是 B 窗口的 2 倍，即当 A 窗口每处理完 2 个顾客时，B 窗口处理完 1 个顾客。给定到达银行的顾客序列，请按业务完成的顺序输出顾客序列。假定不考虑顾客先后到达的时间间隔，并且当不同窗口同时处理完 2 个顾客时，A 窗口顾客优先输出。

3. 实验要求

（1）输入说明：输入为一行正整数，其中第 1 个数字 $N(\leqslant 1\,000)$ 为顾客总数，后面跟着 N 位顾客的编号。编号为奇数的顾客需要到 A 窗口办理业务，为偶数的顾客则去 B 窗口。数字间以空格分隔。

（2）输出说明：按业务处理完成的顺序输出顾客的编号。数字间以空格分隔，但最后一个编号后不能有多余的空格。

（3）测试用例：

序号	输入	输出	说明
0	8 2 1 3 9 4 11 13 15	1 3 2 9 11 4 13 15	正常测试，A 窗口人多
1	8 2 1 3 9 4 11 12 16	1 3 2 9 11 4 12 16	正常测试，B 窗口人多
2	1 6	6	最小 N
3	1 000 个顾客的随机序列	略	最大 N

4. 实验分析

（1）问题分析

首先需要针对 A 和 B 业务设计两个循环队列, 分别处理两类业务请求; 然后根据输入序列整数的奇偶性将各个整数分发到这两个队列中。另外, 需要设计针对两个队列处理过程的流程, 这是一个循环。在循环中, 先从 A 队列中输出两个元素, 然后再从 B 队列中输出一个元素。当发现某一队列为空时, 输出另一个队列的所有元素。具体实现请见代码 3.18。

（2）实现要点

采用统一的循环队列函数处理两个队列的操作; 注意对队列满、空情况的判断。

输出时, 因为要求行首尾不得有多余空格, 这里对第 1 个顾客做了特殊处理, 此后每个人就可以统一先输出空格再输出编号了。

由于用到了队列操作, 代码 3.19 给出了一套简化版的队列相关函数的实现。

5. 实验参考代码

```c
#include <stdio.h>
#include <stdlib.h>

#define MaxQSize 1000
typedef enum { false, true } bool;
typedef int ElementType;

/*------ 队列的定义 ------*/
typedef int Position;
typedef struct QNode *PtrToQNode;
struct QNode {
    ElementType *Data;
    Position Front, Rear;
    int MaxSize;
};
typedef PtrToQNode Queue;

Queue CreateQueue(int MaxSize);
bool IsEmptyQ(Queue Q);
void AddQ(Queue Q, ElementType X);
ElementType DeleteQ(Queue Q);
```

```
/*----- 队列的定义结束 -----*/

int main()
{
    int N, Customer, i;
    Queue A, B;

    /* 初始化两个队列 */
    A = CreateQueue(MaxQSize);
    B = CreateQueue(MaxQSize);

    scanf("%d", &N);
    for(i=0;i<N;i++) {/* 根据整数的奇偶性，将每个整数插入相应队列中 */
        scanf("%d", &Customer);
        if (Customer%2) AddQ(A, Customer);
        else AddQ(B, Customer);
    }
    /* 输出第 1 个顾客 */
    if (!IsEmptyQ(A)) printf("%d", DeleteQ(A));
    else printf("%d", DeleteQ(B));
    /* 输出后面的顾客 */
    while (!IsEmptyQ(A) && !IsEmptyQ(B)) {   /*A 和 B 两个队列都不空 */
        printf("%d", DeleteQ(A));
        printf("%d", DeleteQ(B));
        if (!IsEmptyQ(A)) printf("%d", DeleteQ(A));
    }
    while (!IsEmptyQ(A))              /*A 队列不空，B 空 */
        printf("%d", DeleteQ(A));
    while (!IsEmptyQ(B))              /*B 队列不空，A 空 */
        printf("%d", DeleteQ(B));
    printf("\n");
    return 0;
}
```

源代码3-18: 银行业务队列简单模拟主程序

代码 3.18　银行业务队列简单模拟主程序

```
Queue CreateQueue(int MaxSize) {
    Queue Q = (Queue)malloc(sizeof(struct QNode));
    Q->Data = (ElementType *)malloc(MaxSize * sizeof(ElementType));
    Q->Front = Q->Rear = 0;
    Q->MaxSize = MaxSize;
    return Q;
}


bool IsEmptyQ(Queue Q)
{
    return (Q->Front == Q->Rear);
}


void AddQ(Queue Q, ElementType X)
{ /* 简版入列，不检查队列满的问题 */
    Q->Rear = (Q->Rear+1)%Q->MaxSize;
    Q->Data[Q->Rear] = X;
}


ElementType DeleteQ(Queue Q)
{ /* 简版出列，不检查队列空的问题 */
    Q->Front =(Q->Front+1)%Q->MaxSize;
    return  Q->Data[Q->Front];
}
```

源代码3-19：
相关队列操作

代码 3.19　相关队列操作

6. 实验思考题

　　也许有读者会觉得：如果只是为了将一个整数序列根据 2 奇 1 偶的方式输出，没有必要使用两个队列。其实本题只是个简单的模拟，实际银行的业务处理会更加复杂，队列的使用还是很有必要的。就本题来说，读者可以进一步思考以下一些问题。

　　（1）本题的顾客请求序列是程序运行时输入的，能不能使用 C 语言提供的随机函数（rand、srand 等）生成符合某种要求的随机序列进行顾客请求的随机模拟？

　　（2）如果将 A 队列和 B 队列的处理速度比 $N_A : N_B$（本题里 $N_A=2$，$N_B=1$）作为变量在程序运行时作为参数输入，该如何修改代码？

基础实验 3-2.1：一元多项式求导

1. 实验目的

熟练掌握链式线性表的基本操作方法。

2. 实验内容

设计函数求一元多项式的导数。

3. 实验要求

（1）输入说明：以指数递降方式输入多项式非零项系数和指数（绝对值均为不超过 1 000 的整数）。数字间以空格分隔。

（2）输出说明：以与输入相同的格式输出导数多项式非零项的系数和指数。数字间以空格分隔，但结尾不能有多余空格。

（3）测试用例：

序号	输入	输出	说明
0	3 4 -5 2 6 1 -2 0	12 3 -10 1 6 0	有常数项的一般情况
1	5 20 -7 4 3 1	100 19 -28 3 3 0	无常数项的一般情况
2	1000 0	0 0	常数多项式
3	-1000 1000 999 0	-1000000 999	系数和指数取上限
4	0 0	0 0	零多项式求导

4. 解决思路

（1）问题分析

由于多项式可能非常稀疏，所以宜采用链式线性表表示，仅存储非零项。对于多项式 $P(x)=a_n x^n+a_{n-1}x^{n-1}+\cdots+a_1 x+a_0$，其导函数是 $P(x)=na_n x^{n-1}+(n-1)a_{n-1}x^{n-2}+\cdots+a_1$。根据以上规则，可以逐个处理多项式的非零项，将每个非零项中的"系数 – 指数"对（c, e）直接转为（c*e, e–1）。由于题目不要求保留原多项式，所以可以在原来多项式上处理，不需要申请空间生成新结点，直接修改原链表中的相应值就可以了。这里要特别注意的是，对于常数项，求导时该结点需要删除。

（2）实现要点

由于输入是以指数递降方式给出的，所以可以设计 Attach 函数将输入的新项（c, e）作为当前多项式的末尾。由于在此函数中需要改变当前结果表达式尾项指针的值，所以函数传递进来的是结点指针的地址，*PtrRear 指向尾项。

由于常数项的导数为零，需要将相应的结点删除，输出时才不会打印出多余的此项。由于这样的结点一定是在链表的最后（如果是按照指数递减顺序排列的话），因此可以使用 P1、P2 两个一前一后的指针——当 P2 是最后一个常数项时，P1 就是倒数第二项，也就是导数多项式的最后一项。

但是对于特殊的零多项式，需要输出一对"0"。这里可以有两种解决方案：一种是用一个特殊的（0, 0）结点表示零多项式，于是在求导时需要加判断：若多项式只有一个常数项，应该返回一个特殊的零结点，而不是将该结点删除。另外一种解决方案是用空链表表示零多项式，则求导的处理比较简单，但是输入和输出时需要判断一下零多项式的特殊情形。

5. 实验思考题

（1）基于一元多项式的表示，可以很方便地求多项式 $P(x)$ 在某点 x_0 上的值 $P(x_0)$。读者可以考虑设计一个函数求 $P(x_0)$ 的值，注意算法的效率。在链表中，如果各项按照指数递降顺序排列，如何计算使得效率更高？反过来，如果按指数从小到大的顺序排列项，又该如何计算使得效率高？

（2）* 对于一个在某区间内单调的多项式函数，可以采用类似二分法的思路求多项式在该区间的根，想想这样的求根函数如何设计？

基础实验 3–2.2： 单链表分段逆转

1. 实验目的

熟练掌握链式线性表的基本操作。

2. 实验内容

给定一个带头结点的单链表和一个整数 K，要求将链表中的每 K 个结点做一次逆转。例如，给定单链表 $1 \rightarrow 2 \rightarrow 3 \rightarrow 4 \rightarrow 5 \rightarrow 6$ 和 $K=3$，需要将链表改造成 $3 \rightarrow 2 \rightarrow 1 \rightarrow 6 \rightarrow 5 \rightarrow 4$；如果 $K=4$，则应该得到 $4 \rightarrow 3 \rightarrow 2 \rightarrow 1 \rightarrow 5 \rightarrow 6$。

3. 实验要求

（1）函数接口说明：

```
void K_Reverse(List L, int K);
```

其中 List 结构定义如下：

```
typedef struct Node *PtrToNode;
struct Node {
    ElementType Data;/* 存储结点数据 */
    PtrToNode    Next;/* 指向下一个结点的指针 */
};
typedef PtrToNode List;/* 定义单链表类型 */
```

L 是给定的带头结点的单链表，K 是每段的长度。函数 K_Reverse 应将 L 中的结点按要求分段逆转。

（2）测试用例：

序号	传入参数值		返回	说明
	L	K	L	
0	6 1 2 3 4 5 6	4	4 3 2 1 5 6	有尾巴不反转
1	6 1 2 3 4 5 6	3	3 2 1 6 5 4	正好全反转
2	6 1 2 3 4 5 6	6	6 5 4 3 2 1	K= 表长，全反转
3	6 1 2 3 4 5 6	1	1 2 3 4 5 6	K=1 不用反转
4	1 233	3	233	单个结点，K 超过表长，不反转
5	略	略	略	大规模数据，最后剩 K-1 不反转

4. 解决思路

（1）问题分析

这个问题可以分解为用一个循环处理每一段的逆转，另用一个函数 Reverse 专门做一段 K 个结点的子链表的逆转。关于如何从某个头结点开始，将随后的 K 个结点进行逆转，微视频 3-2 中给出了详细的讲解，这是算法的核心。在 K_Reverse 函数中，只是把逆转单个结点的指针变成了逆转一段子链表的头尾指针，其过程与微视频中讲解的过程是很相似的。

（2）实现要点

要注意一个细节：当尾部结点不到 K 个结点时，不进行逆转。所以在执行逆转之前，先要判断一下，当前剩下没处理的结点是否还有 K 个？如果不到 K 个就不再继续处理了。

微视频3-2：
单链表的逆
转

5. 实验思考题

本题给定的单链表是带头结点的。如果没有头结点,会有什么影响? 程序应该如何修改? 头结点给实现带来了什么好处?

基础实验 3–2.3: 共享后缀的链表

1. 实验目的

熟练掌握链式线性表的基本操作。

2. 实验内容

有一种存储英文单词的方法,是把单词的所有字母串在一个单链表上。为了节省一点空间,如果有两个单词有同样的后缀,就让它们共享这个后缀。图 3.1 给出了单词 "loading" 和 "being" 的存储形式。本题要求找出两个链表的公共后缀。

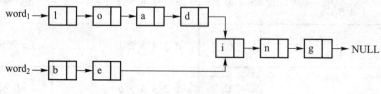

图 3.1 共享后缀示意图

3. 实验要求

(1)函数接口说明:

```
PtrToNode Suffix(List L1,List L2);
```

其中 List 结构定义如下:

```
typedef struct Node *PtrToNode;
struct Node {
    ElementType Data;/* 存储结点数据 */
    PtrToNode   Next;/* 指向下一个结点的指针 */
};
typedef PtrToNode List;/* 定义单链表类型 */
```

L1 和 L2 都是给定的带头结点的单链表。函数 Suffix 应返回 L1 和 L2 的公共后缀的起点位置。

（2）测试用例：

序号	传入参数值		返回	说明
	L1	L2	公共后缀	
0	loading	being	ing	一般情况
1	abc	def	空	无交集
2	hijklmnopq	ihabkmcoxyzpq	pq	有多个字符相同,但只有最后 2 个是公共的
3	word	空	空	有一个单词为空
4	same	same	same	全相等
5	略	略	略	大规模数据

4. 解决思路

（1）问题分析

一种简单的解决方法是将 L1 的每个结点与 L2 的每个结点的地址做比较,找到地址相同的结点。由于是单链表,只能从前向后扫描,所以保证找到的第一对地址相同的结点一定是共享后缀的起点。但是这种方法的时间复杂度是 $O(N1 \times N2)$,其中 N1 和 N2 分别对应 L1 和 L2 的长度。数据规模较大（例如 10^5）时,时间开销太大了。

另一种巧妙的方法是,先分别扫描两个链表,得到它们的长度。然后用两个指针 p1 和 p2 分别指向两链表距离各自尾部等长的起点——在样例中,L1 比较长,就令 p1 先移动到指向"a"的位置。随后两个指针同步向后移动,每移一格就比较一下地址是否相同,直到找到共享后缀的起点。这种方法的时间复杂度是线性的,最坏情况下只要 $O(N1 + N2)$。

（2）实现要点

注意一些特殊情况的处理,如第 1 个结点就是共享起点,或者没有共享起点,甚至链表为空的情况。

5. 实验思考题

（1）如果没有头结点,该如何修改程序?

（2）如果给定两个字符串,要求建立带共享后缀的链表,该如何实现?

基础实验 3-2.4：出栈序列的合法性

1. 实验目的

熟练掌握堆栈的基本操作。

2. 实验内容

给定一个最大容量为 M 的堆栈，将 N 个数字按 $1, 2, 3, \cdots, N$ 的顺序入栈，允许按任何顺序出栈，则哪些数字序列是不可能得到的？例如给定 $M=5$、$N=7$，则有可能得到 $\{1, 2, 3, 4, 5, 6, 7\}$，但不可能得到 $\{3, 2, 1, 7, 5, 6, 4\}$。

3. 实验要求

（1）输入说明：输入第一行给出 3 个不超过 1 000 的正整数，即 M（堆栈最大容量）、N（入栈元素个数）、K（待检查的出栈序列个数）。最后 K 行，每行给出 N 个数字的出栈序列。所有同行数字以空格间隔。

（2）输出说明：对每一行出栈序列，如果其的确是有可能得到的合法序列，就在一行中输出 "YES"，否则输出 "NO"。

（3）测试用例：

序号	输入	输出	说明
0	5 7 5 1 2 3 4 5 6 7 3 2 1 7 5 6 4 7 6 5 4 3 2 1 5 6 4 3 7 2 1 1 7 6 5 4 3 2	YES NO NO YES NO	一般情况
1	5 10 1 5 6 4 8 10 9 7 3 2 1	NO	达到最大容量后又溢出
2	7 7 3 3 2 1 7 5 6 4 7 6 5 4 3 2 1 5 6 4 3 7 2 1	NO YES YES	$M=N$
3	略	略	最大规模

序号	输入	输出	说明
4	1 1 1 1	YES	最小规模
5	5 7 2 3 5 2 4 7 6 1 3 5 4 2 7 1 6	NO NO	卡住通过比较大小判断的错误算法

4. 解决思路

（1）问题分析

首先需要用一个循环处理每一个数列，每次都先把整个数列存在一个数组中，准备好一个空栈用于检查。对每个输入的数列，需要一个循环，顺序把 $i=1\sim N$ 压入堆栈。先把 i 压入堆栈，再顺序检查数列中的每个元素：如果此时栈顶元素与当前元素相同，说明这一步是可行的，执行一次出栈，继续检查下一个元素，直到遇到不相同的元素；如果不相同，则将下一个数字 $i+1$ 入栈，再进行比对。

报错的情况有两种：一是入栈时发现堆栈已满，说明需要的容量超过了最大容量；另一种是完成了所有 $1\sim N$ 的入栈比对后，发现堆栈里还有剩余元素，说明输入数列里当前被检查的元素还在堆栈里弹不出来。

（2）实现要点

在检查过程中，需要先比较栈顶元素与当前待检元素，相同时才出栈，所以除了常规的 Pop 函数外，还需要 Peek 函数来完成仅返回栈顶值而不执行删除的操作。

5. 实验思考题

如果用数列当前待检元素跟其之前的元素求差，如果差不超过 M，是否就一定是合法的？为什么？

基础实验 3-2.5：堆栈模拟队列

1. 实验目的

熟练掌握堆栈和队列的使用。

2. 实验内容

设已知有两个堆栈 S1 和 S2，请用这两个堆栈模拟出一个队列 Q。

所谓用堆栈模拟队列,实际上就是通过调用堆栈的下列操作函数实现队列的操作。

(1) int IsFull(Stack S):判断堆栈 S 是否已满,返回 1 或 0。

(2) int IsEmpty(Stack S):判断堆栈 S 是否为空,返回 1 或 0。

(3) void Push(Stack S, ElementType item):将元素 item 压入堆栈 S。

(4) ElementType Pop(Stack S):删除并返回 S 的栈顶元素。

即入队 void AddQ(ElementType item)和出队 ElementType DeleteQ( )。

3. 实验要求

(1)输入说明:输入首先给出两个正整数 N1 和 N2($\leqslant$100),表示堆栈 S1 和 S2 的最大容量。随后给出一系列的队列操作:"A item"表示将 item 入列(这里假设 item 为整型数字); "D"表示出队操作;"T"表示输入结束。

(2)输出说明:对输入中的每个"D"操作,输出相应出队的数字,或者错误信息 "ERROR: Empty"。如果入队操作无法执行,也需要输出"ERROR: Full"。每个输出占 1 行。

(3)测试用例:

序号	输入	输出	说明
0	3 2 A 1 A 2 A 3 A 4 A 5 D A 6 D A 7 D A 8 D D D D T	ERROR: Full 1 ERROR: Full 2 3 4 7 8 ERROR: Empty	两堆栈不等容;测试错误信息
1	2 2 A 1 A 2 D D T	1 2	等容量
2	略	略	随机测试最大容量

4. 解决思路

(1)问题分析

由于堆栈是把输入的顺序倒过来,而队列则不改变输入顺序,因此,通过两次应用堆栈也就是把输入顺序连倒两次,就回到了原来的输入顺序,也就是队列的顺序。所以,解本题的基本思路是让每个元素都先后通过 S1 和 S2 两个堆栈的入栈和出栈操作之后再出来。基本过程是，当有元素要入队时，将它通过堆栈 Push 操作压入堆栈 S1 中，当要出队时则通过堆栈 Pop 操作从堆栈 S2 中弹出元素。

问题是，当入队时 S1 满了怎么办（这时候 S2 可能还有空位置）？当出队时 S2 空了怎么办（这时候 S1 可能还有元素）？

注意观察测试用例 0，给定的两个堆栈的容量分别为 3 和 2。该用例的输出结果是基于将容量小的堆栈用于 S1（入队元素先入的堆栈）。如果将 S1 定为容量大的堆栈、S2 为容量小的堆栈，能得到相应的输出吗？为什么？

（2）实现要点

本题求解的核心问题是，当入队时 S1 满了怎么办？当出队时 S2 空了怎么办？这问题留给读者自己去思考、实现。

5. 实验思考题

根据上述实现方法，如果堆栈 S1 和 S2 的最大容量分别是 N1 和 N2，那么该队列可能的最大容量是多少？是不是在任何情况下都能保证这个最大容量？如果不行，能保证的最大容量是多少？

进阶实验 3-3.1：求前缀表达式的值

1. 实验目的

熟练掌握递归方法和表达式求解方法。

2. 实验内容

算术表达式有前缀表示法、中缀表示法和后缀表示法等形式。前缀表达式指二元运算符位于两个运算数之前，例如 2+3 * （7-4）+8/4 的前缀表达式是 + + 2 * 3 - 7 4 / 8 4。请设计程序计算前缀表达式的结果值。

3. 实验要求

（1）输入说明：输入在一行内给出不超过 30 个字符的前缀表达式，只包含 +、-、*、\ 以及运算数，不同对象（运算数、运算符号）之间以空格分隔。

（2）输出说明：输出前缀表达式的运算结果，精确到小数点后 1 位，或错误信息 "ERROR"。

（3）测试用例：

序号	输入	输出	说明
0	+ + 2 * 3 − 7 4 / 8 4	13.0	正常测试 4 种运算
1	/ −25 + * − 2 3 4 / 8 4	12.5	运算数超过 1 位整数且有负号
2	/ 5 + * − 2 3 4 / 8 2	ERROR	非正常退出
3	+10.23	10.2	只有 1 个数字,前有 + 号

4. 解决思路

（1）问题分析

对于中缀表达式和后缀表达式的计算,都需要应用堆栈协助处理,堆栈主要用来暂时保存运算符号或者运算数。那么,对于前缀表达式的计算是否也可以应用堆栈求解? 读者可以思考这个问题,可以发现并没有像中缀和后缀表达式计算那样直接的方法。下面介绍一种应用递归求解的简洁的方法。

前缀表达式的基本形式是"运算符号（空格）子前缀表达式（空格）子前缀表达式",其中"子前缀表达式"可能是一个包含运算符号的前缀表达式,也可能只是一个单纯的运算数。例如,前缀表达式"+ + 2 * 3 − 7 4 / 8 4"就是由运算符号"+"和子前缀表达式"+ 2 * 3 − 7 4"以及子前缀表达式"/ 8 4"组成。"/ 8 4"也是由运算符号"/"和子前缀表达式"8"和"4"组成。由此,可以看到前缀表达式形式上的递归关系,利用这种递归关系,可以设计相应的递归求解的大致思路。

① 用 GetOp 从输入中获得当前对象 obj。

② 如果 obj 为运算数,递归结束,返回 obj。

③ 如果 obj 为运算符号 op,则连续两次递归调用分别获得两个子前缀表达式结果 a 和 b; 对 a 和 b 应用 op 进行运算,返回运算结果。

（2）实现要点

递归程序设计的要点有两个: 一是什么时候终止递归,二是如何递归（比如递归实现的阶乘函数是将 n 的阶乘递归为 $n-1$ 的阶乘）。第一个问题比较容易,当前读入的对象是运算数时就不用再递归了。而第二个问题则没那么明显,主要是因为: 事先没法知道第一个子前缀表达式到哪里结束,或者说第二个子表达式从哪里开始。好在两个子前缀表达式的递归求解是顺序进行的,当第一次递归结束第二次递归就自然开始了。那么第一次递归在什么情况下结束? 当它一开始就读到运算数,或者读到运算符号而且完成了两次递归（即获得它的两个运算数）后,它自身的递归也就结束了。所以,本题的递归函数可以不设参数,递归范围的控制实际上由 GetOp 函数进行，随着 GetOp 函数的调用，递归的范围（需要处理的表达式字符序列）在逐步缩小。

5. 实验思考题

通过分析前缀、中缀和后缀表达式的求值，可以发现：中缀和后缀表达式都可以应用堆栈方便求解，而前缀却很难。反过来，前缀表达式可以应用递归求解（当然递归最终还是用系统堆栈实现），那么后缀表达式在形式上与前缀表达式很像，能不能也用递归方法求解？为什么？

进阶实验 3-3.2：银行排队问题之单窗口"夹塞"版（主教材习题 8.5）

1. 实验目的

（1）熟练使用基本的队列操作。
（2）学习将普通队列操作扩展到分支队列的操作。
（3）掌握排序库函数的使用和二分法的应用。

2. 实验内容

排队"夹塞"是引起大家强烈不满的行为，但是这种现象时常存在。在银行的单窗口排队问题中，假设银行只有 1 个窗口提供服务，所有顾客按到达时间排成一条长龙。当窗口空闲时，下一位顾客即去该窗口处理事务。此时如果已知第 i 位顾客与排在后面的第 j 位顾客是好朋友，并且愿意替朋友办理事务的话，那么第 i 位顾客的事务处理时间就是自己的事务加朋友的事务所耗时间的总和。在这种情况下，顾客的等待时间就可能被影响。假设所有人到达银行时，若没有空窗口，都会请求排在最前面的朋友帮忙（包括正在窗口接受服务的朋友）；当有不止一位朋友请求某位顾客帮忙时，该顾客会根据自己朋友请求的顺序来依次处理事务。试编写程序模拟这种现象，并计算顾客的平均等待时间。

3. 实验要求

（1）输入说明：输入的第 1 行是 2 个整数：$N(1 \leqslant N \leqslant 10\,000)$ 为顾客总数；$M(0 \leqslant M \leqslant 100)$ 为彼此不相交的朋友圈子个数。若 M 非 0，则此后 M 行，每行先给出正整数 $L(2 \leqslant L \leqslant 100)$，代表该圈子里朋友的总数，随后给出该朋友圈里的 L 位朋友的名字。名字由 3 个大写英文字母组成，名字间用 1 个空格分隔。最后 N 行给出 N 位顾客的姓名、到达时间 T 和事务处理时间 P（以分钟为单位），之间用 1 个空格分隔。简单起见，这里假设顾客信息是按照到达时间先后顺序给出的（有并列时间的按照给出顺序排队），并且假设每个事务最多占用窗口服务 60 分钟（如果超过则按 60 分钟计算）。

（2）输出说明：按顾客接受服务的顺序输出顾客名字，每个名字占 1 行。最后 1 行输出所有顾客的平均等待时间,精确到小数点后 1 位。

（3）测试用例:

序号	输入	输出	说明
0	6 2 3 ANN BOB JOE 2 JIM ZOE JIM 0 20 BOB 0 15 ANN 0 30 AMY 0 2 ZOE 1 61 JOE 3 10	JIM ZOE BOB ANN JOE AMY 75.2	ANN、JOE 和 ZOE 夹塞,导致没有朋友的 AMY 一直排在最后
1	6 0 JIM 0 20 BOB 0 15 ANN 0 30 AMY 0 2 ZOE 1 61 JOE 3 10	JIM BOB ANN AMY ZOE JOE 51.7	没有朋友圈,即无人夹塞 ZOE 的处理时间超过了 60 分钟,按 60 分钟计算
2	6 2 3 ANN BOB JOE 2 JIM ZOE JIM 0 20 BOB 0 15 AMY 0 2 ZOE 21 61 ANN 35 30 JOE 45 10	JIM BOB ANN JOE AMY ZOE 28.5	ANN 刚好赶上 BOB 处理完自己的事务,不用等待就夹塞;而 ZOE 虽然与 JIM 是朋友,但是他到达时 JIM 已经走了,于是只好排队
3	6 2 3 ANN BOB JOE 2 JIM ZOE JIM 0 20 BOB 22 15 AMY 22 2 ZOE 22 61 ANN 35 30 JOE 45 10	JIM BOB ANN JOE AMY ZOE 22.7	窗口有完全空闲一段时间,等待 BOB 到来

续表

序号	输入	输出	说明
4	2 1 2 AAA ZZZ AAA 1 20 ZZZ 2 10	AAA ZZZ 9.5	边界测试：只有2位顾客，且名字取到最大、最小值
5	1 0 ANN 1 20	ANN 0.0	边界测试：只有1位顾客
6	随机大数据，包含10 000名顾客，其中100个朋友圈，每个圈子有100名朋友。因本书篇幅所限，此处不列出	略	边界测试：上界测试

4. 解决思路

（1）问题分析

这个问题本质上是一个简单的单队列单窗口问题，只是由于"加塞"的存在，使得这里涉及的"队列"不再是一个简单的一维线性结构，于是需要建立"分支队列"，即队列中的队列，基本结构如图 3.2 所示。总队列中排的是各个分支队列的头指针，顾客信息被存放在各个分支队列的元素中。

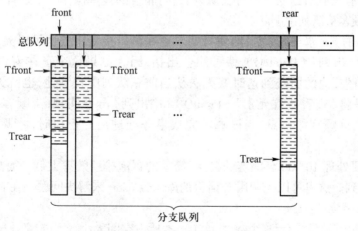

图 3.2　分支队列结构示意图

这种队列的入列操作（AddQ）过程如下：

① 判断入列元素 X 属于总队列中的第几个分支队列。

② 若 X 不属于任何分支队列，则新建一个分支队列，插入总队列的队尾。

③ 将 X 插入所属的分支队列的队尾。

这种队列的出列操作（DeleteQ）过程如下：

① 找到当前总队列中队首的分支队列。

② 找到该分支队列队首的元素并令其出列。

③ 若该分支队列已经为空，则从总队列中将其删除。

问题的另一个关键点，在于如何快速找到某顾客属于哪个朋友圈，即判断元素 X 属于哪个分支队列。如果 X 是一个整数，问题就很简单了，只需要用一个整型数组 Team[ ]记录，令 Team[X]=X 所属的朋友圈的编号，则无论是入列还是出列，都可以很快完成判断，进行相应的操作。现在 X 不是整数，而是一个由 3 个大写英文字母组成的字符串，于是一种方法是将 X 和其所属的朋友圈的编号存成一个结构体，按 X 的字母序从小到大排序，每次用二分法找到 X，也就得到了对应的朋友圈编号。

（2）实现要点

① 队列结构。无论是总队列还是分支队列，其结构与普通队列都是一样的，区别在于总队列中的元素不是顾客信息，而是指向分支队列的头指针。

首先需要定义顾客信息结构体 People，存储顾客的名字 Name、到达时间 T、事务处理时间 P。然后定义分支队列结构体 TeamQueueRecord，其中除了头、尾指针和队列大小之外，用数组 Customer 存放顾客信息。最后是总队列的结构体 QueueRecord，其中除了头、尾指针和队列大小之外，用数组 TeamQueue 存放分支队列的头指针。

② 过程模拟。过程模拟的要点为，每次令队首的顾客到窗口接受服务，同时计算该顾客将要离开窗口的时刻，将输入数据中所有该时刻前到达的顾客全部入列。这样顾客在入列时可以判断队列中有没有自己朋友的分支队列，进行相应的夹塞操作。当顾客完成事务处理离开窗口时，将该顾客从队列中删除。

注意到题目的"夹塞规则"是，即使有朋友正在窗口接受服务也可以夹塞。如果将"接受服务"等同为"出列"（DeleteQ），就可能会出错，因为如果这个正在窗口接受服务的顾客从总队列中消失，他的朋友到达时就无法从当前总队列中找到他，也就无法夹塞了。正确的解法应该是将"查看队首元素"（FrontQ）和"出列"分开实现，当顾客接受服务时，调用 FrontQ 得到队首顾客的信息，当该顾客完成事务处理离开窗口时，才调用 DeleteQ 将其删除。

③ 排序。要处理 10 000 名顾客的名字，简单的冒泡排序效率太低。而高级的排序算法要在第 7 章才讲到。这里可以先调用 C 语言的库函数 qsort 来解决问题。在 stdlib.h 中的函数 qsort 具有以下调用接口：

qsort（数组首地址，元素个数，单个元素所占空间大小，自定义比较函数）；

例如，把顾客名字和朋友圈编号一起组成结构体，并且把所有顾客存在一个结构体数组 Customer[10000] 里面：

```
struct CNode{
    char Name[4];/* 顾客名字 */
```

```
      int Fn;/* 朋友圈编号 */
} Customer[10000];
```

那么排序时就调用

```
qsort(Customer,10000,sizeof(struct CNode),CompName);
```

其中 CompName 是负责比较两个元素中 Name 字符串的函数，在这个问题中可以定义为

```
int CompName(const void *a,const void *b)
{    /* 比较姓名 */
    return strcmp(((const struct CNode*)a)->Name,
                    ((const struct CNode*)b)->Name);
}
```

5. 实验思考题

（1）本书在实现中将总队列的长度简单地设置为总人数，这样就不需要采用循环数组来实现队列的基本操作，因为每个人最多入队 1 次。但这样做的缺点是，当有朋友圈存在时，会浪费一定空间，因为实际上总队列的长度不会超过（$N-I+M$），其中 N 是总人数，I 是所有朋友圈中的总人数，M 是朋友圈的个数。如果这样定义总队列的长度，就需要引入循环数组，因为一个朋友圈可能入列、出列多次（如测试用例 3）。请按最节省空间的方式决定总队列的长度，并相应地修改代码。

（2）若一旦某顾客开始接受窗口服务，后面的朋友就不能加塞，应如何修改代码模拟这种情况？

（3）* 若银行有 K 个窗口，对于多窗口单队列的加塞情况如何模拟？

（4）* 如果能将顾客名字的字符串转换为整数，就可以用一个整型数组简单地解决查找某个顾客所在朋友圈的问题。如何设计这个转换机制？

第4章

树

本章实验内容主要围绕树及其相关应用,共包括了7个案例、8项基础实验和5项进阶实验。这些题目涉及的知识内容如表4.1所示。

表 4.1 本章实验涉及的知识点

序号	题目名称	类别	内容	涉及主要知识点
4–1.1	根据后序和中序遍历输出前序遍历	案例	如题	二叉树的遍历
4–1.2	是否二叉搜索树	案例	判断给定二叉树是否二叉搜索树	二叉搜索树
4–1.3	平衡二叉树的根	案例	将一系列数字插入初始为空的 AVL 树,输出根结点	平衡二叉树
4–1.4	堆中的路径	案例	建立堆,打印从第 i 个结点到根结点的路径	堆
4–1.5	顺序存储的二叉树的最近的公共祖先问题	案例	求顺序存储的二叉树的任意两点最近的公共祖先	二叉树的顺序存储
4–1.6	树种统计	案例	根据卫星得到的数据统计树种信息,顺序输出每个树种所占比例	二叉搜索树
4–1.7	文件传输	案例	动态判断任意两机器间是否连通	集合运算
4–2.1	树的同构	基础实验	判断两棵二叉树是否同构	二叉树的遍历
4–2.2	列出叶结点	基础实验	按层序遍历顺序列出所有叶结点	二叉树的遍历

续表

序号	题目名称	类别	内容	涉及主要知识点
4–2.3	二叉树的非递归遍历	基础实验	用非递归方法实现三种遍历	二叉树的遍历
4–2.4	搜索树判断	基础实验	判断给定键值序列是否二叉搜索树的前序遍历序列	二叉搜索树、二叉树的遍历
4–2.5	关于堆的判断	基础实验	将一系列给定数字顺序插入一个初始为空的最小堆。随后判断一系列相关命题是否为真	堆
4–2.6	目录树	基础实验	根据输入信息,分析目录树状结构,输出目录树结构	普通树的建立、树的遍历
4–2.7	修理牧场	基础实验	以花费最少的方法锯木头	哈夫曼算法、优先队列(最小堆)
4–2.8	部落	基础实验	统计给定社区中有多少个互不相交的部落,检查任意两人是否属于同一个部落	集合运算
4–3.1	家谱处理	进阶实验	根据家谱处理,生成家族家谱树状结构,判断家庭陈述语句的真假	普通树的建立、树的遍历
4–3.2	Windows 消息队列	进阶实验	根据优先级模拟消息队列	优先队列(最小堆)
4–3.3	完全二叉搜索树	进阶实验	将给定数字填入完全二叉搜索树	二叉搜索树、完全二叉树、二叉树的遍历
4–3.4	笛卡儿树	进阶实验	给定一棵二叉树,判断该树是否笛卡儿树	二叉搜索树、优先队列、二叉树的遍历
4–3.5	哈夫曼编码	进阶实验	判断给定编码是否哈夫曼编码	哈夫曼算法、二叉树的遍历

建议在学习中,至少选择 3 个案例进行深入学习与分析,再选择 2~3 个基础实验项目进行具体的编程实践。学有余力者可以挑战 1~2 个进阶实验项目。

案例 4-1.1：根据后序和中序遍历输出前序遍历（主教材题目集练习 4.1）

1. 实验目的

（1）熟练掌握二叉树存储结构。
（2）熟练掌握二叉树的遍历及应用。

2. 实验内容

根据给定的一棵二叉树的后序遍历和中序遍历结果，输出该树的前序遍历结果。

3. 实验要求

（1）输入说明：第一行给出正整数 $N(\leqslant 30)$，是树中结点的个数。随后两行，每行给出 N 个整数，分别对应后序遍历和中序遍历结果，数字间以空格分隔。题目保证输入正确对应一棵二叉树。

（2）输出说明：在一行中输出"Preorder:"以及该树的前序遍历结果。数字间有 1 个空格，行末不得有多余空格。

（3）测试用例：

序号	输入	输出	说明
0	7 2 3 1 5 7 6 4 1 2 3 4 5 6 7	Preorder: 4 1 3 2 6 5 7	有单边、双边结点
1	5 3 2 5 4 1 3 2 1 4 5	Preorder: 1 2 3 4 5	单边喇叭张开
2	7 7 6 5 4 3 2 1 1 3 5 7 6 4 2	Preorder: 1 2 3 4 5 6 7	交错
3	1 2 2	Preorder: 2	$N=1$
4	略	略	最大 N，复杂组合

4. 实验分析

（1）问题分析
本题需要解决两个子问题：
① 通过输入给定的后序遍历和中序遍历两个序列构建成对应二叉树。由于后序遍历序

列的最后一个结点必然是根结点，可以在中序遍历序列中找到这个根结点的位置 p（下标从 0 开始），于是就知道在中序遍历序列中，根结点左边的所有结点一定属于左子树，右边的所有结点一定属于右子树。根据这个判断，可以从中序遍历序列中知道左、右子树分别有 p 和（N-p-1）个结点，它们必然对应存储在后序遍历序列中从第 0 个结点开头以及从第 p 个结点开头的两段。于是可以对左、右子树递归地解决这个问题，直到生成整个二叉树。

② 前序遍历生成的二叉树，把遍历中的"访问"操作定义为"输出"即可。

（2）实现要点

树形结构用一般教材中介绍的链表结构存储，结点结构体存储该结点的数值以及左右子树的指针。在构建二叉树的过程中，须注意递归终止的条件。

5. 实验参考代码

```c
#include <stdio.h>
#include <stdlib.h>

#define MAXN 30
typedef int ElementType;

typedef struct TNode *Position;
typedef Position BinTree;/* 二叉树类型 */
struct TNode{ /* 树结点定义 */
    ElementType Data;/* 结点数据 */
    BinTree Left;     /* 指向左子树 */
    BinTree Right;    /* 指向右子树 */
};

BinTree BuildTree(int Inorder[], int Postorder[], int N);
void PreorderTraversal(BinTree BT);

int main()
{
    BinTree T;
    int Inorder[MAXN], Postorder[MAXN], N, i;

    scanf("%d", &N);
    for(i=0;i<N;i++) scanf("%d", &Postorder[i]);
```

```
        for(i=0;i<N;i++) scanf("%d",&Inorder[i]);
        T = BuildTree(Inorder, Postorder, N);
        printf("Preorder:");PreorderTraversal(T);printf("\n");
        return 0;
    }


BinTree BuildTree(int Inorder[], int Postorder[], int N)
{ /* 根据中序和后序数组中的 N 个结点建树 */
    BinTree T;
    int p;

    if(!N) return NULL;/* 递归终止条件:空树 */

    T =(BinTree)malloc(sizeof(struct TNode));
    T->Data = Postorder[N-1];/* 根结点是后序最后一个 */
    T->Left = T->Right = NULL;

    for(p=0;p<N;p++) /* 在中序里找根结点 */
        if(Inorder[p]==Postorder[N-1]) break;

    T->Left = BuildTree(Inorder, Postorder, p);
    T->Right = BuildTree(Inorder+p+1, Postorder+p, N-p-1);

    return T;
}


void PreorderTraversal(BinTree T)
{
    if(T)
    {
        printf("%d", T->Data);
        PreorderTraversal(T->Left);
        PreorderTraversal(T->Right);
    }
}
```

代码 4.1　根据后序和中序遍历输出前序遍历

6. 实验思考题

（1）如果题目改为给定前序和中序，输出后序遍历，该如何修改程序？

（2）＊请设计不需要建立树就能直接生成前序遍历序列的算法。

案例 4-1.2：是否二叉搜索树（主教材习题 4.3）

1. 实验目的

（1）熟练掌握二叉搜索树的性质。

（2）熟练掌握二叉树的遍历。

2. 实验内容

实现函数，判断给定二叉树是否二叉搜索树。

3. 实验要求

（1）函数接口说明：

```
bool IsBST(BinTree T);
```

其中 BinTree 结构定义如下：

```
typedef struct TNode *Position;
typedef Position BinTree;
struct TNode{
    ElementType Data;
    BinTree Left;
    BinTree Right;
};
```

函数 IsBST 须判断给定的 T 是否二叉搜索树，即满足如下定义的二叉树。

定义：一棵二叉搜索树是一棵二叉树，它可以为空。如果不为空，它将满足以下性质：

① 非空左子树的所有键值小于其根结点的键值。

② 非空右子树的所有键值大于其根结点的键值。

③ 左、右子树都是二叉搜索树。

如果 T 是二叉搜索树，则函数返回 true，否则返回 false。

（2）测试用例：

序号	传入参数	返回	说明
0	(树图:根4,左子树3-1-2,右子树5-7-6-8)	true	一般情况,判断为是
1	(树图:根4,左5-1,右3-6-7)	false	一般情况,判断为非
2	(树图:根4,左3-2-7,右5-1-6)	false	左右子树都对,但答案是 false
3	(结点 1)	true	只有 1 个结点
4	空树	true	空树

4. 实验分析

（1）问题分析

一个简单的后序遍历思路是,先检查左右子树是否二叉搜索树,如果都是,再检查根结点与左右孩子结点的关系是否正确,如果也是,就返回 true。但第 2 组测试用例证明了这种思路是错误的。关键在于根结点不仅要与左右孩子满足搜索树的有序关系,还要与整个左右子树中的**所有**结点满足有序关系。

要修正这个错误,在检查根结点时,就不是只与其左右孩子做比较,它必须大于左子树中的最大值,并且小于右子树中的最小值才可以。如果左右两边的检查都没有问题,还应记得在返回前更新当前子树的最大、最小值:最大值应该等于右子树的最大值,如果没有右子树就是根结点的值;同理最小值应该等于左子树的最小值,如果没有左子树就是根结点的值。

（2）实现要点

由于需要知道子树所有结点值的上下界,在递归检查子树时,仅传根结点地址是不够的,还得把当前子树的最大、最小值一起当成参数传递。于是题目中给定的 IsBST 函数不能直接用于递归。在代码 4.2 中,用另一个 IS_BST 函数作为核心递归函数。

5. 实验参考代码

```
bool IS_BST(BinTree T, int *min, int *max)
{ /* min 和 max 是 T 中所有结点值的下、上界 */
    int lmin, lmax, rmin, rmax, Left_flag, Right_flag;

    if(!T) return true;/* 空树肯定是 BST */
    if(!T->Left && !T->Right){ /* 只有一个根结点 */
      (*min) = (*max) = T->Data;/* 树中最大、最小值都是根的值 */
      return true;/* 单结点树肯定是 BST */
    }

    Left_flag = Right_flag = false;/* 左右子树判断结果初始化 */

    /* 分别判断左右两边是否可以 */
    if((T->Left &&
        IS_BST(T->Left, &lmin, &lmax) &&
        T->Data > lmax) ||
        !T->Left)
        Left_flag = true;
    if((T->Right &&
        IS_BST(T->Right, &rmin, &rmax) &&
        T->Data < rmin) ||
        !T->Right)
        Right_flag = true;

    if(Left_flag && Right_flag){ /* 如果两边都可以，更新上下界 */
        if(T->Left)     (*min) = lmin;
        else            (*min) = T->Data;
        if(T->Right)    (*max) = rmax;
        else            (*max) = T->Data;
        return true;
    }
    else    return false;
}
bool IsBST(BinTree T)
```

源代码4-2：
判断是否二
叉搜索树

```
{
    int minT, maxT;

    minT = maxT = -1;
    return IS_BST(T, &minT, &maxT);
}
```

代码 4.2　判断是否二叉搜索树

6. 实验思考题

（1）代码 4.2 的函数 IsBST 中，minT 和 maxT 一定要初始化为 –1 吗？

（2）* 还可以利用中序遍历进行判断，请设计算法实现。

案例 4–1.3：平衡二叉树的根（主教材题目集练习 4.2）

1. 实验目的

熟练掌握平衡二叉树的插入与旋转操作。

2. 实验内容

将给定的一系列数字插入初始为空的 AVL 树，请输出最后生成的 AVL 树的根结点的值。

3. 实验要求

（1）输入说明：第一行给出一个正整数 $N(\leqslant 20)$，随后一行给出 N 个不同的整数，其间以空格分隔。

（2）输出说明：在一行中输出顺序插入上述整数到一棵初始为空的 AVL 树后，该树的根结点的值。

（3）测试用例：

序号	输入	输出	说明
0	5 88 70 61 96 120	70	LL 旋转、RR 旋转
1	7 88 70 61 96 120 90 65	88	RL 旋转、LR 旋转
2	11 89 80 66 96 120 90 72 68 67 85 69	72	深度 LL 旋转

序号	输入	输出	说明
3	20 92 83 77 68 52 41 30 22 9 127 148 150 161 179 183 195 201 134 115 101	127	最大 N,深度 RL 旋转
4	1 1	1	最小 N

4. 实验分析

（1）问题分析

本题比较简单,就是平衡二叉树 4 种旋转操作的运用。程序主体利用一个循环读入数据,逐一插入一棵初始为空的 AVL 树中。代码 4.3 给出了主函数部分,代码 4.4 给出了插入和旋转操作的具体实现。

（2）实现要点

平衡二叉树的结构中多存储了一个树高,使得判断平衡的操作变得简单省时。

5. 实验参考代码

```
#include <stdio.h>
#include <stdlib.h>

typedef int ElementType;

typedef struct AVLNode *Position;
typedef Position AVLTree;/* AVL 树类型 */
struct AVLNode{
    ElementType Data;/* 结点数据 */
    AVLTree Left;     /* 指向左子树 */
    AVLTree Right;    /* 指向右子树 */
    int H;            /* 树高 */
};

int Max(int a, int b)
{
    return a > b ? a:b;
```

```
}

int GetH(AVLTree T);
AVLTree LL(AVLTree A);
AVLTree RR(AVLTree A);
AVLTree LR(AVLTree A);
AVLTree RL(AVLTree A);
AVLTree Insert(AVLTree T, ElementType X);

int main()
{
    int N, K, i;
    AVLTree T = NULL;/* 初始为空的 AVL 树 */

    scanf("%d", &N);
    for(i=0; i<N; i++){
        scanf("%d", &K);
        T = Insert(T, K);/* 逐一插入 */
    }
    printf("%d\n", T->Data);/* 打印根结点 */

    return 0;
}
```

源代码4-3:
求平衡二叉
树根的主程
序

代码 4.3　求平衡二叉树根的主程序

```
int GetH(AVLTree T)
{ /* 返回 T 的高度 */
    if(T)return T->H;
    else return -1;
}

AVLTree LL(AVLTree A)
{ /* 注意:A 必须有一个左子结点 B */
    AVLTree B = A->Left;
    A->Left = B->Right;
```

```
        B->Right = A;
        A->H = Max(GetH(A->Left),GetH(A->Right))+ 1;
        B->H = Max(GetH(B->Left),A->H)+ 1;
        return B;
}

AVLTree RR(AVLTree A)
{ /* 注意 :A 必须有一个右子结点 B */
        AVLTree B = A->Right;
        A->Right = B->Left;
        B->Left = A;
        A->H = Max(GetH(A->Left),GetH(A->Right))+ 1;
        B->H = Max(GetH(B->Left),A->H)+ 1;
        return B;
}

AVLTree LR(AVLTree A)
{ /* LR 双旋的直接实现 */
        AVLTree B,C;
        B = A->Left;
        C = B->Right;
        B->Right = C->Left;
        A->Left = C->Right;
        C->Left = B;
        C->Right = A;
        B->H = Max(GetH(B->Left),GetH(B->Right))+ 1;
        A->H = Max(GetH(A->Left),GetH(A->Right))+ 1;
        C->H = Max(B->H,A->H)+ 1;
        return C;
}

AVLTree RL(AVLTree A)
{ /* RL 双旋的直接实现 */
        AVLTree B,C;
        B = A->Right;
        C = B->Left;
```

```
        B->Left = C->Right;
        A->Right = C->Left;
        C->Right = B;
        C->Left = A;
        B->H = Max(GetH(B->Left),GetH(B->Right))+ 1;
        A->H = Max(GetH(A->Left),GetH(A->Right))+ 1;
        C->H = Max(B->H,A->H)+ 1;
        return C;
}
AVLTree Insert(AVLTree T,ElementType X)
{ /* 将 X 插入 AVL 树 T 中，并且返回调整后的 AVL 树 */
    if(!T){ /* 若插入空树，则新建包含一个结点的树 */
        T =(AVLTree)malloc(sizeof(struct AVLNode));
        T->Data = X;
        T->H = 0;
        T->Left = T->Right = NULL;
    } /* if( 插入空树 ) 结束 */

    else if(X < T->Data){
        /* 插入 T 的左子树 */
        T->Left = Insert(T->Left,X);
        /* 如果需要左旋 */
        if(GetH(T->Left)-GetH(T->Right)== 2)
          if(X < T->Left->Data)
            T = LL(T);        /* 左单旋 */
          else
            T = LR(T);/* 左 - 右双旋 */
    } /* else if( 插入左子树 ) 结束 */

    else if(X > T->Data){
        /* 插入 T 的右子树 */
        T->Right = Insert(T->Right,X);
        /* 如果需要右旋 */
        if(GetH(T->Left)-GetH(T->Right)== -2)
          if(X > T->Right->Data)
            T = RR(T);        /* 右单旋 */
```

```
        else
          T = RL(T);/* 右-左双旋 */
    } /* else if(插入右子树)结束 */
    /* else X == T->Data, 无须插入 */
    /* 别忘了更新树高 */
    T->H = Max(GetH(T->Left),GetH(T->Right))+ 1;

    return T;
}
```

源代码4-4：
平衡二叉树
相关操作

代码 4.4　平衡二叉树相关操作

6. 实验思考题

如果 AVL 树结构里不定义树高,而是作为普通二叉树来存储,该如何修改程序?

案例 4-1.4：堆中的路径(主教材题目集练习 4.3)

1. 实验目的

熟练掌握优先队列(堆)的存储与操作。

2. 实验内容

将一系列给定数字插入一个初始为空的小顶堆 H[ ]。随后对任意给定的下标 i,打印从 H[i]到根结点的路径。

3. 实验要求

(1)输入说明:每组测试第 1 行包含 2 个正整数 N 和 M($\leqslant 1\,000$),分别是插入元素的个数以及需要打印的路径条数。下一行给出区间[-10 000,10 000]内的 N 个要被插入一个初始为空的小顶堆的整数。最后一行给出 M 个下标。

(2)输出说明:对输入中给出的每个下标 i,在一行中输出从 H[i]到根结点的路径上的数据。数字间以 1 个空格分隔,行末不得有多余空格。

(3)测试用例:

序号	输入	输出	说明
0	5 3 46 23 26 24 10 5 4 3	24 23 10 46 23 10 26 10	调整到根、到中间位置,也有不需要调整的元素

续表

序号	输入	输出	说明
1	11 7 50 40 30 35 58 10 9 20 32 −2 8 2 7 6 9 11 8 10	8 −2 30 10 −2 40 10 −2 35 32 8 −2 20 9 8 −2 50 32 8 −2 58 9 8 −2	路径交错；路径从堆的中间开始打印；数值有负数
2	1 1 233 1	233	最小 N 和 M
3	略	略	最大 N 和 M 随机，元素取到正负边界

4. 实验分析

（1）问题分析

本题的解决分两个步骤：首先在一个循环中调用最小堆的插入函数，将输入元素逐一插入堆中；随后在又一个循环中，从指定位置的 H[i] 开始向上移动，顺序输出所有结点的值，直到根结点被输出。

（2）实现要点

由于题目已经给出了数据规模的上限，所以可以建立充分大的空堆进行操作，不用担心插入时堆满的问题，代码4.5给出了简版的插入函数。

5. 实验参考代码

```
#include <stdio.h>
#include <stdlib.h>

#define MINDATA -10001    /* 比最小值还小的哨兵 */
typedef int ElementType;

typedef struct HNode *Heap;/* 堆的类型定义 */
struct HNode {
    ElementType *Data;/* 存储元素的数组 */
    int Size;              /* 堆中当前元素个数 */
    int Capacity;          /* 堆的最大容量 */
```

```
};
typedef Heap MinHeap;/* 最小堆 */

MinHeap CreateHeap(int MaxSize);
void Insert(MinHeap H,ElementType X);

int main()
{
    int N,M,i,j;
    ElementType X;
    MinHeap H;

    scanf("%d %d",&N,&M);
    H = CreateHeap(N);/* 建立空堆 */
    for(i=0;i<N;i++){
        scanf("%d",&X);
        Insert(H,X);/* 逐一插入 */
    }
    for(j=0;j<M;j++){ /* 逐一打印路径 */
        scanf("%d",&i);
        printf("%d",H->Data[i]);/* 首先输出起点 H[i] */
        for(i/=2;i>0;i/=2)/* 顺次访问 H[i] 的父结点 */
            printf("%d",H->Data[i]);
            printf("\n");
    }
    return 0;
}

MinHeap CreateHeap(int MaxSize)
{ /* 创建容量为 MaxSize 的空的最大堆 */

    MinHeap H = (MinHeap)malloc(sizeof(struct HNode));
    H->Data = (ElementType *)malloc((MaxSize+1)*
                                    sizeof(ElementType));
    H->Size = 0;
```

```
    H->Capacity = MaxSize;
    H->Data[0] = MINDATA;/* 定义 "哨兵" 为小于堆中所有可能元素的值 */


    return H;
}

void Insert(MinHeap H, ElementType X)
{ /* 将元素 X 插入最小堆 H, 其中 H->Data[0] 已经定义为哨兵 */
    int i;
    for(i=++H->Size;H->Data[i/2] > X;i/=2)
        H->Data[i] = H->Data[i/2];/* 上滤 X */
    H->Data[i] = X;/* 将 X 插入 */
}
```

源代码4-5:
堆中的路径

代码 4.5　堆中的路径

6. 实验思考题

（1）把题目中的最小堆改为最大堆,该如何修改程序?

（2）如果要求自顶向下打印路径,该如何修改程序?

案例 4-1.5：顺序存储的二叉树的最近的公共祖先问题（主教材习题 4.5）

1. 实验目的

熟练掌握顺序存储的二叉树的性质。

2. 实验内容

设顺序存储的二叉树中有编号为 i 和 j 的两个结点,请设计算法求出它们最近的公共祖先结点的编号和值。

3. 实验要求

（1）输入说明:第1行给出正整数 $N(\leqslant 1\,000)$,即顺序存储的最大容量;第2行给出 N 个非负整数,其间以空格分隔。其中 0 代表二叉树中的空结点（如果第1个结点为 0,则代表一棵空树）;第3行给出一对结点编号 i 和 j。保证输入正确对应一棵二叉树,且 $1 \leqslant i,j \leqslant N$。

（2）输出说明:如果 i 或 j 对应的是空结点,则输出"ERROR: T[x] is NULL",其中 x 是 i 或 j 中先发现错误的那个编号;否则在一行中输出编号为 i 和 j 的两个结点最近的公共祖先结点的编号和值,其间以 1 个空格分隔。

（3）测试用例：

序号	输入	输出	说明
0	15 4 3 5 1 10 0 7 0 2 0 9 0 0 6 8 11 4	2 3	3 个结点在不同层
1	15 4 3 5 1 0 0 7 0 2 0 9 0 0 6 8 12 8	ERROR：T[12]is NULL	两个结点都是空,输出第 1 个
2	14 889 233 332 45 56 67 78 0 0 102 111 222 245 1489 11 12	1 889	相邻叶子结点,输出是根
3	略	略	最大 n 的满树,两个随机非叶子结点
4	10 10 9 8 7 6 5 4 3 2 1 1 10	1 10	i 和 j 取边界
5	10 10 9 8 7 6 5 4 3 2 1 10 10	10 1	两点重合,输出自己
6	3 0 0 0 1 3	ERROR：T[1]is NULL	空树,ERROR

4. 实验分析

（1）问题分析

首先按照题意套用一个顺序表存储给定的二叉树,注意下标从 1 开始。随后读入两个下标 p1 和 p2,检查它们是否都对应了非空结点（即值不为 0）。如果一切正常,就开始查找两者的最近公共祖先了。

一个简单的思路是,从两个结点分头向上扫描,将沿途的结点下标分别存在两个数组 A1[ ]和 A2[ ]里。然后对 A1[ ]中的每个下标,顺序与 A2[ ]中的下标比较,找到第 1 个相同的,就是最近公共祖先的下标了。这种方法的时间复杂度是 O（L1×L2）,其中 L1 和 L2 分别是两个初始结点到它们最近公共祖先的路径长度。

一种更聪明的方法是,令两个下标从两个初始结点开始,你追我赶地交替向上,直到在某地相遇。即先令较大的下标（对应位置较低的结点）p 通过 p/=2 向上访问父结点——这是顺序存储树带来的最大方便,可以通过简单的计算得到父结点的位置——直到这个 p 超过了另一个下标,就令另一个下标开始往上访问。这样算法的复杂度就等于两个下标走过的距离和,是

O（L1+L2）了。具体实现请见代码 4.6 中的函数 NCA（即 Nearest Common Ancestor 的缩写）。

（2）实现要点

在实现两个下标交替上升时，可以令其中一个下标专门负责攀升，一旦它比另一个下标位置靠前了，就将两个下标交换位置，这样程序可以写得比较简洁。

5. 实验参考代码

```c
#include <stdio.h>
#include <stdlib.h>

#define MAXSIZE 1001
typedef int ElementType;
#define Swap(a,b) a ^= b, b ^= a, a ^= b;
/* 通过连续三次异或运算交换 a 与 b */

/*----- 顺序表的定义 -----*/
typedef int Position;
typedef struct LNode *PtrToLNode;
struct LNode {
    ElementType Data[MAXSIZE];
    Position Last;
};
typedef PtrToLNode List;
/*----- 顺序表的定义结束 -----*/
typedef List Tree;/* 用顺序表定义树 */

int NCA(int p1,int p2){
    while(p1 != p2)
    {
        /* 先保证 p1 在 p2 上面 */
        if(p1 > p2){ Swap(p1,p2)}
        while(p2 > p1)p2/=2;/* p2 向上追赶 p1 */
    }
    return p1;
}

int main()
```

```
{
    int N;
    int p1,p2,p;
    Tree T = (Tree)malloc(sizeof(struct LNode));

    /* 读入树 */
    T->Data[0] = 0;T->Last = 0;
    scanf("%d",&N);
    for(T->Last=1;T->Last<=N;T->Last++)
        scanf("%d",&T->Data[T->Last]);
    T->Last--;

    scanf("%d %d",&p1,&p2);
    if(!T->Data[p1])printf("ERROR:T[%d] is NULL\n",p1);
    else if(!T->Data[p2])printf("ERROR:T[%d] is NULL\n",p2);
    else {
        p = NCA(p1,p2);
        printf("%d %d\n",p,T->Data[p]);
    }

    return 0;
}
```

源代码4-6：
找出最近公
共祖先

代码 4.6　找出最近公共祖先

6. 实验思考题

（1）如果不是直接套用顺序表的标准模板，而是用一个简单的数组存储树，该如何修改程序？

（2）如果存储的下标从 0 开始，该如何修改程序？

案例 4-1.6：树种统计

1. 实验目的

熟练掌握二叉搜索树的性质及在解决问题中的应用。

2. 实验内容

随着卫星成像技术的应用，自然资源研究机构可以识别每一棵树的种类。请编写程序帮助研究人员统计每种树的数量,计算每种树占总数的百分比。

3. 实验要求

(1)输入说明:输入第 1 行给出一个正整数 $N(\leqslant 10^5)$,为树的数量。随后 N 行,每行给出卫星观测到的一棵树的种类名称。种类名称是不超过 30 个英文字母和空格组成的字符串(大小写不区分,且首字符不是空格)。

(2)输出说明:按字典序递增输出各种树的种类名称及其所占总数的百分比,其间以空格分隔,精确到小数点后 4 位。

(3)测试用例:

序号	输入	输出	说明
0	29 Red Alder Ash Aspen Basswood Ash Beech Yellow Birch Ash Cherry Cottonwood Ash Cypress Red Elm Gum Hackberry White Oak Hickory Pecan Hard Maple White Oak Soft Maple Red Oak Red Oak White Oak Poplan Sassafras Sycamore Black Walnut Willow	Ash 13.7931% Aspen 3.4483% Basswood 3.4483% Beech 3.4483% Black Walnut 3.4483% Cherry 3.4483% Cottonwood 3.4483% Cypress 3.4483% Gum 3.4483% Hackberry 3.4483% Hard Maple 3.4483% Hickory 3.4483% Pecan 3.4483% Poplan 3.4483% Red Alder 3.4483% Red Elm 3.4483% Red Oak 6.8966% Sassafras 3.4483% Soft Maple 3.4483% Sycamore 3.4483% White Oak 10.3448% Willow 3.4483% Yellow Birch 3.4483%	一般情况测试

续表

序号	输入	输出	说明
1	1 A test for the longest strings	A test for the longest strings 100.0000%	边界测试：最小 N，最长树种名
2	100000 随机生成不重复的大数据	百分比全部为 0.0010%	边界测试：最大 N 的树
3	100000 随机大数据	略	边界测试：最大 N

4. 实验分析

（1）问题分析

问题的关键在于需要反复查找某种输入树种并将其个数加 1。如果简单地将最多 N 个输入树种存为数组，则每次查找最坏都需要线性时间复杂度 $O(N)$，于是总查找时间将达到 $O(N^2)$。

二分查找可以达到 $O(\log N)$ 的查找效率，但前提条件是数组里的数据有序。在学习高效排序算法之前，用简单如冒泡排序之类的算法并不是很好的选择，因为时间复杂度可能达到 $O(N^2)$。

二叉搜索树可以比较有效地提高查找效率。如果树比较平衡，则单次插入和查找都可以达到 $O(\log N)$ 的复杂度，因此总体时间复杂度可能降低到 $O(N\log N)$。当然最坏情况下，可能形成单边倾斜的二叉搜索树，这时的效率只有 $O(N^2)$，与前两种算法持平。

用二叉搜索树的另一个好处是，对其进行中序遍历就可以得到按字典序递增的输出序列。

（2）实现要点

树形结构仍然用一般教材中介绍的链表结构存储，结点结构体除了存储该结点的树种名称及左右子树的指针外，还需要一个计数器来存储该树种的数量。

5. 实验参考代码

```c
#include<stdio.h>
#include<stdlib.h>
#include<string.h>

#define MAXN 100000
#define MAXS 30

typedef struct TreeNode *BinTree;
```

```
struct TreeNode {
    char Data[MAXS+1];
    int Cnt;
    BinTree Left;
    BinTree Right;
};

BinTree Insert(BinTree T, char *Name)
{ /* 将树种 Name 插入二叉搜索树 T, 或累计已存在树种 */
    int cmp;

    if(!T){ /* 建立第 1 个结点 */
        T = malloc(sizeof(struct TreeNode));
        strcpy(T->Data, Name);
        T->Cnt = 1;
        T->Left = T->Right = NULL;
    }
    else { /* 插入 */
        cmp = strcmp(Name, T->Data);/* 比较树种名称 */
        if(cmp<0)
            T->Left = Insert(T->Left, Name);
        else if(cmp>0)
            T->Right = Insert(T->Right, Name);
        else   T->Cnt++;/* 树种存在, 计数 */
    }
    return T;
}

void Output(BinTree T, int N)
{
    if(!T)return;/* 递归终止条件 */
    Output(T->Left, N);/* 输出左子树 */
    printf("%s %.4lf%c\n",
            T->Data, (double)T->Cnt/(double)N*100.0, '%');
    Output(T->Right, N);/* 输出右子树 */
```

```
    }

int main()
{
    int N, i;
    char Name[MAXS+1];
    BinTree T = NULL;

    scanf("%d\n", &N);
    for(i=0;i<N;i++){
        gets(Name);
        T = Insert(T, Name);
    }
    Output(T, N);

    return 0;
}
```

源代码4-7：
树种统计

代码 4.7　树种统计

6. 实验思考题

（1）在数据规模较大时，二叉搜索树有时会显著不平衡，为什么会出现这种不平衡？　二叉搜索树的不平衡会导致什么问题？

（2）为了应对二叉搜索树的不平衡，研究人员提出了 AVL 树和红黑树，请阅读相关资料，分析它们分别使用了怎样的平衡策略。

案例 4–1.7：文件传输

1. 实验目的

熟练掌握集合运算在解决问题中的应用。

2. 实验内容

当两台计算机双向连通时，文件是可以在两台机器间传输的。给定一套计算机网络，请判断任意两台指定的计算机之间能否传输文件。

3. 实验要求

（1）输入说明：首先在第一行给出网络中计算机的总数 N（$2 \leqslant N \leqslant 10^4$），于是假设这些计算机从 1 到 N 编号。随后每行输入按以下格式给出：

    I c1 c2

其中 I 表示在计算机 $c1$ 和 $c2$ 之间加入连线，使它们连通；或者是

    C c1 c2

其中 C 表示查询计算机 $c1$ 和 $c2$ 之间能否传输文件；又或者是

    S

这里 S 表示输入终止。

（2）输出说明：对每个 C 开头的查询，如果 $c1$ 和 $c2$ 之间可以传输文件，就在一行中输出"yes"，否则输出"no"。当读到终止符时，在一行中输出"The network is connected."，表示网络中所有计算机之间都能传输文件；或者输出"There are k components."，其中 k 是网络中连通集的个数。

（3）测试用例：

序号	输入	输出	说明
0	5 C 3 2 I 3 2 C 1 5 I 4 5 I 2 4 C 3 5 S	no no yes There are 2 components.	一般情况测试。最后不连通
1	5 C 3 2 I 3 2 C 1 5 I 4 5 I 2 4 C 3 5 I 1 3 C 1 5 S	no no yes yes The network is connected.	最后连通
2	2 S	There are 2 components.	最小 N，无连通操作

续表

序号	输入	输出	说明
3	10000 S	There are 10000 components.	最大 N，无操作
4	略	略	最大 N，递增链，卡不按大小 union 的
5	略	略	最大 N，递减链，卡不按大小 union 的
6	略	略	最大 N，两两合并，反复查最深结点，卡不压缩路径的

4. 解决思路

（1）问题分析

由于两台计算机连通的关系实际上就是两个元素的等价关系，所以问题实际上是等价类的划分。可以将每台计算机看成集合中的元素，计算机逐渐联网的过程可以看成是子集合逐渐归并的过程。

题目中需要处理以下三种情况：

① 对于每个 I 开头的连通请求，先检查两台计算机是否已经连通（即是否已经属于同一个集合），如果没有就把它们各自所在的集合并起来。

② 对于每个 C 开头的请求，同样检查两台计算机是否已经连通，如果是就输出"yes"，否则输出"no"。

③ 最后读到 S 时，扫描集合中的每个元素，如果其值为负数，就说明是一个独立集合的根。用计数器统计根的个数，如果个数为 1，就说明全部计算机都连在一个集合里了，输出全网连通；如果个数大于 1，说明有多个连通的子网，就输出连通集的个数。

代码 4.8 给出了程序的主要部分。集合相关的并、查操作在代码 4.9 中给出。代码 4.10 则给出了对三种情况分别进行处理的辅助函数。

（2）实现要点

并和查的操作有多种实现方法，代码 4.9 给出的是按秩归并以及带路径压缩的解决方案。微视频 4-1 和微视频 4-2 详细讲解了这种解决方案以及选用这种处理的原因。

微视频4-1：
按秩归并

微视频4-2：
路径压缩

5. 实验参考代码

```c
#include <stdio.h>

#define MaxSize 10000
```

```
typedef int ElementType;
typedef int SetName;

/*----- 集合定义 -----*/
typedef ElementType SetType[MaxSize];
void Initialization(SetType S , int n);
void Union(SetType S, SetName Root1, SetName Root2);
SetName Find(SetType S, ElementType X );
/*----- 集合定义结束 -----*/

void Input_connection(SetType S);
void Check_connection(SetType S);
void Check_network(SetType S , int n);

int main()
{
    SetType S;
    int n;
    char in;

    scanf("%d\n", &n);
    Initialization(S, n);
    do {
        scanf("%c", &in);
        switch(in){
                case 'I':Input_connection(S);break;
                case 'C':Check_connection(S);break;
                case 'S':Check_network(S, n);break;
        }
    } while(in != 'S');
    return 0;
}
```

源代码4-8：
文件传输问
题的主程序

代码 4.8　文件传输问题的主程序

```
void Initialization(SetType S , int n)
{
```

```
    int  i;

    for(i=0;i<n;i++)
        S[i] = -1;
}


void Union(SetType S,SetName Root1,SetName Root2)
{

    if(S[Root2] < S[Root1]){
        S[Root2] += S[Root1];
        S[Root1] = Root2;
    }
    else {
        S[Root1] += S[Root2];
        S[Root2] = Root1;
    }
}


SetName Find(SetType S,ElementType X )
{
    if(S[X] < 0)
        return X;
    else
        return S[X] = Find(S,S[X]);
}
```

源代码4-9：并查集相关函数

代码 4.9　并查集相关函数

```
void Input_connection(SetType S)
{
    ElementType u,v;
    SetName Root1,Root2;

    scanf("%d %d\n", &u, &v);
```

```
          Root1 = Find(S, u-1);
          Root2 = Find(S, v-1);
          if(Root1 != Root2)
            Union(S, Root1, Root2);
      }


      void Check_connection(SetType S)
      {
          ElementType u, v;
          SetName Root1, Root2;

          scanf("%d %d\n", &u, &v);
          Root1 = Find(S, u-1);
          Root2 = Find(S, v-1);
          if(Root1 == Root2)
              printf("yes\n");
          else
              printf("no\n");
      }


      void Check_network(SetType S , int n)
      {
          int  i, counter = 0;

          for(i=0;i<n;i++){
              if(S[i] < 0)
                  counter ++;
          }
          if(counter == 1)
              printf("The network is connected.\n");
          else
              printf("There are %d components.\n", counter);
      }
```

源代码4-10: 文件传输问题的辅助程序

代码 4.10 文件传输问题的辅助程序

6. 实验思考题

（1）微视频中提到按规模归并与路径压缩配合使用更方便，为什么？

（2）如果题目改为最后要求最大规模连通子网中计算机的个数，该如何修改程序？

基础实验 4-2.1： 树的同构

1. 实验目的

熟练掌握二叉树遍历的应用。

2. 实验内容

给定两棵树 T1 和 T2。如果 T1 可以通过若干次左右孩子互换就变成 T2，则称两棵树是"同构"的。例如图 4.1 给出的两棵树就是同构的，因为把其中一棵树的结点 A、B、G 的左右孩子互换后，就得到另外一棵树。而图 4.2 就不是同构的。

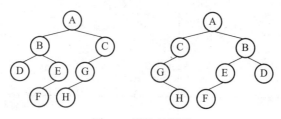

图 4.1　同构的例子

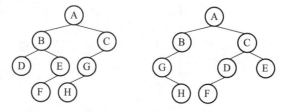

图 4.2　不同构的例子

现给定两棵树，请判断它们是否是同构的。

3. 实验要求

（1）输入说明：输入给出 2 棵二叉树的信息。对于每棵树，首先在一行中给出一个非负整数 N（≤10），即该树的结点数（此时假设结点从 0 到 N-1 编号）；随后 N 行，第 i 行对应编号第 i 个结点，给出该结点中存储的 1 个英文大写字母、其左孩子结点的编号、右孩子结点的编号。如果孩子结点为空，则在相应位置上给出 "-"。给出的数据间用一个空格分隔。注意：

题目保证每个结点中存储的字母是不同的。

（2）输出说明：如果两棵树是同构的，输出"Yes"，否则输出"No"。

（3）测试用例：

序号	输入	输出	说明
0	8 A 1 2 B 3 4 C 5 - D - - E 6 - G 7 - F - - H - - 8 G - 4 B 7 6 F - - A 5 1 H - - C 0 - D - - E 2 -	Yes	对应图 4.1。有双边换、单边换，节点编号不同但数据同
1	8 B 5 7 F - - A 0 3 C 6 - H - - D - - G 4 - E 1 - 8 D 6 - B 5 - E - - H - - C 0 2 G - 3 F - - A 1 4	No	每层结点数据对，但父结点不对

序号	输入	输出	说明
2	4 A – 1 B 3 2 D – – C – – 3 A – 1 B 2 – D – –	No	结点数不同
3	0 0	Yes	空树
4	1 H – – 1 A – –	No	只有 1 个结点，结构 同但数据不同
5	10 N – – M 0 – L 1 9 J 2 – Z – – X – 4 I 5 8 K 6 3 H – – Y – – 10 Z – – X 0 – I 1 – K 2 4 J 5 7 H 6 8 M 9 – L – – Y – – N – –	No	最大 N，层序遍历结 果相同，但树不同

4. 解决思路

（1）问题分析

两棵树是否同构，可以用二叉树的前序、中序、后序遍历中的任何一种来递归地完成检查。在这三种遍历中，前序遍历显然是最合算的，因为如果当前两棵子树的根结点不一样，对其子树的检查就是无意义的，可以直接返回 false 了。

需要对两棵树同时进行遍历。前序遍历在解决这个问题的过程中，"访问当前根结点"就是检查两棵树的当前子树根结点是否相同，即：

① 如果同为空结点，肯定是对的，返回 true。

② 如果一个是空的而另一个不是，肯定是错的，返回 false。

③ 如果两个都不为空，但是存的字符不一样，那也是错的，返回 false。

至此如果还没有返回，说明两个根结点是完全一样的，接下来就递归地检查它们的子树。

微视频4-3：同构判别详解

注意除了检查左右子树是否对应分别同构外，还要检查一棵树的左子树是否同构于另一棵树的右子树，反之亦然。微视频 4-3 给出了这个步骤的详解。

（2）实现要点

在同构判别之前，先要建立两棵树，而本题给出的树的信息比较特殊，不适合用常规的链表结构存储。一种解决方案是采用结构数组来表示一棵二叉树，数组的下标就是输入中给出的结点编号，也就是结点的存储地址。这样所谓左右孩子的"指针"就可以定义为整型变量，分别存储左右孩子结点的数组下标即可。建立树的过程中有不少细节问题需要注意，微视频4-5 中给出了建树过程的详解。

微视频4-4：结构数组表示二叉树

5. 实验思考题

（1）如果改用中序、后序遍历，该怎么做？

（2）一道相似的题目，是将一棵二叉树反转，即将每个结点的左右子树都对换。试设计实现这个目标的算法。

微视频4-5：建立二叉树

基础实验 4-2.2：列出叶结点

1. 实验目的

熟练掌握二叉树的层序遍历。

2. 实验内容

对于给定的二叉树，按从上到下、从左到右的顺序输出其所有叶结点。

3. 实验要求

（1）输入说明：首先第一行给出一个正整数 N（$\leqslant 10$），为树中结点总数。树中的结点从 0

到 $N-1$ 编号。随后 N 行，每行给出一个对应结点左右孩子的编号。如果某个孩子不存在，则在对应位置给出"–"。编号间以 1 个空格分隔。

（2）输出说明：在一行中按规定顺序输出叶结点的编号。编号间以 1 个空格分隔，行首尾不得有多余空格。

（3）测试用例：

序号	输入	输出	说明
0	8 1 – – – 0 – 2 7 5 – 4 6	4 1 5	有单边左孩子，中间层少先输出
1	10 1 9 – 3 0 – – – 5 – 2 6 4 7 – –	2 9 5 3	最大 N，有单边右孩子，多层
2	1 – –	0	最小 N
3	9 5 1 8 3 0 4 – – 7 6 – – – – – –	8 4 1 7 6	每层都有输出，有双孩子
4	5 1 – 2 – 4 – 0 – – –	4	单边树，只有 1 个输出

4. 解决思路

（1）问题分析

这个问题比较简单，因为从上到下、从左到右的顺序，就是对树进行层序遍历的顺序，所以只要根据输入建立了二叉树以后，对该树做一次层序遍历就可以了。本题中对"访问当前结点"的定义就是打印输出这个结点的编号。

（2）实现要点

根据题目的输入，树的存储最好还是采用基础实验 4-2.1（见微视频 4-4）介绍的静态数组的方式，树的结构体里不需要存其他数值，只需要定义左右孩子就可以了。

输出时因为要求"行首尾不得有多余空格"，这就给统一输出带来了麻烦，因为如果统一用 "%d"，行末必定会多个空格，如果用 "%d"，行首必定会多个空格。一种解决方案是另开一个数组，先把要输出的叶结点都存在数组里；输出时先用 "%d" 输出第 1 个叶结点，然后再统一用 "%d" 循环输出其他叶结点。这个方案有些耗费空间。另一种办法是设置一个标识变量 flag，初始化为 0；在层序遍历到叶结点时，如果 flag 是 0，说明这是第 1 个输出的叶结点，用 "%d" 输出，并且把 flag 的值改成 1；如果发现 flag 的值是 1，就用 "%d" 输出。这个方案在每次输出时多了一次对 flag 的检查，有些耗费时间。如果读者有更好的解决方案，欢迎与作者联系。

5. 实验思考题

（1）如果题目要求改为按从上到下、**从右到左**的顺序输出叶结点，该如何修改程序？

（2）* 如果题目要求改为按从上到下、**之字形**的顺序（即从根结点下第 1 层开始，从左到右输出；第 2 层从右到左输出；第 3 层又是从左到右输出；第 4 层从右到左输出……以此类推）输出叶结点，该如何修改程序？

基础实验 4-2.3：二叉树的非递归遍历

1. 实验目的

练习掌握用非递归的方法遍历二叉树。

2. 实验内容

用非递归的方法实现对给定二叉树的 3 种遍历。

3. 实验要求

（1）函数接口说明：

```
void InorderTraversal(BinTree BT);
void PreorderTraversal(BinTree BT);
```

```
void PostorderTraversal(BinTree BT);
```

其中 **BinTree** 结构定义如下:

```
typedef struct TNode *Position;
typedef Position BinTree;
struct TNode{
    ElementType Data;
    BinTree Left;
    BinTree Right;
    int flag;
};
```

要求 3 个函数分别按照访问顺序打印出结点的内容,格式为一个空格跟着一个字符。此外,裁判程序中给出了堆栈的全套操作如下,可以直接调用。

```
typedef Position SElementType;
typedef struct SNode *PtrToSNode;
struct SNode {
    SElementType Data;
    PtrToSNode Next;
};
typedef PtrToSNode Stack;

/* 裁判实现,细节不表 */
Stack CreateStack();
bool IsEmpty(Stack S);
bool Push(Stack S, SElementType X);
SElementType Pop(Stack S);/* 删除并仅返回 S 的栈顶元素 */
SElementType Peek(Stack S);/* 仅返回 S 的栈顶元素 */
```

(2)测试用例:

序号	输入	输出	说明
0		Inorder: D B E F A G H C I Preorder: A B D F E C G H I Postorder: D E F B H G I C A	最后一层有单左和单右孩子,有左高、右高、等高子树

续表

序号	输入	输出	说明
1	（喇叭树，结构图：a—m—n，a—b—c—d—e）	Inorder: n m a b c d e Preorder: a m n b c d e Postorder: n m e d c b a	喇叭树，两个单边，右高
2	（喇叭树，结构图：a—m—n—o—p，a—b—c）	Inorder: p o n m a b c Preorder: a m n o p b c Postorder: p o n m d c a	喇叭树，两个单边，左高
3	（Y）	Inorder：Y Preorder：Y Postorder：Y	只有1个结点
4	空	Inorder： Preorder： Postorder：	空树

4. 解决思路

（1）问题分析

递归实现实际上是利用了系统堆栈，在遍历过程中把遇到的、但是不应该马上输出的信息存到系统堆栈里。例如中序遍历在进入当前子树的递归调用时，并不先输出根结点，而是先递归调用遍历其左子树，也就是把根结点先压入系统堆栈，先执行处理左子树的程序。把递归改为非递归实现，只需要自己建立一个堆栈，模仿系统堆栈的功能即可。

中序遍历开始是利用一个循环令结点指针从根结点出发，一路沿左孩子向下，直到找到最左边结点开始输出。问题是当访问完左子树以后，还要回到根结点进行处理，所以沿途必须把经过的子树根结点存起来。又因为输出是从底向上的顺序，与存储的顺序正好相反，所以堆栈就成为存储的工具。当访问到一个空的左子树时，从堆栈中弹出的结点就是最左边的结点，可以输出了。之后令指针移动到这个结点的右子树，继续重复上述步骤即可。微视频4-6给出了非递归中序遍历的详细解读。

理解了中序遍历后, 前序遍历与之类似, 只是把输出换个位置而已。后序遍历略为麻烦, 因为根结点要等其左右子树都输出了才能输出, 这意味着当根结点第 1 次出栈时, 只是执行完左子树的遍历, 在进入右子树遍历前, 还必须把根结点压回栈里, 第 2 次出栈才能输出根结点。为了分辨根结点到底是第几次出栈的, 就需要一个额外的标识变量来记录这个状态, 所以本题给出的二叉树结点结构体中, 多了一个 int flag, 就是用于标记的。这个 flag 在裁判建树的程序中被初始化为 0; 当根结点第 1 次出栈时将其置为 1; 当出栈结点的 flag 值为 1 时, 就知道它是第 2 次出栈, 可以输出了。

（2）实现要点

后序遍历检查当前根结点时, 并不需要真的出栈两次。裁判程序提供了堆栈的 Peek 函数, 即只看一眼栈顶元素, 并不从堆栈里删除。只有当栈顶元素的 flag 为 1 时, 才真的调用 Pop 函数将其弹出。

另外, 在设置循环结束条件时要注意边界情况的处理, 例如空树、只有 1 个结点的树等等。

5. 实验思考题

如果把遍历的定义改为先访问右子树, 再访问左子树, 该如何修改程序?

基础实验 4-2.4: 搜索树判断

1. 实验目的

（1）熟练掌握二叉搜索树的性质。
（2）熟练掌握二叉树的遍历。

2. 实验内容

对于二叉搜索树, 规定任一结点的左子树仅包含严格小于该结点的键值, 而其右子树包含大于或等于该结点的键值。如果交换每个节点的左子树和右子树, 得到的树叫做镜像二叉搜索树。

现在给出一个整数键值序列, 请编写程序判断该序列是否为某棵二叉搜索树或某镜像二叉搜索树的前序遍历序列, 如果是, 则输出对应二叉树的后序遍历序列。

3. 实验要求

（1）输入说明: 输入第 1 行包含一个正整数 $N (\leq 1\ 000)$。第 2 行包含 N 个整数, 为给出的整数键值序列, 序列中的各整数以空格分隔。

（2）输出说明: 输出第 1 行首先给出判断结果, 如果输入的序列是某棵二叉搜索树或某镜像二叉搜索树的前序遍历序列, 则输出 "YES", 否则输出 "NO"。如果判断结果是 "YES", 下一行输出对应二叉树的后序遍历序列。数字间以空格分隔, 但行尾不能有多余的空格。

（3）测试用例：

序号	输入	输出	说明
0	7 8 6 5 7 10 8 11	YES 5 7 6 8 11 10 8	一般情况测试；有重复键值
1	7 8 10 11 8 6 7 5	YES 11 8 10 7 5 6 8	镜像成立
2	7 8 6 8 5 10 9 11	NO	不成立
3	16 100 70 60 62 68 65 69 200 150 140 160 155 300 400 500 450	YES 65 69 68 62 60 70 140 155 160 150 450 500 400 300 200 100	多个结点只有1个子结点
4	17 85 92 100 120 110 105 88 90 50 20 30 40 35 36 32 28 15	YES 105 110 120 100 90 88 92 36 32 35 40 28 30 15 20 50 85	同上，但测试镜像
5	7 8 6 7 5 10 11 9	NO	树两层的左右大小定义不一致
6	1 −1	YES −1	边界测试：最小 N
7	1000 随机数据	略	边界测试：最大 N

4. 实验分析

（1）问题分析

通常需要给定两种遍历序列才可能确定一棵二叉树的结构，但是本题只给出了前序遍历序列。注意到根据二叉搜索树的性质，对其进行中序遍历必定得到一个有序的升序序列，而类似地，对镜像二叉搜索树进行中序遍历必定得到一个有序的降序序列。于是只要先将给定的序列排序，就得到了中序遍历序列，再结合输入的前序遍历序列，就可以构建唯一确定的一棵树了。

在案例 4-1.1 中，讨论了如何根据后序和中序遍历序列构建一棵二叉树，本题需要根据前序和中序遍历序列构建一棵二叉树，其原理是一样的，区别只是根结点不从后序序列的最后一个元素得到，而是从前序序列的第一个元素得到。

另一方面，仔细分析本题会发现，由于二叉搜索树有特殊性质，其实是不需要真的构建二叉树才能得到其后序遍历序列的。首先前序遍历的第一个元素是根结点，而根结点必然是后序遍历序列的最后一个元素，所以可以直接将输入的第一个元素复制为后序遍历序列的最后一个元素。又由于在二叉搜索树中，根结点左子树的全部键值都严格小于根结点，所以只要顺序扫描前序遍历序列中根结点后面的元素，凡是小于根结点的一定都属于左子树，而一旦发现大于等于根结点的元素，则这个元素及以后的元素一定属于右子树。镜像二叉搜索树反之。在找到两个子树的元素后，由于二叉搜索树或镜像二叉搜索树的定义可以用递归表示，可以继续递归地解决两个子问题，直接生成后序遍历序列。

（2）实现要点

实现中需要注意处理的问题是，需要正确判断到底是二叉搜索树还是镜像二叉搜索树。为此可以在递归函数的参数中加一个整型 tag 标识，例如，1 表示二叉搜索树，2 表示镜像二叉搜索树，3 表示不确定（当递归函数最开始被调用时，不知道是哪一种）。在递归判断时，除了检查子序列本身的顺序是否有矛盾，还要检查当前确定的 tag 与上一层传进来的 tag 是否有矛盾。例如测试用例 6 就检查这个问题：根据根结点 8 来划分判断，应该是左小右大的二叉搜索树；但是递归到左子树 {6, 7, 5} 时，发现是左大右小的镜像二叉搜索树。虽然左子树本身没有矛盾，但是其类型与上一层的类型不一致，所以也是错的。

5. 实验思考题

给定前序遍历序列和后序遍历序列，不一定能建立唯一的二叉树，但能否建立唯一的二叉搜索树？为什么？

基础实验 4-2.5：关于堆的判断

1. 实验目的

熟练掌握优先队列（堆）的存储与操作。

2. 实验内容

将一系列给定数字顺序插入一个初始为空的最小堆 H[ ]。随后判断一系列相关命题是否为真。命题分下列几种：

（1）x is the root：x 是根结点。

（2）x and y are siblings：x 和 y 是兄弟结点。

（3）x is the parent of y：x 是 y 的父结点。

（4）x is a child of y：x 是 y 的一个子结点。

3. 实验要求

（1）输入说明：每组测试第 1 行包含 2 个正整数 N（$\leqslant 1\,000$）和 M（$\leqslant 20$），分别是插入元素的个数以及需要判断的命题数。下一行给出区间 [-10 000, 10 000] 内的 N 个要被插入一个初始为空的小顶堆的整数。之后 M 行,每行给出一个命题。题目保证命题中的结点键值都是存在的。

（2）输出说明:对输入的每个命题,如果其为真,则在一行中输出 T,否则输出 F。

（3）测试用例:

序号	输入	输出	说明
0	5 4 46 23 26 24 10 24 is the root 26 and 23 are siblings 46 is the parent of 23 23 is a child of 10	F T F T	调整到根、到中间位置,有不需要调整的元素,4 命题都有
1	12 18 50 40 30 35 60 10 9 20 32 −5 8 45 20 is the root −5 is the root 8 and 9 are siblings 8 and 10 are siblings 9 and 40 are siblings 9 and 32 are siblings 35 and 20 are siblings 30 and 32 are siblings 9 is the parent of 20 30 is the parent of 20 −5 is the parent of 8 50 is a child of 32 40 is a child of 10 −5 is a child of 10 45 and 20 are siblings −5 and 45 are siblings 40 is the parent of 20 60 is a child of 9	F T F T F T F F F T T T F F F F T	路径交错,有负数;复杂组合
2	1 1 8992 8992 is the root	T	最小 N 和 M
3	略	略	最大 N 和 M 随机,元素取到边界值

4. 解决思路

（1）问题分析

本题是案例 4-1.4 的升级版，不仅要求读者熟练掌握堆的插入操作，还需要熟悉顺序存储的树结构中，结点与其上下左右相邻结点之间的关系。

首先根据输入逐一将读入的数据插入最小堆，然后开始解析每一行命题。无论命题是哪一种，都需要找到命题中出现的结点的位置，而在堆中查找任意一个结点，只能逐一扫描每个结点，因为堆不如二叉搜索树那么有序。

对于命题的判断是简单的：根结点可以通过其下标是否为 1 来判断；父子结点可以通过是否满足父子关系（即父结点下标为 i，则子结点下标是 2i 或者是（2i+1））来判断；兄弟结点可以通过是否有同一个父结点来判断。

（2）实现要点

用模块化的实现可以使程序清晰易懂。例如可以将建堆、解析命题、查找某元素的位置下标以及 4 种命题的判断分别用函数实现。另外需要注意对没有右孩子的父结点的处理，当心越界访问。

5. 实验思考题

（1）如果将最小堆换成最大堆，该如何修改程序？
（2）如果增加命题"x is a leaf"，该如何修改程序？

基础实验 4-2.6：目录树

1. 实验目的

熟练掌握树状结构和树的性质。

2. 实验内容

在 ZIP 归档文件中，保留着所有压缩文件和目录的相对路径和名称。当使用 WinZIP 等 GUI 软件打开 ZIP 归档文件时，可以从这些信息中重建目录的树状结构。请编写程序实现目录的树状结构的重建工作。

3. 实验要求

（1）输入说明：输入第 1 行给出正整数 $N(\leqslant 10^4)$，表示 ZIP 归档文件中的文件和目录的数量。随后 N 行，每行有如下格式的文件或目录的相对路径和名称（每行不超过 260 个字符）。

① 路径和名称中的字符仅包括英文字母（区分大小写）。

② 符号"\"仅作为路径分隔符出现。

③ 目录以符号"\"结束。

④ 不存在重复的输入项目。

⑤ 整个输入大小不超过 2 MB。

（2）输出说明：假设所有的路径都相对于 root 目录。从 root 目录开始，在输出时每个目录首先输出自己的名字，然后以字典序输出所有子目录，再以字典序输出所有文件。注意，在输出时，应根据目录的相对关系使用空格进行缩进，每级目录或文件比上一级多缩进 2 个空格。

（3）测试用例：

序号	输入	输出	说明

0	7
	b
	c\
	ab\cd
	a\bc
	ab\d
	a\d\a
	a\d\z\
		root
		  a
		    d
		      z
		      a
		    bc
		  ab
		    cd
		    d
		  c
		  b
			一般情况测试

1	1 z\	root z	边界测试：最小 N
2	10 000 大规模数据，包括 260 个字符的文件名、存在包含 130 个目录的行、存在包含所有的文件和目录都重名的行	略	各种数据边界的组合测试

4. 解决思路

（1）问题分析

本题主要分两个子问题：一是根据输入的信息建立树，二是根据树的结构输出文件目录。

① 根据题目描述，文件树是一棵普通树，不是二叉树。但是仍然可以用左孩子右兄弟的二叉链表存储。由于默认 root 是根目录，所以首先建立根结点。在扫描每个文件或目录的名称时，都从 root 出发，逐层向下将每层结点插入相应的兄弟链表中。

② 观察输出格式的要求，结点应该是以前序遍历的顺序输出的。

（2）实现要点

在建立树的过程中，注意到输出有顺序要求，即同层的目录排在文件前面，同类中按字典序输出。所以在插入每个结点时，需要先在相应层的兄弟链表中扫描，找到该结点（如果它已经存在）或者适合该结点插入的位置，再进行插入或者其他操作，保证兄弟链表是有序的。又注意到可能存在文件与目录重名的情况（如测试用例 1 中存在文件 a 和目录 a），所以在结点中存储名称字符串时，必须区分文件名和目录名。可以多设一个 tag 标识，也可以直接将"\"作为字符串的第 1 个字符来标记目录。

在输出的过程中，要注意不同层的结点输出对应不同的缩进。在递归实现前序遍历时，需要传递一个层数作为参数，控制正确的缩进。

5. 实验思考题

如果在每个文件后面还给出一对括号"（）"，内含一个正整数，为该文件的大小；目录的大小定义为该目录内所有文件大小的总和。要在输出目录的树状结构的同时，在每个名称后面给出其大小，该如何修改程序？

基础实验 4-2.7：修理牧场

1. 实验目的

学习哈夫曼树在解决问题中的应用。

2. 实验内容

农夫要修理牧场的一段栅栏，他测量了栅栏，发现需要 N 块木头，每块木头长度为整数 L_i 个长度单位，于是他购买了一条很长的、能锯成 N 块的木头，即该木头的长度是 L_i 的总和。

但是农夫自己没有锯子，请人锯木的酬金与这段木头的长度成正比。为简单起见，不妨就设酬金等于所锯木头的长度。例如，要将长度为 20 的木头锯成长度为 8、7 和 5 的三段，第一次锯木头花费 20，将木头锯成 12 和 8；第二次锯木头花费 12，将长度为 12 的木头锯成 7 和 5，总花费为 32。如果第一次将木头锯成 15 和 5，则第二次锯木头花费 15，总花费为 35（大于 32）。

请编写程序帮助农夫计算将木头锯成 N 块的最少花费。

3. 实验要求

（1）输入格式：输入第 1 行给出正整数 $N(\leqslant 10^4)$，表示要将木头锯成 N 块。第 2 行给出 N 个正整数（$\leqslant 50$），表示每段木块的长度。

（2）输出格式：输出一个整数，即将木头锯成 N 块的最少花费。

（3）测试用例：

序号	输入	输出	说明
0	8 4 5 1 2 1 3 1 1	49	一般情况测试
1	1 1	0	边界测试:只有一段 木头,不用锯
2	10000 所有整数等于 50	6680800	边界测试:最大 N,最 长木段,输出的最大值
3	10000 随机数据	略	边界测试:最大 N

4. 解决思路

（1）问题分析

由于一次锯木产生花费的同时还产生 2 块木头,因此可以用二叉树表示锯木头的过程,这棵树的根结点是初始的木头,叶结点就是最终需要的木块。这样的树有很多种,每种对应一种锯木的方法。对于树中的任一结点,如果这块木头不是叶结点,则锯开它的花费就是它的长度。可以将结点的权重定义为该结点代表的木头的长度,则非叶结点的权重等于其子结点的权重和。某棵树对应的锯木方法所产生的花费,就是所有叶结点权重与其到根结点路径长度乘积的和,也就是一般教科书中定义的"带权路径长度"。于是问题变为求带权路径长度最小的二叉树问题,也就是著名的哈夫曼树的问题。

解决问题并不需要真的建立一棵树,思考的过程是逆向的,即假设已经有 N 个锯开的木块,粘合两块的花费是合并后的长度,要如何粘合才能使花费最少? 这个问题与原问题是等价的。于是可以采用哈夫曼算法,每次选择当前木块中最短的两块进行合并,并将合并后的长度累加,最后就得到需要的答案。

（2）实现要点

算法需要从一个集合中反复取出最小值,同时不断将两个最小值相加新产生的数据放进集合,于是最小堆自然成为最合适的工具。

5. 实验思考题

* 当 N 取上限时,因为有 1 万块木头,而每块的长度只有 50 个不同的值可取,所以必定会有大量长度相等的木块,能否对长度相同的木块做特殊处理,使得整个算法的效率提高?

基础实验 4-2.8: 部落

1. 实验目的

熟练掌握集合运算在解决问题中的应用。

2. 实验内容

在一个社区里,每个人都有自己的小圈子,还可能同时属于很多不同的朋友圈。这里认为朋友的朋友都算在一个部落里,于是要请你统计一下,在一个给定社区中,到底有多少个互不相交的部落? 并且检查任意两个人是否属于同一个部落。

3. 实验要求

(1)输入说明:输入在第一行给出一个正整数 $N(\leqslant 10^4)$,是已知小圈子的个数。随后 N 行,每行按下列格式给出一个小圈子里的人:

K P[1] P[2] … P[K]

其中 K 是小圈子里的人数 , P[i](i=1,…,K) 是小圈子里每个人的编号。这里所有人的编号从 1 开始连续编号 , 最大编号不会超过 10^4。

之后一行给出一个非负整数 $Q(\leqslant 10^4)$,是查询次数。随后 Q 行,每行给出一对被查询的人的编号。

(2)输出说明:首先在一行中输出这个社区的总人数以及互不相交的部落的个数。随后对每一次查询,如果他们属于同一个部落,则在一行中输出 Y,否则输出 N。

(3)测试用例:

序号	输入	输出	说明
0	4 3 10 1 2 2 3 4 4 1 5 7 8 3 9 6 4 2 10 5 3 7	10 2 Y N	多个部落的一般情况
1	5 3 7 9 8 3 1 3 5 4 2 4 6 10 1 11 7 12 6 3 11 9 13 14 5 11 12 1 3 4 8 5 7 14 2	14 1 Y Y Y Y Y	最后的圈子连成一个部落

续表

序号	输入	输出	说明
2	1 1 1 0	1 1	最小规模数据,无查询
3	略	略	最大规模,卡不按秩归并(偏一侧合并)
4	略	略	最大规模,卡不按秩归并(偏另一侧合并);有1个孤立点
5	4 1 1 1 2 1 3 1 4 3 1 3 3 4 2 3	4 4 N N N	每个部落1人

4. 解决思路

（1）问题分析

此题与案例 4–1.7 类似,两个人的朋友关系实际上就是两个元素的等价关系,朋友圈对应等价类;有共同朋友的不同圈子属于同一个部落,相当于等价类之间因为公共元素的存在而合并成一个更大的等价类,所以问题实际上是等价类的划分。可以将每个人看成集合中的元素,逐渐读入朋友圈的过程就是子集合逐渐归并的过程,查询两个人是否属于同一部落就是在查询他们所属集合的根结点是否相等。

另一个问题是统计社区里一共有多少人。注意到题目说明社区里的人是"连续编号"的,所以读入的最大编号就是总人数了。可以专门设置一个记录最大编号的变量 MaxIndex,与每个读入的编号比较,遇到比它大的编号就更新它。

（2）实现要点

案例 4–1.7 中讲到的按秩归并和路径压缩技巧一定要用,否则无法通过第 3 或第 4 组测试。

5. 实验思考题

如果题目还要求找出规模最大、最小的部落,该如何修改程序?

进阶实验 4–3.1：家谱处理

1. 实验目的

（1）熟练掌握普通树的建立方法。
（2）熟练掌握树的遍历。

2. 实验内容

人类学研究对于家族很感兴趣，于是研究人员搜集了一些家族的家谱进行研究。实验中，使用计算机处理家谱。为了实现这个目的，研究人员将家谱转换为文本文件。下面为家谱文本文件的实例：

```
John
  Robert
    Frank
    Andrew
  Nancy
    David
```

家谱文本文件中，每一行包含一个人的名字。第一行中的名字是这个家族最早的祖先。家谱仅包含最早祖先的后代，而他们的丈夫或妻子不出现在家谱中。每个人的孩子比父母多缩进 2 个空格。以上述家谱文本文件为例，John 是这个家族最早的祖先，他有两个孩子 Robert 和 Nancy，Robert 有两个孩子 Frank 和 Andrew，Nancy 只有一个孩子 David。

在实验中，研究人员还收集了家庭文件，并提取了家谱中有关两个人关系的陈述语句。下面为家谱中关系的陈述语句实例：

```
John is the parent of Robert
Robert is a sibling of Nancy
David is a descendant of Robert
```

研究人员需要判断每个陈述语句是真还是假，请编写程序帮助研究人员判断。

3. 实验要求

（1）输入说明：输入第 1 行给出 2 个正整数 N（$2 \leqslant N \leqslant 100$）和 M（$\leqslant 100$），其中 N 为家谱中名字的数量，M 为家谱中陈述语句的数量。

接下来输入的每行不超过 70 个字符。名字的字符串由不超过 10 个英文字母组成。在家谱中的第一行给出的名字前没有缩进空格。家谱中的其他名字至少缩进 2 个空格，即他们是家谱中最早祖先（第一行给出的名字）的后代，且如果家谱中一个名字前缩进 k 个空格，则下一行中名字至多缩进 $k+2$ 个空格。

在一个家谱中同样的名字不会出现两次，且家谱中没有出现的名字不会出现在陈述语句

中。每句陈述语句格式如下,其中 X 和 Y 为家谱中的不同名字:

```
X is a child of Y
X is the parent of Y
X is a sibling of Y
X is a descendant of Y
X is an ancestor of Y
```

(2)输出说明:对于测试用例中的每句陈述语句,如果陈述为真,在一行中输出 True;如果陈述为假,在一行中输出 False。

(3)测试用例:

序号	输入	输出	说明
0	6 5 John 　Robert 　　Frank 　　Andrew 　Nancy 　　David Robert is a child of John Robert is an ancestor of Andrew Robert is a sibling of Nancy Nancy is the parent of Frank John is a descendant of Andrew	True True True False False	一般情况测试
1	2 1 abc 　abcdefghij abcdefghij is a child of abc	True	边界测试:最小 N 和 M;最长名字
2	4 5 A 　B 　　C 　　　D A is a child of D D is the parent of C C is a sibling of B D is a descendant of B B is an ancestor of C	False False False True True	单边倾斜;最短名字
3	100 100 随机大数据	略	边界测试:最大 N 和 M

4. 解决思路

(1)问题分析

家谱构成一棵以家族最早祖先为根结点的树。根据每个人名前的空格数确定该人名属于树第几层,例如,根结点前面有 0 个空格,所以根结点属于第 0 层;根结点的孩子前面有 1×2 个空格,属于第 1 层,以此类推。如果使用二叉链表表示法(左孩子右兄弟表示法)实现树结构,则可以方便地表示任两个结点之间的关系。

首先遇到的问题是如何根据输入构建树。根据观察,发现结点的输入是按照前序遍历的顺序给出的,于是可以顺序扫描输入,用前序遍历建立树。

另一个问题是如何判断两结点间的关系。可以采用任何一种遍历方法,当然前序遍历可以避免不必要的搜索,所以是首选。注意到遍历一般是自顶向下进行的,树结点的指针也是从上向下指的,如果不增设父指针,则在判断辈分关系时,要注意先查找辈分大的名字,再检查辈分小的名字是不是在子树中。而对平辈的兄弟关系处理起来就略麻烦一点,因为兄弟关系的顺序是不一定的,事先也不知道哪个名字会先出现在兄弟链表中。解决方法可以是先找到一人,顺其兄弟链表向后查找另一人;如果找不到,则重新从树中查找另一人,再顺其兄弟链表向后查找前一人。另外一种方法是同时查找两个人,在每个结点都比较两个人的名字,当找到其中一人时,即顺其兄弟链表向后查找另一人。

(2)实现要点

注意在构建树的过程中,需要知道相邻读入的两结点之间的层次关系,于是需要传递一个参数来记录它们的缩进空格数,用空格数的相对大小判断两结点的关系。也可以在树结点的结构体中定义一个整型参数记录该结点的缩进。

陈述语句的断句是实现中要细心处理的一个问题。

可以为 5 种关系分别实现检查函数,根据读入的陈述语句类型选择合适的函数进行判断。但注意到 child 和 parent 关系实际上是等价的,descendant 和 ancestor 的关系也是等价的,只要把输入的两个名字调换位置就得到另一个等价问题,所以实际上只需要处理 3 种不同的关系,即父子、祖孙、兄弟。如果函数再灵活一些,父子关系可以看成是祖孙关系的一种特殊情况,则只要写两种处理方法即可。

5. 实验思考题

本题主要涉及的操作是查找某人在家谱树中的位置。由于题目规模比较小,所以在查找时简单地采用了遍历整棵树的办法。当题目规模扩大(例如数千人的家谱,数万条陈述语句)时,这种简单处理的效率不佳就会暴露出来。有没有更快的方法加速查找?(提示:考虑为人名建立二叉搜索树)

进阶实验 4-3.2: Windows 消息队列

1. 实验目的

熟练掌握优先队列(堆)在解决问题中的应用。

2. 实验内容

消息队列是 Windows 系统的基础。对于每个进程,系统维护一个消息队列。如果在进程中有特定事件发生,如点击鼠标、文字改变等,系统将把这个消息连同表示此消息优先级高低的正整数(称为优先级值)加到队列中。同时,如果队列不是空的,这一进程循环地从队列中按照优先级获取消息。请注意优先级值小意味着优先级高。请编辑程序模拟消息队列,将消息加到队列中以及从队列中获取消息。

3. 实验要求

(1)输入格式:输入第 1 行给出正整数 $N(\leqslant 10^5)$。随后 N 行,每行给出一个指令——GET 或 PUT,分别表示从队列中取出消息或将消息添加到队列中。如果指令是 PUT,后面就有一个消息名称以及一个正整数(消息的优先级值),此数越小表示优先级越高。消息名称是长度不超过 10 个字符且不含空格的字符串;题目保证队列中消息的优先级无重复,且输入至少有一个 GET。

(2)输出格式:对于每个 GET 指令,在一行中输出消息队列中优先级最高的消息的名称和参数。如果消息队列中没有消息,输出 "EMPTY QUEUE!"。对于 PUT 指令则没有输出。

(3)测试用例:

序号	输入	输出	说明
0	9 PUT msg1 5 PUT msg2 4 GET PUT msg3 2 PUT msg4 4 GET GET GET GET	msg2 msg3 msg4 msg1 EMPTY QUEUE!	一般情况测试
1	1 GET	EMPTY QUEUE!	边界测试:最小 N,最小队列
2	100 000 随机数据,PUT 大约占 2/3,GET 大约占 1/3	略	边界测试:最大 N

4. 解决思路

(1)问题分析

消息队列问题是典型的优先队列问题,根据消息优先级的高低进行存储或调用。根据题意,需要建立并维护一个最小堆。由于消息是逐一放入队列的,所以不能采用一般教材里提到的将一批元素调整成最小堆的方法建立堆,而只能通过一系列的插入操作建立。

（2）实现要点

虽然堆的插入和删除操作只与消息的优先级有关,但由于要求输出消息名称,这里还是要在堆元素结构体中保存消息名称字符串。

5. 实验思考题

本题中消息名称很短,所以当在堆中频繁移动元素时,复制字符串的时间可以忽略不计。但是如果一条消息不仅包含名称,还包括大量其他信息,如参数列表等,那么移动一个堆元素结构体就会变得比较慢。有什么办法可以提高效率？（提示：考虑将消息内容存储在一个固定的数组里,只在堆元素结构体里定义消息的优先级和一个指向消息的指针 —— 这个指针可以是整型的,即该消息在消息数组中的下标）

进阶实验 4-3.3：完全二叉搜索树

1. 实验目的

（1）熟悉二叉搜索树的性质。
（2）熟悉完全二叉树的性质。
（3）熟练掌握二叉树的遍历与应用。

2. 实验内容

一个无重复的非负整数序列,必定对应唯一的一棵形状为完全二叉树的二叉搜索树,要求输出这棵树的层序遍历序列。

3. 实验要求

（1）输入格式:首先第一行给出一个正整数 $N(\leqslant 1\,000)$,随后第二行给出 N 个不重复的非负整数。数字间以空格分隔,所有数字不超过 2 000。

（2）输出格式:在一行中输出这棵树的层序遍历序列。数字间以 1 个空格分隔,行首尾不得有多余空格。

（3）测试用例:

序号	输入	输出	说明
0	10 1 2 3 4 5 6 7 8 9 0	6 3 8 1 5 7 9 0 2 4	一般情况测试
1	7 72 66 53 48 32 21 19	48 21 66 19 32 53 72	完全平衡

序号	输入	输出	说明
2	6 23 36 47 66 54 13	47 23 66 13 36 54	右边有余
3	8 61 52 84 75 27 34 48 19	52 34 75 27 48 61 84 19	底层只多 1 个
4	1 1000	1000	只有 1 个
5	略	略	最大 N 随机

4. 解决思路

（1）问题分析

本题有两个任务需要完成：一是把数字填进一棵完全二叉树里；二是对树进行层序遍历。其中第二个任务比较简单，因为完全二叉树最适合用数组存储，而存储的顺序就是层序遍历的顺序，所以只要用一个数组表示树，就不需要写常规的层序遍历函数，只要直接顺序输出数组中的元素就可以了。

至于填写数字，就需要用到二叉搜索树的特殊有序性 —— 二叉搜索树的中序遍历序列一定是从小到大有序的。换言之，如果把输入的数列从小到大排好序，就一定对应了这棵树的中序遍历序列。如果能知道根结点在哪里，就可以先把根结点填在完全二叉树的树根位置，即下标为 1 的位置，然后据此把中序序列分为左子树序列和右子树序列，分别递归地填写两边的子树。所以这是一个前序遍历的应用。微视频 4-7 给出了这个递归算法的详解。

问题是在这个中序序列里，哪个结点是根结点呢？这里就用到完全二叉树的形态特点，当总结点数给定时，其左右子树的规模是可以直接计算得到的。如果能算出左子树包含 L 个结点，那么在中序序列中的第 $(L+1)$ 个结点就一定是树根了。微视频 4-8 给出了计算左子树规模的详解。

（2）实现要点

排序仍然可以调用第 3 章进阶实验 3–3.2 中提到的 C 语言库函数 qsort。例如，把输入序列的 N 个整数存入数组 A[ ]，那么调用的接口就是 qsort(A, N, sizeof(int), CompInt)，这里 CompInt 是自己定义的比较两个整数的函数，可以简单地用如下方法实现：

```
int compInt(const void*a, const void*b)
{
    return *(const int*)a-*(const int*)b;
}
```

5. 实验思考题

另一种解题思路是，对已经有形状但是还没有内容的树（例如先令数组中所有元素为 –1）

做一次中序遍历,在遍历的过程中将排好序的有序数组中的数字顺次填入遍历的位置。请尝试实现这种算法,并与书中介绍的算法进行比较。

进阶实验 4-3.4: 笛卡儿树

1. 实验目的

熟悉二叉搜索树和优先队列的性质。

2. 实验内容

笛卡儿树是一种特殊的二叉树,其结点包含两个关键字 K1 和 K2。首先笛卡儿树是关于 K1 的二叉搜索树,即结点左子树的所有 K1 值都比该结点的 K1 值小,右子树的所有 K1 值都比该结点的 K1 值大。其次所有结点的 K2 关键字满足优先队列(不妨设为最小堆)的顺序要求,即该结点的 K2 值比其子树中所有结点的 K2 值小。给定一棵二叉树,请判断该树是否为笛卡儿树。

3. 实验要求

(1)输入说明:输入第 1 行给出正整数 $N(\leqslant 1\,000)$,为树中结点的个数。随后 N 行,每行给出一个结点的信息,包括结点的 K1 值、K2 值、左孩子结点编号、右孩子结点编号。设结点从 0~(N-1)顺序编号。若某结点不存在孩子结点,则该位置给出 -1。
(2)输出说明:如果该树是一棵笛卡儿树,则输出 YES; 否则输出 NO。
(3)测试用例:

序号	输入	输出	说明
0	6 8 27 5 1 9 40 -1 -1 10 20 0 3 12 21 -1 4 15 22 -1 -1 5 35 -1 -1	YES	一般情况 YES 测试
1	6 8 27 5 1 9 40 -1 -1 10 20 0 3 12 11 -1 4 15 22 -1 -1 50 35 -1 -1	NO	一般情况 NO 测试

续表

序号	输入	输出	说明
2	7 8 27 5 1 9 40 −1 −1 10 20 0 3 12 22 −1 4 15 21 6 −1 5 35 −1 −1 13 23 −1 −1	NO	K1 满足二叉搜索树，但 K2 不满足最小堆顺序
3	6 8 27 5 1 9 40 −1 −1 10 20 0 3 12 21 −1 4 11 22 −1 −1 5 35 −1 −1	NO	K2 满足最小堆顺序，但 K1 不满足二叉搜索树
4	9 11 5 3 −1 15 3 4 7 5 2 6 0 6 8 −1 −1 9 6 −1 8 10 1 2 1 2 4 −1 −1 20 7 −1 −1 12 9 −1 −1	NO	K2 满足最小堆顺序；K1 的每个子树都满足二叉搜索树条件，但整棵树不满足二叉搜索树条件，即简单的后序遍历不能给出正确结果
5	1 1 1 −1 −1	YES	边界测试：最小 N
6	1000 随机数据	略	边界测试：最大 N

4. 解决思路

（1）问题分析

本题主要分两个子问题：一是根据输入的信息构建二叉树，二是根据树的结构判断其是否满足笛卡儿树的性质。

构建树的过程比较简单，由于题目给出了每个结点的左右孩子指针，所以可以根据信息直接建立结点与结点间的连接。

判断该树是否满足笛卡儿树的性质，需要分别对 K1 和 K2 进行判断。

① 对 K1 要检查该树是否满足二叉搜索树的性质 —— 这个算法在案例 4–1.2 中已经介绍了，不再赘述。

② 对 K2 要检查树是否满足最小堆的顺序要求。这个判断可以用一次简单的后序遍历来完成，即先检查左右子树是否都满足条件，若是，则将当前结点的 K2 值与左右子树的 K2 最小值比，确定是否满足条件；否则返回 NO。

（2）实现要点

注意到题目是用 0~（N–1）整型编号代表树结点的，所以可以把每个结点的信息存储在结构体数组里，将结构体中的左右指针定义为整型。又因为题目没有直接说明哪个结点是根，所以需要在建立树的过程中为每个结点设置一个标记 tag，初始化为 1（即有可能是根结点）。在建立结点的过程中，不断将当前结点左右孩子的 tag 设置为 0（即有父结点的结点不可能是根）。最后扫描一遍所有结点的 tag 值，应该存在唯一的一个 tag 不为 0 的结点，那就是根结点了。

5. 实验思考题

若给定一系列结点的 K1 和 K2 值，问有无可能把它们组织成一棵笛卡儿树，该如何解决这个问题？

进阶实验 4–3.5：哈夫曼编码

1. 实验目的

（1）熟悉哈夫曼算法和编码特性。
（2）熟练掌握二叉树的遍历。

2. 实验内容

给定一段文字，如果统计出字母出现的频率，是可以根据哈夫曼算法给出一套编码，使得用此编码压缩原文可以得到最短的编码总长。然而哈夫曼编码并不是唯一的。例如对字符串 "aaaxuaxz"，容易得到字母 'a'、'x'、'u'、'z' 的出现频率对应为 4、2、1、1。可以设计编码 {'a'=0, 'x'=10, 'u'=110, 'z'=111}，也可以用另一套 {'a'=1, 'x'=01, 'u'=001, 'z'=000}，还可以用 {'a'=0, 'x'=11, 'u'=100, 'z'=101}，三套编码都可以把原文压缩到 14 个字节。但是 {'a'=0, 'x'=01, 'u'=011, 'z'=001} 就不是哈夫曼编码，因为用这套编码压缩得到 00001011001001 后，解码的结果不唯一，"aaaxuaxz" 和 "aazuaxax" 都可以对应解码的结果。本题要求判断任一套编码是否为哈夫曼编码。

3. 实验要求

（1）输入说明：首先第一行给出一个正整数 N（$2 \leqslant N \leqslant 63$），随后第二行给出 N 个不重复的字符及其出现频率，格式如下：

```
c[1] f[1] c[2] f[2] … c[N] f[N]
```

其中 c[i] 是集合 {'0' – '9', 'a' – 'z', 'A' – 'Z', '_'} 中的字符；f[i] 是 c[i] 的出现频率，为不超过 1 000 的整数。再下一行给出一个正整数 M（$\leqslant 1\,000$），随后是 M 套待检的编码。每套编码占 N 行，格式如下：

```
c[i] code[i]
```

其中 c[i] 是第 i 个字符；code[i] 是不超过 63 个 '0' 和 '1' 的非空字符串。

（2）输出说明：对每套待检编码，如果是正确的哈夫曼编码，就在一行中输出"Yes"，否则输出"No"。

注意：最优编码并不一定通过哈夫曼算法得到。任何能压缩到最优长度的前缀编码都应被判为正确。

（3）测试用例：

序号	输入	输出	说明
0	7 A 1 B 1 C 1 D 3 E 3 F 6 G 6 4 A 00000 B 00001 C 0001 D 001 E 01 F 10 G 11 A 01010 B 01011 C 0100 D 011 E 10 F 11 G 00 A 000 B 001 C 010 D 011	Yes Yes No No	有并列、多分支，有长度错、长度对但是前缀错；仅英文大写字符

序号	输入	输出	说明
0	E 100 F 101 G 110 A 00000 B 00001 C 0001 D 001 E 00 F 10 G 11	Yes Yes No No	有并列、多分支，有长度错、长度对但是前缀错；仅英文大写字符
1	4 a 4 u 2 x 1 z 1 3 a 1 u 01 x 001 z 000 a 0 u 10 x 110 z 110 a 0 u 10 x 111 z 110	Yes No Yes	小写字母，01 反、且 2 点对换；有 2 点重合
2	8 a 1 b 1 c 1 d 1 e 2 f 1 g 2 h 5 6 a 0000 b 0001 c 01000 d 01001 e 001 f 0101 g 011 h 1 a 0100	Yes Yes Yes Yes No No	几组编码不等长，都对；等长但前缀错误；code 长度超过 N

序号	输入	输出	说明
2	b 0101 c 1000 d 1001 e 011 f 101 g 11 h 00 a 0010 b 0011 c 100 d 101 e 111 f 110 g 000 h 01 a 0010 b 0011 c 010 d 011 e 110 f 000 g 111 h 10 a 0000 b 0011 c 010 d 011 e 110 f 000 g 111 h 10 a 001011110 b 0011 c 010 d 011 e 110 f 000 g 111 h 10	Yes Yes Yes Yes No No	几组编码不等长, 都对; 等长但前缀错误; code 长度超过 N

序号	输入	输出	说明
3	略	略	最大 N 和 M，code 长度等于 63
4	2 Z 1000 0 1 1 Z 1 0 0	Yes	最小 N 和 M
5	8 A 1 B 1 C 1 D 3 E 3 F 6 G 6 H 1 1 A 000 B 001 C 010 D 011 E 100 F 101 G 110 H 111	No	编码的字符是双数个，而待检的是等长编码。卡仅判断叶结点和度的错误算法
6	4 A 1 B 1 C 2 D 2 2 A 00 B 10 C 01 D 11 A 11 B 00 C 011 D 1	Yes No	非哈夫曼编码，但是正确；没有停在叶子上

4. 解决思路

（1）问题分析

哈夫曼编码有以下 3 个特点：

① 压缩后的编码总长度（即带权路径和）最小，故称"最优编码"。

② 可以无歧义解码，即必须是"前缀码"，要求没有任何一个字母的编码是另一个字母编码的前缀，换言之，数据必须仅存于哈夫曼树的叶子结点。

③ 没有度为1的结点。

满足条件①和②就一定可以满足③，但是满足②和③可不一定能满足①（请读者自己构造一个反例）。所以无论如何，必须先得到正确的最优编码长度，才能判断待检编码是否哈夫曼码。

计算编码长度之前，需要用标准的哈夫曼算法先建立一棵哈夫曼树，然后用后序遍历，递归计算左、右子树的编码总长，最后返回两者的和。微视频4-9讲解了这个算法。

在检查每套待检编码时，首先应计算其编码长度。如果编码长度正确，再根据编码建立二叉树，在建树的过程中检查是否满足前缀码的要求。微视频4-10给出了讲解。

微视频4-9:
计算最优编码长度

微视频4-10:
检查编码

（2）实现要点

对每一套待检编码，都需要建立一棵新的树。当结束检查时，请记得释放这棵树占用的空间。

5. 实验思考题

请构造一棵编码树，满足前缀码的要求，且没有度为1的结点，但对应的不是最优编码。

第 5 章

散 列 查 找

本章实验内容主要围绕散列函数的构造方法以及冲突处理机制这两部分内容,共包括了 4 个案例、3 项基础实验和 4 项进阶实验。这些题目涉及的知识内容如表 5.1 所示。

表 5.1 本章实验涉及的知识点

序号	题目名称	类别	内容	涉及主要知识点
5-1.1	线性探测法的查找函数	案例	实现线性探测法的查找	线性探测
5-1.2	分离链接法的删除操作函数	案例	实现分离链接法的删除	分离链接法
5-1.3	整型关键字的散列映射	案例	用除留余数法映射整型关键字,并用线性探测解决冲突	除留余数法、线性探测
5-1.4	字符串关键字的散列映射	案例	用移位法映射字符串关键字	移位法、平方探测
5-2.1	整型关键字的平方探测法散列	基础实验	根据要求将输入数据插入散列表	除留余数法、平方探测
5-2.2	电话聊天狂人	基础实验	从手机通话记录中找出通话最频繁的号码	选择性除留余数法、分离链接法
5-2.3	QQ 账户的申请与登录	基础实验	模拟简化的 QQ 账户申请和登录功能	除留余数法、平方探测
5-3.1	航空公司 VIP 客户查询	进阶实验	从客户飞行记录中统计客户里程	选择性除留余数法、分离链接法
5-3.2	新浪微博热门话题	进阶实验	列出出现频率最高的热门话题	选择性移位法、平方探测

续表

序号	题目名称	类别	内容	涉及主要知识点
5-3.3	基于词频的文件相似度	进阶实验	通过词频统计计算文件相似度	倒排索引表、移位法、线性探测
5-3.4	迷你搜索引擎	进阶实验	设计小型搜索程序完成快速查询功能	倒排索引表

建议在学习中,至少选择 2 个案例进行深入学习与分析,再选择 1 个基础实验项目进行具体的编程实践。学有余力者可以挑战 1 个进阶实验项目。

案例 5-1.1:线性探测法的查找函数(主教材习题 5.10)

1. 实验目的

熟练掌握用线性探测解决冲突的机制。

2. 实验内容

实现线性探测法的查找函数。

3. 实验要求

(1)函数接口说明:
```
Position Find(HashTable H, ElementType Key);
```
其中 HashTable 是开放地址散列表,定义如下:
```
#define MAXTABLESIZE 100000  /* 允许开辟的最大散列表长度 */
typedef int ElementType;       /* 关键词类型用整型 */
typedef int Index;             /* 散列地址类型 */
typedef Index Position;        /* 数据所在位置与散列地址是同一类型 */
/* 散列单元状态类型, 分别对应:有合法元素、空单元、有已删除元素 */
typedef enum { Legitimate, Empty, Deleted } EntryType;

typedef struct HashEntry Cell; /* 散列表单元类型 */
struct HashEntry{
    ElementType Data; /* 存放元素 */
    EntryType Info;   /* 单元状态 */
};
```

```
typedef struct TblNode *HashTable; /* 散列表类型 */
struct TblNode {        /* 散列表结点定义 */
    int TableSize; /* 表的最大长度 */
    Cell *Cells;    /* 存放散列单元数据的数组 */
};
```

函数 Find 应根据裁判定义的散列函数 Hash（Key, H->TableSize）从散列表 H 中查到 Key 的位置并返回。如果 Key 不存在，则返回线性探测法找到的第一个空单元的位置；若没有空单元，则返回 ERROR。

（2）测试用例（裁判散列函数为 Key % TableSize）：

序号	传入参数（注：-1 表示该位置为空）			返回	说明
	Cells	TableSize	Key		
0	11 88 21 -1 -1 5 16 7 6 38 10	11	38	9	能找到
1	11 88 21 -1 -1 5 16 7 6 38 10	11	41	3	没找到
2	11 88 21 3 14 5 16 7 6 38 10	11	41	ERROR	没找到，并且表满
3	略	略	略	略	大规模数据，找到
4	略	略	略	略	大规模数据，找不到

4. 实验分析

（1）问题分析。线性探测法的查找核心操作就是对线性表的扫描。用一个循环，从 Key 的散列地址开始逐一检查表中的单元状态。如果当前单元不是空的，但内容不是要找的 Key，就继续探测下一个单元，直到出现 3 种情况之一，就跳出循环返回：① 找到 Key，返回这个单元的下标；② 没找到 Key 但遇到一个空单元，返回这个空单元的下标；③ 没找到 Key 却回到了出发地，返回 ERROR 表示表已经满了。

（2）实现要点。当查找到表尾时，为了能回到表头继续查找，通常采用 NewPos =（NewPos+1）% H->TableSize。这里采用了 NewPos -= H->TableSize 是因为 NewPos 每次只加 1，不可能一步大到 H->TableSize 的若干倍，所以这样计算得到的结果与取模是等价的，而减法运算比取模运算略快一点。

5. 实验参考代码

```
Position Find(HashTable H, ElementType Key)
{
    Position CurrentPos, NewPos;
```

```
/* 从散列地址开始 */
NewPos = CurrentPos = Hash(Key,H->TableSize);
/* 当单元不空但不是 Key 时 */
while(H->Cells[NewPos].Info!=Empty &&
      H->Cells[NewPos].Data!=Key){
    NewPos ++;  /* 线性探测 */
    if(NewPos >= H->TableSize)  /* 表尾折返到表头 */
        NewPos -= H->TableSize;
    /* 如果回到出发地，说明表满了 */
    if(NewPos == CurrentPos) return ERROR;
}
return NewPos;  /* 此时或者遇到空单元，或者找到 Key */
}
```

源代码5-1:
线性探测法
的查找函数

代码 5.1   线性探测法的查找函数

6. 实验思考题

如果要求找不到 Key 时也返回 ERROR，该如何修改代码？

案例 5-1.2：分离链接法的删除操作函数（主教材习题 5.11）

1. 实验目的

熟练掌握用分离链接法存储散列表的相关操作。

2. 实验内容

实现分离链接法的删除操作函数。

3. 实验要求

（1）函数接口说明：

```
bool Delete(HashTable H, ElementType Key);
```

其中 HashTable 是分离链接散列表，定义如下：

```
typedef struct LNode *PtrToLNode;
struct LNode {
    ElementType Data;
    PtrToLNode Next;
```

```
};
typedef PtrToLNode Position;
typedef PtrToLNode List;

typedef struct TblNode *HashTable; /* 散列表类型 */
struct TblNode {   /* 散列表结点定义 */
    int TableSize; /* 表的最大长度 */
    List Heads;    /* 指向链表头结点的数组 */
};
```

函数 Delete 应根据裁判定义的散列函数 Hash(Key, H->TableSize) 从散列表 H 中查到 Key 的位置并将其删除，然后输出一行文字：Key is deleted from list Heads[i]，其中 Key 是传入的被删除的关键词，i 是 Key 所在的链表的编号；最后返回 true。如果 Key 不存在，则返回 false。

（2）测试用例（裁判散列函数为 (Key[0]–'a')%TableSize，传入 H 如图 5.1 所示）：

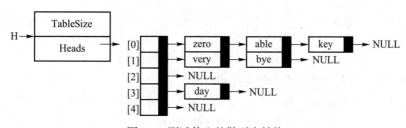

图 5.1   测试传入的散列表结构

序号	传入参数 Key	返回	说明
0	able	able is deleted from list Heads[0] true	中间删除成功
1	date	false	非空链表，找不到
2	very	very is deleted from list Heads[1] true	删除第 1 个结点
3	key	key is deleted from list Heads[0] true	删除最后 1 个结点
4	yes	false	空链表，找不到

4. 实验分析

（1）问题分析

要删除 Key，首先需要查找其在分离链接表中的位置，分两步：首先通过散列函数计算出它属于第几号链表,然后通过循环在这个链表中顺序查找。

如果能找到,则跳出循环,执行链表元素删除的操作,按照要求输出删除成功的信息并返回 true;否则返回 false。

（2）实现要点

注意:要执行删除链表元素的操作,必须知道该元素的前驱结点的位置。所以在链表中查找元素时,不是令指针指向当前结点进行比较,而是与当前结点的下一个结点比较。这样当下一个结点是 Key 时,指针所指的就是要删除的 Key 的前驱结点了。由于裁判建立的散列表中默认都带了头结点,因此一些边界情况的处理变得统一简洁。

5. 实验参考代码

```
bool Delete(HashTable H, ElementType Key)
{
    Position P,t;
    Index Pos;

    Pos = Hash(Key,H->TableSize); /* 计算散列值 */
    P = H->Heads+Pos; /* 指向对应链表的头结点 */
    /* 当 P 的下一个结点不是 Key 时 */
    while(P->Next && strcmp(P->Next->Data,Key))
        P = P->Next; /* 逐一扫描链表 */
    if(!P->Next) return false; /* 如果直到表尾都没找到 */
    else{ /* 找到了 P 的下一个结点是 Key, 将其删除 */
        t = P->Next;
        P->Next = t->Next;
        free(t);
        printf("%s is deleted from list Heads[%d]\n",Key,Pos);
        return true;
    }
}
```

源代码5-2:
分离链接法
的删除操作
函数

代码 5.2 分离链接法的删除操作函数

6. 实验思考题

如果散列表中的每个单链表不包含头结点,应如何修改程序?

案例 5-1.3:整型关键字的散列映射

1. 实验目的

(1)熟练掌握除留余数法散列映射。
(2)熟练掌握用线性探测解决冲突的机制。

2. 实验内容

给定一系列整型关键字和素数 P,用除留余数法定义的散列函数 $H(\text{Key}) = \text{Key} \% P$ 将关键字映射到长度为 P 的散列表中。用线性探测法解决冲突。

3. 实验要求

(1)输入说明:输入第 1 行首先给出两个正整数 $N(\leqslant 1\,000)$ 和 $P(\geqslant N$ 的最小素数),分别为待插入的关键字总数以及散列表的长度。第 2 行给出 N 个整型关键字。数字间以空格分隔。

(2)输出说明:在一行内输出每个整型关键字在散列表中的位置。数字间以空格分隔,但行末尾不得有多余空格。

(3)测试用例:

序号	输入	输出	说明
0	4 5 24 15 61 88	4 0 1 3	无冲突的一般情况
1	4 5 24 39 61 15	4 0 1 2	有冲突的情况
2	5 5 24 39 61 15 39	4 0 1 2 0	有重复关键字
3	1000 1009 1000 个随机数	略	边界测试:最大 N

4. 实验分析

(1)问题分析
本题比较直接,就是除留余数法以及线性探测法的练习。解决问题的基本步骤如下:
① 根据给定的表长创建一个散列表。
② 对每个关键字,首先用散列函数得到其直接映射到的位置,检测有无冲突。
③ 若发现关键字已经在表中,则输出其位置。

④ 若有冲突但该位置上不是该关键字,则用线性探测查找下一个可能的位置。

⑤ 将关键字插入找到的位置并输出其位置。

问题的关键函数是 Find(H,Key),即查询关键字 Key 现在的位置或现在适合插入的位置,在案例 5-1.1 中已经给出。

(2)实现要点

由于本题不涉及删除,且保证表长不小于关键字总数,即没有插入失败的可能,所以采用了简化版的散列表定义及初始化。表元素的状态只定义了"合法"(Legitimate)和"空"(Empty)两个状态;并且直接将输入的 P 作为表长,而不必再计算下一个素数;同时省略了异常处理。

5. 实验参考代码

```
#include<stdio.h>
#include<stdlib.h>


/*------------- 简化版散列表定义及初始化 -------------*/

typedef int ElementType;
enum EntryType { Legitimate, Empty };

struct HashEntry {
    ElementType Element;
    enum EntryType Info;
};

struct HashTbl {
    int TableSize;
    struct HashEntry *TheCells;
};

typedef struct HashTbl *HashTable;

HashTable InitializeTable(int TableSize)
{
    HashTable H = malloc(sizeof(struct HashTbl));
    H->TableSize = TableSize;
    H->TheCells = malloc(sizeof(struct HashEntry)
```

```
                              * H->TableSize);
    while(TableSize)
        H->TheCells[--TableSize].Info = Empty;
    return H;
}


/*--------------------------------------------------*/

int Hash(ElementType Key,int P)
{ /* 除留余数法散列函数 */
    return Key%P;
}

int Find(HashTable H,ElementType Key)
{ /* 返回 Key 的位置或者适合插入 Key 的位置 */
    int Pos = Hash(Key,H->TableSize);
    /* 先找到散列映射后的位置 */
    while((H->TheCells[Pos].Info != Empty) &&
          (H->TheCells[Pos].Element != Key)){
    /* 若该位置已经被其他关键字占用 */
        Pos ++; /* 线性探测下一个位置 */
        if(Pos == H->TableSize)
           Pos -= H->TableSize;
    }
    return Pos;
}


void InsertAndOutput(ElementType Key,HashTable H)
{
    int Pos = Find(H,Key);
    /* 找到 Key 的位置或者适合插入 Key 的位置 */
    if(H->TheCells[Pos].Info == Empty){ /* 插入 */
      H->TheCells[Pos].Info = Legitimate;
      H->TheCells[Pos].Element = Key;
    }
```

```
        /* 输出 */
        printf("%d", Pos);
    }


    int main()
    {
        int N, P, Key, i;
        HashTable H;


        scanf("%d %d", &N, &P);
        H = InitializeTable(P);  /* 创建一个散列表 */
        scanf("%d", &Key);
        InsertAndOutput(Key, H); /* 输出第 1 个关键字的位置 */
        for(i=1; i<N; i++){
            scanf("%d", &Key);
            printf(" ");  /* 后续输出数字之前有空格 */
            InsertAndOutput(Key, H);
        }
        printf("\n");


        return 0;
    }
```

源代码5-3：整型关键字的散列映射

代码 5.3   整型关键字的散列映射

6. 实验思考题

如果允许重复插入关键字，即发现关键字已经存在表中时，并不输出，而是将其当成另一个独立冲突的关键字继续插入，该如何修改代码？

案例 5-1.4：字符串关键字的散列映射

1. 实验目的

（1）熟练掌握移位法散列映射。

（2）熟练掌握用平方探测解决冲突的机制。

2. 实验内容

给定一系列由大写英文字母组成的字符串关键字和素数 P，用移位法定义的散列函数 $H(Key)$ 将关键字 Key 中的最后 3 个字符映射为整数，每个字符占 5 位；再用除留余数法将整数映射到长度为 P 的散列表中。例如，将字符串 "AZDEG" 插入长度为 1 009 的散列表中，首先将 26 个大写英文字母顺序映射到整数 0~25；再通过移位将其最后 3 个字符映射为 $3 \times 32^2 + 4 \times 32 + 6 = 3\ 206$；然后根据表长得到 $3\ 206 \% 1\ 009 = 179$，即是该字符串的散列映射位置。

发生冲突时请用平方探测（二次探测）法解决。

3. 实验要求

（1）输入说明：输入第 1 行首先给出两个正整数 N（≤500）和 P（≥2N 的最小素数），分别为待插入的关键字总数以及散列表的长度。第 2 行给出 N 个字符串关键字，每个长度不超过 8 位，其间以空格分隔。

（2）输出说明：在一行内输出每个字符串关键字在散列表中的位置。数字间以空格分隔，但行末尾不得有多余空格。

（3）测试用例：

序号	输入	输出	说明
0	4 11 HELLO ANNK ZOE LOLI	3 10 4 0	无冲突的一般情况
1	6 11 LLO ANNA NNK ZOJ INNK AAA	3 0 10 9 6 1	有冲突的情况
2	5 11 HELLO ANNA NNK ZOJ NNK	3 0 10 9 10	有重复关键字
3	4 11 A ZZZZZZZ AA ZZ	0 3 1 10	边界测试：最大和最小字符串以及不足 3 位的字符串
4	500 1009 500 个随机字符串	略	边界测试：最大 N

4. 实验分析

（1）问题分析

本题虽表面略显复杂，但原理仍然比较直接，就是移位法以及平方探测法的练习。解决问题的基本步骤与案例 5-1.3 基本一致，只是散列函数和探测的方式不同而已。

注意这里采用的平方探测原则是 $H(Key) \pm i^2$，即当冲突次数 Cnt 为奇数时，用正平方且 $i = (Cnt+1)/2$；当冲突次数为偶数时，用负平方且 $i = Cnt/2$。

（2）实现要点

由于本题不涉及删除，且保证表长不小于关键字总数的 2 倍，即没有插入失败的可能，所以采用了与代码 5.3 相似的简化版散列表定义及初始化，区别只是将表元素的类型改为字符串。

需要注意的细节是对不足 3 位的字符串是否需要特殊处理的问题。这里至少有 2 种不同的处理方法：

① 先对关键字做预处理，只截取后 3 位；若不足 3 位则不处理；然后做移位计算。这样做的好处是，对较长的字符串，不需要考虑前面字符位移对计算结果的影响；缺点是代码不简洁，且需要额外的 3 位字符串辅助空间。

② 不考虑字符串长度的区别，直接从前向后位移到最后一个字符；然后将前面不需要的位清零。清零操作可以用 $32^3-1=32\,767$ 作为掩码，通过按位的"与"运算实现。这样做的好处是代码简洁；缺点是若字符串很长，则前面的大部分字符实际上都不起作用，逐个字符的位移做了不少无用功。但考虑到本题字符串比较短，最多只有 8 位，所以在代码 5.4 中采用了这种方法。

5. 实验参考代码

```c
#include<stdio.h>
#include<stdlib.h>
#include<string.h>

#define MAXS 8 /* 最大字符串长度 */
#define MAXD 3 /* 参与散列映射计算的字符个数 */
#define MAXB 5 /* 每个字符占的位数 */
#define Mask((1<<(MAXD*MAXB))-1) /* 掩码 */

/*--- 简化版散列表定义及初始化 ---*/

typedef char ElementType[MAXS+1];
enum EntryType { Legitimate, Empty };

struct HashEntry {
    ElementType Element;
    enum EntryType Info;
};

struct HashTbl {
```

```
    int TableSize;
    struct HashEntry *TheCells;
};

typedef struct HashTbl *HashTable;

HashTable InitializeTable(int TableSize)
{
    HashTable H = malloc(sizeof(struct HashTbl));
    H->TableSize = TableSize;
    H->TheCells = malloc(sizeof(struct HashEntry)
                        * H->TableSize);
    while(TableSize)
        H->TheCells[--TableSize].Info = Empty;
    return H;
}


/*--------------------------------*/

int Hash(char *Key, int P)
{ /* 字符串 Key 最后 D 位移位法散列函数 */
    int h = 0;
    while(*Key != '\0')
        h =(h<<MAXB) +(*Key++ - 'A');
    return((h&Mask) % P);
}

int Find(HashTable H, char *Key)
{ /* 返回 Key 的位置或者适合插入 Key 的位置 */
    int inc, Cnt = 0; /* 冲突次数 */
    int Next, Pos;

    Next = Pos = Hash(Key, H->TableSize);
    /* 先找到散列映射后的位置 */
```

```
        while((H->TheCells[Next].Info != Empty) &&
             (strcmp(H->TheCells[Next].Element,Key))){
        /* 若该位置已经被其他关键字占用 */
            /* 根据冲突发生的奇偶次计算探测步长 */
            if(++Cnt%2)   /* 奇数次冲突 */
                inc =((Cnt+1)*(Cnt+1))>>2;
            else   /* 偶数次冲突 */
                inc = -(Cnt*Cnt)>>2;
            Next = Pos + inc;  /* 平方探测 */
            if(Next < 0) Next += H->TableSize;
            else if(Next >= H->TableSize)
                Next -= H->TableSize;
        }
        return Next;
    }


void InsertAndOutput(char *Key, HashTable H)
{
    int Pos = Find(H, Key);
    /* 找到 Key 的位置或者适合插入 Key 的位置 */

    if(H->TheCells[Pos].Info == Empty){ /* 插入 */
        H->TheCells[Pos].Info = Legitimate;
        strcpy(H->TheCells[Pos].Element,Key);
    }

    /* 输出 */
    printf("%d", Pos);
}

int main()
{
    int N, P, i;
    ElementType Key;
    HashTable H;
```

```
    scanf("%d %d", &N, &P);
    H = InitializeTable(P);  /* 创建一个散列表 */

    scanf("%s", Key);
    InsertAndOutput(Key, H);  /* 输出第 1 个关键字的位置 */
    for(i=1; i<N; i++){
        scanf("%s", Key);
        printf(" ");  /* 后续输出数字之前有空格 */
        InsertAndOutput(Key, H);
    }
    printf("\n");

    return 0;
}
```

源代码5-4：字符串关键字的散列映射

代码 5.4　字符串关键字的散列映射

6. 实验思考题

如果字符串关键字最长可达到 100 个字符,但只使用最后 3 个字符进行散列映射,应该如何修改代码使得 Hash 函数的效率提高?

基础实验 5-2.1：整型关键字的平方探测法散列

1. 实验目的

（1）熟练掌握除留余数法进行散列映射的技巧。
（2）熟练掌握用平方探测解决冲突的机制。

2. 实验内容

本题的任务很简单：将给定的无重复正整数序列插入一个散列表,输出每个输入的数字在表中的位置。所用的散列函数是 $H(\text{Key})=\text{Key}\%\text{TSize}$,其中 TSize 是散列表的表长。要求用平方探测法（只增不减,即 $H(\text{Key})+i^2$）解决冲突。

注意散列表的表长最好是个素数。如果输入给定的表长不是素数,必须将表长重新定义为大于给定表长的最小素数。

3. 实验要求

（1）输入说明：首先第一行给出两个正整数 $MSize$（$\leqslant 10^4$）和 N（$\leqslant MSize$），分别对应输入的表长和输入数字的个数。随后第二行给出 N 个不重复的正整数，数字间以空格分隔。

（2）输出说明：在一行中按照输入的顺序给出每个数字在散列表中的位置（下标从 0 开始）。如果某个数字无法插入，就在其位置上输出"–"。输出间以 1 个空格分隔，行首尾不得有多余空格。

（3）测试用例：

序号	输入	输出	说明
0	4 4 10 6 4 15	0 1 4 –	实际表长为 5；存在无法插入的值
1	1 1 13	1	最小规模
2	10000 5 10001 10009 10006 10007 0	10001 2 10006 0 1	最大 MSize
3	略	略	最大 MSize 和最大 N，随机数据

4. 解决思路

（1）问题分析

在建立空的散列表之前，先要确保表长为素数。如果输入的表长不是素数，可以简单地将其循环递增，直到找到一个素数。

本题仅要求平方探测是只增不减的，比案例 5–1.4 的增减交错探测要简单，可省去对 Cnt 奇偶性的检查，直接执行加法步骤即可。当探测回到起点时，就意味着该数字无法插入了。

（2）实现要点

注意虽然题目给出的最大表长不超过 10^4，但因为这个最大值不是素数，所以实际的最大表长应是 10 007，即大于 10^4 的最小素数。所以不要直接将散列表的最大表长定义为 10^4。

5. 实验思考题

如果题目要求改为用分离链接法存储散列表，该如何实现？

基础实验 5–2.2：电话聊天狂人

1. 实验目的

（1）掌握选择部分字段应用除留余数法进行散列映射的技巧。

（2）熟练掌握用分离链接法解决冲突的机制。

2. 实验内容

给定大量手机用户通话记录，找出其中通话次数最多的聊天狂人。

3. 实验要求

（1）输入说明：输入首先给出正整数 $N(\leqslant 10^5)$，为通话记录条数。随后 N 行，每行给出一条通话记录。简单起见，这里只列出拨出方和接收方的 11 位数字构成的手机号码，其中以空格分隔。

（2）输出说明：在一行中给出聊天狂人的手机号码及其通话次数，其间以空格分隔。如果这样的人不唯一，则输出狂人中最小的号码及其通话次数，并且附加给出并列狂人的人数。

（3）测试用例：

序号	输入	输出	说明
0	4 13005711862　13588625832 13505711862　13088625832 13588625832　18087925832 15005713862　13588625832	13588625832　3	一般测试：狂人唯一
1	4 18087925832　15005713862 13505711862　13088625832 13588625832　18087925832 15005713862　13588625832	13588625832　2　3	一般测试：多个狂人并列
2	100 000 条记录的随机序列	略	边界测试：最大 N

4. 解决思路

（1）问题分析

本题的关键在于如何快速查到读入的手机号码，将该号码对应的通话次数加 1。为此可以为手机号码建立一个散列表。

散列表有几种不同的建立方法，比较暴力的一种方法是，如果内存充分大，可以直接建立一个长度为 2×10^{10} 的、元素为短整型的数组 Count[ ]，Count[i] 就对应手机号码 i 的通话次数。这种方法的好处是完全没有冲突，因为目前我国手机号码前 3 位的最大值是 189。但是这个占据大约 40 GB 的散列表过分浪费空间了！不仅如此，在最后统计通话次数最大值时，需要扫描每个 Count[i]，当实际输入的手机号码最多只有 10^5 个时，也极大地浪费了时间。

为了更有效率地设计散列表，需要仔细分析手机号码各个位的特点。目前我国一般用户的手机号码是 11 位的，其中前 3 位是网络识别号，第 4~7 位是地区编码，第 8~11 位是用户号码。前 3 位的区分度是最小的,因为目前我国三大运营商的号段一共也不过 30 余个,用这 3 位做散列映射必然造成大量冲突。第 4~7 位的地区编码在早期用的是与固定电话一样的地区码,现在用户多了,开放了部分号段,已经没有什么规律了,可以在一定程度上利用,但考虑到历史原因,冲突的可能性仍然不小。随机性最好的是最后 4 位用户号码,所以应该尽量充分利用。

基于上述分析,可以设计一个长度为 P($\geqslant N$ 的最小素数)的散列表,选择手机号码的最后 5 位数字,应用除留余数法计算散列映射的值。又因为前面分析的原因,后 5 位重复的号码不会很多,所以可以采用分离链接法解决冲突,每条链表不会很长,效率应该可以接受。

微视频5-1:
输出狂人

有了散列表,就可以把输入的所有手机号码插入表中,最后通过扫描整个散列表,找到通话次数最多、号码最小的狂人。微视频 5-1 给出了详解。

(2)实现要点

由于本题不涉及删除,所以采用了简化版散列表定义及初始化,省略了各种异常处理。

散列表的链表元素结构中需要存手机号码以及该号码的通话次数。注意到 11 位手机号码已经超出了长整型范围,所以应将其存为字符串。在计算散列值时,用库函数 atoi 将最后 5 位转换成整数即可。

5. 实验思考题

(1)如果要求将聊天狂人按拨出方和接收方分别统计,应该如何修改代码?

(2)如果输入中还给出了每条通话的持续时间,要求找出互相通话累计时间最长的一对手机号码,该如何修改代码?

(3)尝试其他形式的散列函数及解决冲突的机制,与书中给出的算法比较运行的效率。

基础实验 5-2.3:QQ 账户的申请与登录

1. 实验目的

(1)掌握选择部分字段应用除留余数法进行散列映射的技巧。

(2)熟练掌握用平方探测解决冲突的机制。

2. 实验内容

实现 QQ 新账户申请和老账户登录的简化版功能。最大挑战是,据说现在的 QQ 号码已经有 10 位数了。

3. 实验要求

(1)输入说明:输入首先给出一个正整数 N($\leqslant 10^5$),随后给出 N 行指令。每行指令的格式为"命令符(空格)QQ 号码(空格)密码"。其中命令符为"N"(代表 New)时表示要新申请一个 QQ 号,后面是新账户的号码和密码;命令符为"L"(代表 Login)时表示是老账户登录,后面是登录信息。QQ 号码为一个不超过 10 位、但大于 1 000（据说 QQ 老总的号码是 1001）的整数。密码为不小于 6 位、不超过 16 位、且不包含空格的字符串。

（2）输出说明：针对每条指令，给出相应的信息。

① 若新申请账户成功，则输出"New：OK"。

② 若新申请的号码已经存在，则输出"ERROR：Exist"。

③ 若老账户登录成功，则输出"Login：OK"。

④ 若老账户 QQ 号码不存在，则输出"ERROR：Not Exist"。

⑤ 若老账户密码错误，则输出"ERROR：Wrong PW"。

（3）测试用例：

序号	输入	输出	说明
0	5 L 1234567890 myQQ@qq.com N 1234567890 myQQ@qq.com N 1234567890 myQQ@qq.com L 1234567890 myQQ@qq L 1234567890 myQQ@qq.com	ERROR：Not Exist New：OK ERROR：Exist ERROR：Wrong PW Login：OK	简单测试全部 5 种输出信息
1	100000 　全部是新申请，随机生成不重复账号，密码全部 16 位	全部为"New：OK"	测试最大散列表容量
2	100000 　N 和 L 指令各一半，随机交错。账号随机，但一定包括 1001 和 9999999999。密码随机，但一定包括长度为 6 和 16 的密码	略	边界测试：数据分别取范围的上、下界

4. 解决思路

（1）问题分析

由于 10 位的 QQ 号码最大可达到 9 999 999 999，超过了长整型范围，所以一般按字符串处理。问题要求反复查询 QQ 号码，所以用散列表存储账户就成为一个有效的解决方案，当然，这个有效性取决于散列函数设计的好坏。

一种简单暴力的方法是，开一个长度为 10^{10} 的数组，每个元素在数组中的位置就对应一个 QQ 号码，而元素中存储相应的密码。这样做的优点是显然的，完全没有冲突，插入和查询都保证在 $O(1)$ 时间内完成。但是因为密码最长可占 16 个字节，则该数组将占用约 160 GB 的内存空间！在计算机内存尚未发展到位的情况下，还是考虑节约一些的解决方案。

因为输入的指令不超过 10^5 条,所以最多有 10^5 个新号码被插入,于是只需要一个可以有效处理 10^5 个字符串关键字的散列表即可。因为 QQ 号码全由数字组成,所以可以截取其中随机性比较好的若干位数字(例如第 2~6 位)组成整数(对于只有 4 位数的老 QQ 号,就直接采用该号码的整数),再用除留余数法映射到散列表中。

从解决冲突的几种方法中选择:线性探测比较简单,需要较少的空间就可以保证插入不会失败,但是可能造成"一次聚集"而降低效率;相比之下,平方探测法在实际应用中效果比较好,缺点是为了保证插入不失败,需要开辟大小至少是数据规模 2 倍的散列表。就本题而言,大约需要存储 26 个字节的字符串(QQ 号码 10 位、密码 16 位)的结点 2×10^5 个,也就是大约 5.2 MB,还是可以承受的。所以选择用平方探测法解决冲突。

(2)实现要点

由于不涉及删除,仍然可以采用简化版的散列表定义和初始化函数。每个表元素结构体需要存储 QQ 号码和密码这两个字符串。如果要进一步节省空间,可以取消 EntryType 这个状态变量,用 QQ 号码为 0 来标识空的散列表单元。

散列表的表长不需要定义为一个常数,而是用基础实验 5-2.1 中的方法,根据输入的 N 计算一个不小于 2N 的最小素数即可。

5. 实验思考题

(1)试截取 QQ 号码中不同位置的数字进行散列映射,比较运行效率。

(2)试用分离链接法解决冲突,并与平方探测法比较效率。

进阶实验 5-3.1:航空公司 VIP 客户查询

1. 实验目的

(1)掌握选择部分字段应用除留余数法进行散列映射的技巧。

(2)熟练掌握用分离链接法解决冲突的机制。

2. 实验内容

不少航空公司都会提供优惠的会员服务,当某顾客飞行里程累积达到一定数量后,可以使用里程积分直接兑换奖励机票或奖励升舱等服务。现给定某航空公司全体会员的飞行记录,要求实现根据身份证号码快速查询会员里程积分的功能。

3. 实验要求

(1)输入说明:输入首先给出两个正整数 $N(\leqslant 10^5)$ 和 $K(\leqslant 500)$。其中 K 是最低里程,即为照顾乘坐短程航班的会员,航空公司还会将航程低于 K 公里的航班也按 K 公里累积。随后 N 行,每行给出一条飞行记录。飞行记录的输入格式为"18 位身份证号码(空格)飞行里程"。其中身份证号码由 17 位数字加最后一位校验码组成，校验码的取值范围为 0~9 和 X 共 11 个符号；飞行里程单位为公里，是（0, 15 000］区间内的整数。然后给出一个正整数 M（$\leqslant 10^5$），随后给出 M 行查询人的身份证号码。

（2）输出说明：对每个查询人，给出其当前的里程累积值。如果该人不是会员，则输出"No Info"。每个查询结果占一行。

（3）测试用例：

序号	输入	输出	说明
0	4　500 330106199010080419　499 110108198403100012　15000 120104195510156021　800 330106199010080419　1 4 120104195510156021 110108198403100012 330106199010080419 33010619901008041x	800 15000 1000 No Info	一般测试，检查短程优惠、错误信息
1	N 和 M 均取最大值； 其中超过一半的人集中在某一地区	略	数据量的边界测试，航空公司所在地乘客可能比较集中
2	N 和 M 均取最大值，所在地区均匀随机分布	略	大数据一般情况

4. 解决思路

（1）问题分析

本题在本质上与基础实验 5-2.3 类似，仍然是关于在大量关键字中快速查询的实现。不同之处在于，身份证号码比 QQ 账号更有规律一些，需要仔细分析各位数字代表的含义，选择随机性比较好的若干位数字进行散列映射计算。

身份证号码各位数字的含义由表 5.2 给出。

表 5.2　身份证号码分析表

位数	1	2	3	4	5	6	7	8	9	10	11	12	13	14	15	16	17	18
数字	3	3	0	1	0	6	1	9	9	0	1	0	0	8	0	4	1	9
含义	省		市		区（县）下属辖区		出生年份				月		日		辖区中的序号			校验码

　　由于题目最多要求插入 10^5 个身份证号,所以只要选择不少于 5 位随机性比较好的数字即可。首先排除的是前 6 位,因为航空公司所在地的乘客可能比较多,所以前 6 位重复的可能性偏大。其次排除的是 7、8 位,因为从现实考虑,这两位不是 19 就是 20,重复的概率太大。第 11 位只有 0 和 1 两种可能、第 13 位只可能是 0~3,也都会造成大量重复,都不可取。在剩下的 8 位中,考虑到坐飞机比较多的人群,其年龄分布不会太广,所以第 9 位的范围也可能比较窄;另外,一个辖区内同生日的人很少达到 3 位数,所以第 15 位为 0 的可能性比较大,也不适合用。这样就留下 6 位随机性比较好的数字,即第 10、12、14、16、17、18 位。可以将这 6 个数字组成一个 10 进制的整数(若最后一位为 X,可以将其当成 10 来处理),这个整数的范围就是 $[0, 10^6]$。再用除留余数法将这个整数映射到散列表的规模以内即可。

　　如果这种选择引起的冲突的确比较少的话,可以创建一个长度为 P($\geqslant N$ 的最小素数)的散列表,用分离链接法解决冲突问题,兼顾了时间和空间的使用效率。当然在内存空间允许的情况下,平方探测法也是一个不错的选择。

　　(2)实现要点

　　由于不涉及删除,继续采用简化版的散列表定义和初始化函数。每个表元素结构体需要存储身份证号码和飞行里程的累积值。

　　将身份证号码中选择的 6 位字符转换为整数,可以用下面的方法计算:

```
H = (Key[10]–'0') × 10 + (Key[12]–'0');
H = H × 10 + (Key[14]–'0');
H = H × 10 + (Key[16]–'0');
H = H × 10 + (Key[17]–'0');
H = H × 10 + ((Key[18]=='x')? 10 : (Key[18]–'0'));
```

最后注意,在计算累积里程时,要判断当前里程是否超过最低里程 K。

5. 实验思考题

　　(1)如果给出航空公司的优惠条件,如累积到相当的里程后,将可使用里程积分直接兑换奖励机票或奖励升舱服务;普通卡会员累积相当的里程就可以升为银卡或金卡会员等。要求在计算出顾客的累积里程后,同时输出其可以享受的优惠服务项目,该如何修改程序?

　　(2)试截取身份证号码中不同位置的数字进行散列映射,比较运行效率。

　　(3)试用平方探测法解决冲突,并与分离链接法比较效率。

进阶实验 5-3.2：新浪微博热门话题

1. 实验目的

　　(1)掌握选择部分字段应用移位法进行散列映射的技巧。

　　(2)熟练掌握用分离链接法解决冲突的机制。

2. 实验内容

新浪微博可以在发言中嵌入"话题"，即将发言中的话题文字写在一对"#"之间，就可以生成话题链接，点击链接可以看到有多少人在跟自己讨论相同或者相似的话题。新浪微博还会随时更新热门话题列表，并将最热门的话题放在醒目的位置推荐大家关注。

本题目要求实现一个简化的热门话题推荐功能，从大量英文（因为中文分词处理比较麻烦）微博中解析出话题，找出被最多条微博提到的话题。

3. 实验要求

（1）输入说明：输入首先给出一个正整数 $N(\leqslant 10^5)$，随后 N 行，每行给出一条英文微博，其长度不超过 140 个字符。任何包含在一对最近的"#"中的内容均被认为是一个话题，如果长度超过 40 个字符，则只保留前 40 个字符。输入保证"#"成对出现。

（2）输出说明：第 1 行输出被最多条微博提到的话题，第 2 行输出其被提到的微博条数。如果这样的话题不唯一，则输出按字母序最小的话题，并在第 3 行输出"And k more ..."，其中 k 是另外几条热门话题的条数。输入保证至少存在一条话题。

注意：两条话题被认为是相同的，如果在去掉所有非英文字母和数字的符号，并忽略大小写区别后，它们是相同的字符串；同时它们有完全相同的分词。输出时除首字母大写外，只保留小写英文字母和数字，并用一个空格分隔原文中的单词。

（3）测试用例：

序号	输入	输出	说明
0	4 This is a #test of 1 topic#. Another #Test of（1）topic.# This is a #Hot# topic This is a test of 1 topic	Test of 1 topic 2	一般测试
1	4 This is a #test of topic#. Another #Test of topic.# This is a #Hot# #Hot# topic Another #hot!# #Hot# topic	Hot 2 And 1 more ...	并列热门；同一微博重复提到的话题只算 1 次
2	3 Test #for@diff words# Test #ford iff words# #more than# one #topics.#	For diff words 1 And 3 more ...	分词不同，算 2 个不同的话题；同一微博可包含多个话题
3	100000 随机产生话题，其中有话题包含 138 个字符	略	边界测试：最大 N；最长微博；最长话题

4. 解决思路

（1）问题分析

本题在本质上与基础实验 5-2.2 类似,都是统计关键字出现的次数,并输出出现次数最多的关键字,用散列表解决问题。难点在于如何有效地为长达 40 个字符的关键字设计散列函数。

设计这种散列函数有很多种方法,最简单的就是直接移位法。如果用无符号长整数存放移位值,并且采用一个字符占 6 位的规则(因为有 26 个小写字母、10 个数字以及空格,共 37 个不同的字符),那么每个话题都只有 5 个字母参与计算。对于长度不超过 5 的字符串是比较好的,但是对于比较长的句子,就需要判断是哪 5 个字母的随机性比较好。

根据英文的特点,句子开头经常出现的单词比较固定,如 “the” “a” “this” 等,所以最前面的 5 个字母不是最好的选择。相比之下,末尾的 5 个字母随机性略好一些。但另一方面,英文常用单词的组合是有限的,所以如果取连续的 5 个字母,随机性仍然不会太好。一个改进的办法是隔位取字母,比如只取奇数位或者偶数位的字母进行移位。

如果移位法效果充分好,可以设计一个长度为 P($\geqslant N$ 的最小素数)的散列表,采用分离链接法解决冲突。

（2）实现要点

由于不涉及删除,仍然采用简化版的散列表定义和初始化函数。每个表元素结构体需要存储话题字符串和它被提到的次数。需要注意的是,同一条微博如果反复提到同一个话题,则不能重复计算。为了避免重复计算,可以在表元素中加一个变量,记录最后一次提到该话题的微博的编号。

5. 实验思考题

（1）尝试实现各种不同的散列函数,比较它们的映射效果。
（2）若要求将相似度超过某给定阈值的两话题计为一个话题,则应该采取什么策略?

进阶实验 5-3.3：基于词频的文件相似度

1. 实验目的

掌握倒排索引表的应用。

2. 实验内容

实现一种简单原始的文件相似度计算,即以两文件的公共词汇占总词汇的比例来定义相似度。为简化问题,这里不考虑中文(因为分词太难了),只考虑长度不小于 3、且不超过 10 的英文单词,长度超过 10 的只考虑前 10 个字母。

3. 实验要求

（1）输入说明：输入首先给出正整数 N（$\leqslant 100$）,为文件总数。随后按以下格式给出每个文件的内容：首先给出文件正文,最后在一行中只给出一个字符"#",表示文件结束。在 N 个文件内容结束之后,给出查询总数 M（$\leqslant 10^4$）,随后 M 行,每行给出一对文件编号,其间以空格分隔。这里假设文件按给出的顺序从 1 到 N 编号。

（2）输出说明：针对每一条查询,在一行中输出两文件的相似度,即两文件的公共词汇量占两文件总词汇量的百分比,精确到小数点后 1 位。注意这里的一个"单词"只包括仅由英文字母组成的、长度不小于 3、且不超过 10 的英文单词,长度超过 10 的只考虑前 10 个字母。单词间以任何非英文字母隔开。另外,大小写不同的同一单词被认为是相同的单词,例如"You"和"you"是同一个单词。

（3）测试用例：

序号	输入	输出	说明
0	3 Aaa Bbb Ccc # Bbb Ccc Ddd # Aaa2 ccc Eee is at Ddd@Fff # 2 1 2 1 3	50.0% 33.3%	一般简单测试。注意 Aaa2 被解析为 Aaa;ccc 与 Ccc 是相同的;is 和 at 被忽略;Ddd@Fff 应被分解成 Ddd 和 Fff 两个词
1	2 This is a test for repeated repeated words. # All repeated words shall be counted only once. A longlongword is the same as this longlongwo. # 1 1 2	23.1%	同一文件内重复出现的单词不重复计算;太长的单词只考虑前 10 个字母

续表

序号	输入	输出	说明
2	2 This is a test to show ... # Not similar at all # 1 1 2	0.0%	完全不同
3	2 These two files are the same # these.two_files are the SAME # 1 1 2	100.0%	完全相同
4	100 个文件、10 000 条查询 输入文件总规模不超过 2 MB	略	边界测试: 最大 N 和 M; 有 1 个文件包含了全部单词; 有 1 个单词出现在所有文件里

4. 解决思路

（1）问题分析

本题的关键难点在于快速找出两文件的公共词汇。一方面在读入文件内容时, 需要将单词解析出来, 统计出有多少个不同的单词, 保存为该文件对应的词汇表; 另一方面, 在求两文件的公共词汇表时, 需要能快速判断文件 A 中的某单词是否在文件 B 的词汇表中, 也就是必须建立从单词找到文件的"倒排索引"。

无论是从文件到单词的索引还是从单词到文件的倒排索引, 都需要快速查找到某单词, 这就需要用到针对字符串关键字建立的散列表。在此采用直接的移位法将单词映射为长整型数字, 再用除留余数法计算散列映射的值进行插入。因为英文字母有 26 个, 所以仍然采用每个字母占 5 位的策略进行移位。又因为输入总规模不超过 2 MB, 按每个单词最少占 4 字节（3 个字母加 1 个分隔符）计算, 总词汇表中最多要存 50 万个单词, 则可以建立一个规模为 500 009（大于 50 万的最小素数）的散列表, 并且用线性探测处理冲突。

在建立散列表的同时, 当每个单词被插入散列表或者被找到时, 需要在该单词对应的倒排索引中记录该单词出现在哪个文件里, 而且这个记录中不能有重复的文件。

另一方面, 还必须建立文件的词汇索引表, 记录每个文件有多少个不同的单词, 并且记录每个单词在散列表中的位置。

当需要判断两文件相似度时，为提高效率，可选择词汇量比较少的那个文件，检查其词汇表中的每个单词，根据该单词的倒排索引查出其是否在另一文件中出现，进行相应的计数和计算。

（2）实现要点

由于本题不涉及删除，且建立充分大的散列表保证插入不会失败，所以采用了简化版散列表定义及初始化，省略了各种异常处理。

为了存储文件到单词的索引，可为每个文件建立带头结点的索引链表，即创建头结点数组 File[ ]，在头结点中存储该文件的词汇量，在链表结点中存储词汇表中单词在散列表中的位置。

为了存储单词到文件的倒排索引，散列表的每个结点也需要存储文件索引链表，每个链表结点存储该单词所在的文件编号，而头结点还需要存储单词。为了避免同一文件中重复的单词被重复插入，可在散列表中每个单词的头结点记录最近插入的文件编号，若当前文件编号与最近文件编号一致，则不重复插入。另外，为节省空间，将原来记录结点状态的 EntryType 取消，当头结点的文件编号为 0 时就表示该结点为空，否则为满。

由于只需要输出计算结果，所以原文不需要保存。在解析单词时，可以用一个函数过滤掉所有非字母符号，然后将字母全转为小写再返回合适长度的单词（太短的被抛弃，太长的被截断）。在散列表中存储的是经过转换后的单词。

5. 实验思考题

（1）尝试其他形式的散列函数及解决冲突的机制，与书中介绍的算法比较运行的效率。

（2）事实上这种判断文件相似度的算法是过分简单且不太合理的，例如两篇文章如果很短，则即使只有一句话重复，相似度也会比较大；而两篇文章如果很长，那么即使有一整段重复，相似度也会比较小。而且如果有些单词出现在所有文件中，则这些单词对区分文件其实是没有帮助的，这种方法没有考虑过滤这种无效单词的问题，等等。所以真正计算文件相似度的算法要更复杂一些，例如将单词在文件中出现的频率也考虑在内，形成文件的单词频率向量，再计算两个向量的相关度。如果需要统计两个文件词汇表的并集以及其中每个单词出现的频率，该如何修改程序？

进阶实验 5-3.4：迷你搜索引擎

1. 实验目的

掌握倒排索引表的应用。

2. 实验内容

实现一种简单的搜索引擎功能，快速满足多达 10^5 条关键字查询请求。

3. 实验要求

（1）输入说明：输入首先给出正整数 $N(\leq 100)$，为文件总数。随后按以下格式给出每个文件的内容：第一行给出文件的标题，随后给出不超过 100 行的文件正文，最后在一行中只给出一个字符 "#"，表示文件结束。每行不超过 50 个字符。在 N 个文件内容结束之后，给出查询总数 $M(\leq 10^5)$，随后 M 行，每行给出不超过 10 个英文单词，其间以空格分隔，每个单词不超过 10 个英文字母，不区分大小写。

（2）输出说明：针对每一条查询，首先在一行中输出包含全部该查询单词的文件总数；如果总数为 0，则输出 "Not Found"。如果有找到符合条件的文件，则按输入的先后顺序输出这些文件，格式为：第 1 行输出文件标题；随后顺序输出包含查询单词的那些行内容。注意不能把相同的一行重复输出。

（3）测试用例：

序号	输入	输出	说明
0	4 A00 Gold silver truck # A01 Shipment of gold damaged in a fire # A02 Delivery of silver arrived in a silver truck # A03 Shipment of gold arrived in a truck # 2 what ever silver truck	0 Not Found 2 A00 silver truck A02 of silver a silver truck	一般简单测试。注意两个单词同时出现在文件 A00 的第 2 行，但是这一行不能重复输出；在文件 A02 中 silver 出现了在 2 行里，所以要分别输出 2 行；文件 A03 只包含 truck 是不满足条件的

续表

序号	输入	输出	说明
1	1 个文件，1 个查询，包含 10 个单词	略	测试最长查询
2	100 个文件、100 000 条查询 输入文件总规模不超过 2 MB； 有 1 个文件包含了全部单词；有 1 个单词出现在所有文件里	略	边界测试：最大 N 和 M；最长单词 10 个字母；最长查询 10 个单词

4. 解决思路

（1）问题分析

本题与进阶实验 5-3.3 有相似之处，都需要为单词建立文件的倒排索引。不同的是在这里的倒排索引中不仅要记录该单词出现在哪些文件里，还要记录出现在该文件的哪几行。

对于每条查询，逐一检查每个单词的倒排索引表，得到包含该单词的文件集合；然后将下一个单词的文件集合与当前集合求交集。再次扫描查询的每个单词，检查其倒排索引表中属于交集的每个文件，记录下包含该单词的行号。最后对交集中的每个文件，将包含查询单词的所有行号进行排序，再顺序输出相应的行。

（2）实现要点

与进阶实验 5-3.3 的相似之处不再赘述。这里只讨论几个细节问题。

在本题中，不再需要文件的单词索引表，但是需要保存每个文件的全部内容，而且是按行保存。所以需要一个二维字符串数组 File［ ］［ ］，其中 File［i］［j］存储第 i 个文件的第 j 行内容。

另外，倒排索引表中除了存储文件编号外，还需要记录行号。一个简单的办法是，为每个单词的结点建立一个二维数组 Position［ ］［ ］，其中 Position［i］［j］=1 表示该单词出现在第 i 个文件的第 j 行。这种方法的好处是结构简单，查询和插入都比链表操作快；缺点显然是太浪费空间，因为很少有单词出现在所有文件的所有行。如果空间有限，可以用链表存储该单词所在的文件，同时在链表结点内再存储一个保存行号的链表。

在进阶实验 5-3.3 中，建立倒排索引时采用不断从表头插入的方法，这样形成的链表是按输入文件的倒序排列的。而本题要求按正序输出，所以一个解决方案是将插入的位置改在表尾，这样就不得不为每个索引表加一个尾指针；另一个方案是在求完交集后再将交集链表反转，只要线性复杂度的额外时间即可。由于文件链表是有序的，所以求交集的时间复杂度与链表长度呈线性关系。

在对每个文件要输出的行号进行记录时，可以不需要排序，而是借助一个长度等于总行数的整型数组，初始化为 0。当某查询单词出现在第 i 行时，就将第 i 个数值设为 1。最后输出时,只要顺序扫描这个数组,将每个 1 所在位置对应的行输出即可,也同时解决了两个单词出现在同一行可能引起的重复输出问题。

5. 实验思考题

(1)尝试实现各种不同的散列函数,比较它们的映射效果。

(2)若要求将某些经常出现的单词(如"a""is""of"等)过滤掉,该如何处理?

第6章

图

本章实验内容主要围绕图的操作与应用两个方面,共包括了 7 个案例、6 项基础实验和 6 项进阶实验。这些题目涉及的知识内容如表 6.1 所示。

表 6.1　本章实验涉及的知识点

序号	题目名称	类别	内容	涉及主要知识点
6–1.1	邻接矩阵存储图的深度优先遍历	案例	实现深度优先遍历	邻接矩阵存储、深度优先遍历
6–1.2	邻接表存储图的广度优先遍历	案例	实现广度优先遍历	邻接表存储、广度优先遍历
6–1.3	哥尼斯堡的"七桥问题"	案例	判断给定的图中是否存在欧拉回路	图的存储结构、连通性
6–1.4	地下迷宫探索	案例	Tremaux 迷宫探索问题	非递归深度优先搜索
6–1.5	旅游规划	案例	求最便宜的最短路	迪杰斯特拉(Dijkstra)单源最短路算法
6–1.6	哈利·波特的考试	案例	求使得最短距离中的最长距离最短的结点	带权图的多源最短距离:弗洛伊德(Floyed)算法
6–1.7	公路村村通	案例	用最小的投入实现每个村都能够有公路通达	最小生成树
6–2.1	列出连通集	基础实验	用深度和广度优先遍历分别列出其所有的连通集	图的存储、深度优先遍历、广度优先遍历
6–2.2	汉密尔顿回路	基础实验	判断给定路径是否为汉密尔顿回路	图的存储

续表

序号	题目名称	类别	内容	涉及主要知识点
6-2.3	拯救007	基础实验	判断逃生路径的连通性	深度优先遍历
6-2.4	六度空间	基础实验	验证六度空间理论,即判断人类关系网络图的直径	广度优先搜索
6-2.5	城市间紧急救援	基础实验	使附加条件最优的最短路径的计算	迪杰斯特拉(Dijkstra)单源最短路算法
6-2.6	最短工期	基础实验	根据任务关系得出最短工期	拓扑排序
6-3.1	红色警报	进阶实验	当失去一个城市导致国家被分裂为多个无法连通的区域时,就发出红色警报	深度优先遍历
6-3.2	社交网络图中结点的"重要性"计算	进阶实验	根据网络中结点的"紧密度中心性"定义,计算结点重要性	无权图的最短距离(广度优先遍历)
6-3.3	天梯地图	进阶实验	求最快到达路线和最短距离的路线	迪杰斯特拉(Dijkstra)单源最短路算法
6-3.4	拯救007(升级版)	进阶实验	给出最短逃生路径	深度优先遍历、弗洛伊德(Floyed)算法
6-3.5	关键活动	进阶实验	计算完成整个工程项目需要的时间,并输出所有的关键活动	拓扑排序、关键活动
6-3.6	最小生成树的唯一性	进阶实验	求最小生成树的权重和,并判断其唯一性	最小生成树

　　建议在学习中,至少选择 2 个案例进行深入学习与分析,再选择 2 个基础实验项目进行具体的编程实践。学有余力者可以挑战 1~2 个进阶实验项目。

案例 6-1.1:邻接矩阵存储图的深度优先遍历(主教材题目集练习 6.1)

1. 实验目的

(1)熟练掌握图的邻接矩阵存储结构。

（2）熟练掌握图的深度优先遍历方法。

2. 实验内容

实现邻接矩阵存储图的深度优先遍历。

3. 实验要求

（1）函数接口说明：

```
void DFS(MGraph Graph,Vertex V,void(*Visit) (Vertex));
```

其中 **MGraph** 是邻接矩阵存储的图，定义如下：

```
typedef struct GNode *PtrToGNode;
struct GNode{
    int Nv;  /* 顶点数 */
    int Ne;  /* 边数   */
    WeightType G[MaxVertexNum][MaxVertexNum]; /* 邻接矩阵 */
};
typedef PtrToGNode MGraph; /* 以邻接矩阵存储的图类型 */
```

函数 DFS 应从第 V 个顶点出发递归地深度优先遍历图 Graph，遍历时用裁判定义的函数 Visit 访问每个顶点。当访问邻接点时，要求按序号递增的顺序。题目保证 V 是图中的合法顶点。

（2）测试用例：

序号	传入参数		返回	说明
	Graph	V		
0		5	5 1 3 0 2 4 6	一般情况
1	略	略	略	较大规模的不连通的图
2		0	0	只有 1 个顶点
3	略	略	略	较大规模完全图

4. 实验分析

（1）问题分析

深度优先遍历是树的前序遍历的推广,基本步骤是先处理当前顶点,然后递归处理其尚未被访问过的相邻顶点。不同的存储方法决定了搜索相邻顶点的效率。本题给定了邻接矩阵存储的图,对任一顶点 V,要遍历所有与之相邻的顶点,只能通过检查邻接矩阵的第 V 行的每个元素来实现,这一步的时间复杂度固定是 $O(Nv)$。

（2）实现要点

默认带权图的对角元是无穷大,所以要判断两个顶点 V 和 W 之间是否有边,只要判断是否有 Graph->G[V][W]<INFINITY 即可。

5. 实验参考代码

```
void DFS(MGraph Graph,Vertex V,void(*Visit) (Vertex))
{
    Vertex W;

    Visit(V);  /* 首先访问当前顶点 */
    Visited[V] = true;

    for(W=0; W<Graph->Nv; W++)
        /* 当 W 尚未被访问且与 V 右边相连 */
        if(!Visited[W] &&(Graph->G[V][W]<INFINITY))
            DFS(Graph, W, Visit);
}
```

源代码6-1:
邻接矩阵存储图的深度优先遍历

代码 6.1　邻接矩阵存储图的深度优先遍历

6. 实验思考题

如果改为邻接表存储图,该如何修改代码?

案例 6-1.2: 邻接表存储图的广度优先遍历(主教材题目集练习6.2)

1. 实验目的

（1）熟练掌握图的邻接表存储结构。

（2）熟练掌握图的广度优先遍历方法。

2. 实验内容

实现邻接表存储图的广度优先遍历。

3. 实验要求

（1）函数接口说明：

```
void BFS(LGraph Graph,Vertex S,void(*Visit) (Vertex));
```
其中 LGraph 是邻接表存储的图，定义如下：
```
/* 邻接点的定义 */
typedef struct AdjVNode *PtrToAdjVNode;
struct AdjVNode{
    Vertex AdjV;                /* 邻接点下标 */
    PtrToAdjVNode Next;         /* 指向下一个邻接点的指针 */
};

/* 顶点表头结点的定义 */
typedef struct Vnode{
    PtrToAdjVNode FirstEdge;  /* 边表头指针 */
} AdjList[MaxVertexNum];        /* AdjList 是邻接表类型 */

/* 图结点的定义 */
typedef struct GNode *PtrToGNode;
struct GNode{
    int Nv;       /* 顶点数 */
    int Ne;       /* 边数   */
    AdjList G;    /* 邻接表 */
};
typedef PtrToGNode LGraph; /* 以邻接表方式存储的图类型 */
```
函数 BFS 应从第 S 个顶点出发对邻接表存储的图 Graph 进行广度优先搜索，遍历时用裁判定义的函数 Visit 访问每个顶点。当访问邻接点时，要求按邻接表顺序访问。题目保证 S 是图中的合法顶点。

（2）测试用例：

序号	传入参数		返回	说明
	Graph	V		
0		5	2 0 3 5 4 1 6	一般情况
1	略	略	略	较大规模的不连通的图
2	⓪	0	0	只有 1 个顶点
3	略	略	略	较大规模完全图

4. 实验分析

（1）问题分析

广度优先遍历是树的层序遍历的推广,基本步骤是先处理当前顶点,后将其入列,开始进入遍历循环。当队列不为空时,弹出一个顶点,再顺次将其尚未访问过的相邻顶点入队。不同的存储方法决定了搜索相邻顶点的效率。本题给定了邻接表存储的图,对任一顶点 V,要遍历所有与之相邻的顶点,只要扫描邻接表的第 V 个链表即可,时间复杂度与 V 的度数成正比,而不必固定检查所有 Nv 个顶点。

（2）实现要点

广度优先遍历需要借助一个队列来完成,队列中存放的是 Vertex 类型。代码 6.2 给出了队列的相关操作。

5. 实验参考代码

```
typedef Vertex ElementType;
typedef int Position;
typedef struct QNode *PtrToQNode;
struct QNode {
    ElementType *Data;      /* 存储元素的数组 */
    Position Front,Rear;        /* 队列的头、尾指针 */
    int MaxSize;            /* 队列最大容量 */
};
typedef PtrToQNode Queue;
```

```
Queue CreateQueue(int MaxSize)
{
    Queue Q =(Queue)malloc(sizeof(struct QNode));
    Q->Data =(ElementType *)malloc(MaxSize *
                                sizeof(ElementType));
    Q->Front = Q->Rear = 0;
    Q->MaxSize = MaxSize;
    return Q;
}


bool IsFull(Queue Q)
{
    return((Q->Rear+1)%Q->MaxSize == Q->Front);
}


bool AddQ(Queue Q,ElementType X)
{
    if(IsFull(Q)){
        printf("队列满");
        return false;
    }
    else{
        Q->Rear =(Q->Rear+1)%Q->MaxSize;
        Q->Data[Q->Rear] = X;
        return true;
    }
}


bool IsEmpty(Queue Q)
{
    return(Q->Front == Q->Rear);
}

#define ERROR -1
```

```
ElementType DeleteQ(Queue Q)
{
    if(IsEmpty(Q)){
        printf("队列空");
        return ERROR;
    }
    else{
        Q->Front =(Q->Front+1)%Q->MaxSize;
        return  Q->Data[Q->Front];
    }
}
```

源代码6-2:
队列的相关
操作

代码 6.2　队列的相关操作

```
void BFS(LGraph Graph,Vertex S,void(*Visit) (Vertex))
{
    Queue Q;
    Vertex V;
    PtrToAdjVNode W;

    Q = CreateQueue(MaxVertexNum);
    Visit(S);
    Visited[S] = true;
    AddQ(Q, S);

    while(!IsEmpty(Q)){
        V = DeleteQ(Q);
        for(W=Graph->G[V].FirstEdge; W; W=W->Next)
            if(!Visited[W->AdjV]){
                Visit(W->AdjV);
                Visited[W->AdjV] = true;
                AddQ(Q, W->AdjV);
                }
    } /* while 结束 */
}
```

源代码6-3:
邻接表存储
图的广度优
先遍历

代码 6.3　邻接表存储图的广度优先遍历

6. 实验思考题

如果改为邻接矩阵存储图, 该如何修改代码?

案例 6–1.3: 哥尼斯堡的"七桥问题"

1. 实验目的

（1）熟练掌握图的存储结构。
（2）熟练掌握图的连通性判断方法。

2. 实验内容

哥尼斯堡是位于普累格河上的一座城市, 它包含两个岛屿及连接它们的 7 座桥, 如图 6.1 所示。

能否走过这样的 7 座桥, 而且每桥只走过一次? 瑞士数学家欧拉（Leonhard Euler, 1707—1783）最终解决了这个问题, 并由此创立了拓扑学。

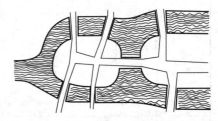

图 6.1　哥尼斯堡的"七桥问题"

这个问题如今可以描述为判断欧拉回路是否存在的问题。欧拉回路是指令笔不能离开纸面, 可画过图中每条边仅一次, 且最终回到起点的一条回路。现给定一个无向图, 问是否存在欧拉回路?

3. 实验要求

（1）输入说明: 输入第 1 行给出两个正整数, 分别是结点数 $N(1 < N \leqslant 1\,000)$ 和边数 M; 随后的 M 行对应 M 条边, 每行给出一对正整数, 分别是该条边连通的两个结点的编号（结点从 1 到 N 编号）。
（2）输出说明: 若欧拉回路存在则输出 1, 否则输出 0。
（3）测试用例:

序号	输入	输出	说明
0	6 10 1 2 2 3 3 1 4 5 5 6 6 4 1 4 1 6 3 4 3 6	1	一般有解的情况

续表

序号	输入	输出	说明
1	5 8 1 2 1 3 2 3 2 4 2 5 5 3 5 4 3 4	0	一般无解的情况
2	6 6 1 2 2 3 3 1 4 5 5 6 6 4	0	图不连通
3	1 000 个结点的完全图	0	边界测试：无解最大 N
4	999 个结点的完全图	1	边界测试：有解最大 N

4. 实验分析

（1）问题分析

欧拉回路的判断很简单：如果无向图连通并且所有结点的度数都是偶数，则回路存在；否则不存在。所以问题的解决方法也很简单：首先将图读入并存储，在读入边时即可统计顶点度数；然后用一个简单的深度优先遍历判断其是否连通；最后检查一下每条边的度数是否为偶数即可。代码 6.4 给出了主函数。

（2）实现要点

图的存储有邻接矩阵和邻接表两种。由于本题没给出边数的明确上界，那么就有可能给出一个完全图，所以选择用邻接矩阵来做图的存储。由于每插入一条边，该边的两个端点的度数就会加 1，所以在图的常规定义之外，另加了一个数组 Degree[ ] 记录每个顶点的度数。代码 6.5 给出了构造图的相关函数。

判断图是否连通，可以用一个简单的深度优先搜索函数 DFS 从任意一个结点开始搜索，将访问过的结点对应的标记 Visited[ ] 设置为 1。最后检查这个标记数组，如果有结点没被访问过，则证明图不连通。这个遍历不需要对顶点做任何操作，只要简单地标记即可，所以常规接口中的访问函数参数被删掉了。最后检查是否存在欧拉回路，只要检查每个顶点的 Degree 是否为偶数即可。代码 6.6 给出了执行这两个判断的函数。

5. 实验参考代码

```
#include<stdio.h>
#include<stdlib.h>
typedef enum {false,true} bool;

/* 图的邻接矩阵表示法 */
#define MaxVertexNum 1000   /* 最大顶点数设为 1 000 */
typedef int Vertex;            /* 用顶点下标表示顶点，为整型 */
typedef int WeightType;        /* 边的权值设为整型 */

/* 边的定义 */
typedef struct ENode *PtrToENode;
struct ENode{
    Vertex V1,V2;         /* 有向边 <V1,V2> */
};
typedef PtrToENode Edge;

/* 图结点的定义 */
typedef struct GNode *PtrToGNode;
struct GNode{
    int Nv;  /* 顶点数 */
    int Ne;  /* 边数 */
    WeightType G[MaxVertexNum][MaxVertexNum]; /* 邻接矩阵 */
    int Degree[MaxVertexNum];        /* 存顶点的度 */
};
typedef PtrToGNode MGraph; /* 以邻接矩阵存储的图类型 */
bool Visited[MaxVertexNum]; /* 顶点的访问标记 */

MGraph CreateGraph(int VertexNum);
void InsertEdge(MGraph Graph,Edge E);
MGraph BuildGraph();
void DFS(MGraph Graph,Vertex V);
bool CheckG(MGraph Graph);
```

```
int main()
{
    Vertex V;
    MGraph Graph = BuildGraph();
    DFS(Graph, 0);  /* 检查连通性 */
    for(V=0; V<Graph->Nv; V++)
        if(!Visited[V]) break;
    if(V<Graph->Nv)  /* 若有结点没被 DFS 访问到 */
        printf("0\n");  /* 则图不连通 */
    else  /* 若图连通 */
        printf("%d\n", CheckG(Graph));
    return 0;
}
```

源代码6-4：判断欧拉回路的主函数

代码 6.4　判断欧拉回路的主函数

```
MGraph CreateGraph(int VertexNum)
{ /* 初始化一个有 VertexNum 个顶点但没有边的图 */
    Vertex V, W;
    MGraph Graph;

    Graph =(MGraph)malloc(sizeof(struct GNode)); /* 建立图 */
    Graph->Nv = VertexNum;
    Graph->Ne = 0;
    /* 初始化邻接矩阵 */
    /* 注意：这里默认顶点编号从 0 开始，到 (Graph->Nv - 1) */
    for(V=0; V<Graph->Nv; V++){
        Graph->Degree[V] = 0;
        for(W=0; W<Graph->Nv; W++)
            Graph->G[V][W] = 0;
    }

    return Graph;
}
```

```
void InsertEdge(MGraph Graph, Edge E)
{
    /* 插入边 <V1,V2> */
    Graph->G[E->V1][E->V2] = 1;
    Graph->Degree[E->V1]++;
    /* 若是无向图，还要插入边 <V2,V1> */
    Graph->G[E->V2][E->V1] = 1;
    Graph->Degree[E->V2]++;
}


MGraph BuildGraph()
{
    MGraph Graph;
    Edge E;
    Vertex V;
    int Nv, i;

    scanf("%d", &Nv);    /* 读入顶点个数 */
    Graph = CreateGraph(Nv); /* 初始化有 Nv 个顶点但没有边的图 */

    scanf("%d", &(Graph->Ne));    /* 读入边数 */
    if(Graph->Ne != 0){ /* 如果有边 */
        E =(Edge)malloc(sizeof(struct ENode)); /* 建立边结点 */
        /* 读入边，格式为"起点 终点"，插入邻接矩阵 */
        for(i=0; i<Graph->Ne; i++){
            scanf("%d %d", &E->V1, &E->V2);
            E->V1--; E->V2--; /* 输入的编号从 1 开始 */
            InsertEdge(Graph, E);
        }
    }
    return Graph;
}
```

源代码6-5：构造图的相关函数

代码 6.5 构造图的相关函数

```
void DFS(MGraph Graph, Vertex V)
{
    Vertex W;

    Visited[V] = true;
    for(W=0; W<Graph->Nv; W++)
        /* 当 W 尚未被访问且与 V 右边相连 */
        if(!Visited[W] &&(Graph->G[V][W]))
            DFS(Graph, W);
}


bool CheckG(MGraph Graph)
{ /* 检查顶点的度是否全为偶数 */
    Vertex V;

    for(V=0; V<Graph->Nv; V++)
        /* 发现奇数度的边则返回 0 */
        if(Graph->Degree[V] %2) return false;
    return true; /* 全是偶数度的边则返回 1 */
}
```

源代码6-6:
判断欧拉回
路的核心函
数

代码 6.6　判断欧拉回路的核心函数

6. 实验思考题

（1）尝试用邻接表存储图，解决这个问题。

（2）判断图有多少个连通集，还可以用并查集。试用并查集解决这个问题，并与代码 6.6 中的 DFS 比较运行效率。

（3）如果要求输出欧拉回路，该如何解决？

（4）另外一个"欧拉路径"与欧拉回路相似，仍然要求令笔不能离开纸面，画过图中每条边仅一次，但并不要求回到起点。例如测试用例 1 虽然没有欧拉回路，但是存在欧拉路径。如果问题改为判断是否存在欧拉路径，该如何修改程序？

案例 6-1.4：地下迷宫探索

1. 实验目的

（1）熟练掌握图的存储结构。

（2）熟练掌握图的深度优先遍历方法。

2. 实验内容

地道战是在抗日战争时期，在华北平原上抗日军民利用地道打击日本侵略者的作战方式。地道网是房连房、街连街、村连村的地下工事，如图 6.2 所示。

图 6.2　地道战示意图

在回顾前辈们艰苦卓绝的战争生活的同时，真心钦佩他们的聪明才智。在现在和平发展的年代，对多数人来说，探索地下通道或许只是一种娱乐益智的游戏。本案例以探索地下通道迷宫作为内容。

假设有一个地下通道迷宫，它的通道都是直的，而通道所有交叉点（包括通道的端点）上都有一盏灯和一个开关，如图 6.3 所示。请问如何从某个起点开始在迷宫中点亮所有的灯并回到起点？

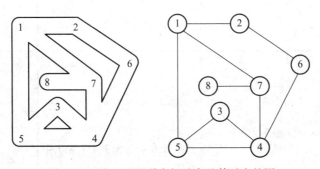

图 6.3　一个地下通道点灯迷宫及其对应的图

3. 实验要求

（1）输入说明：输入第 1 行给出三个正整数，分别表示地下迷宫的节点数 N（$1<N \leqslant$ 1 000，表示通道所有交叉点和端点）、边数 M（$\leqslant 3\,000$，表示通道数）和探索起始结点编号 S（结点从 1 到 N 编号）。随后的 M 行对应 M 条边（通道），每行给出一对正整数，分别是该条边连通的两个结点的编号。

（2）输出说明：若可以点亮所有结点的灯，则输出从 S 开始并以 S 结束的包含所有结点的序列，序列中相邻的结点一定有边（通道）；否则虽然不能点亮所有结点的灯，但还是输出点亮部分灯的结点序列，最后输出 0，此时表示迷宫不是连通图。

由于深度优先遍历的结点序列是不唯一的，为了使输出具有唯一的结果，约定以编号小的结点优先的次序访问（点灯）。在点亮所有可以点亮的灯后，以原路返回的方式回到起点。

（3）测试用例：

序号	输入	输出	说明
0	6 8 1 1 2 2 3 3 4 4 5 5 6 6 4 3 6 1 5	1 2 3 4 5 6 5 4 3 2 1	一般有解的简单情况
1	6 6 6 1 2 1 3 2 3 5 4 6 5 6 4	6 4 5 4 6 0	迷宫图不连通
2	8 10 1 1 2 1 5 1 7 2 6 6 4 3 4 4 5 4 7 3 5 7 8	1 2 6 4 3 5 3 4 7 8 7 4 6 2 1	路径中某结点被访问多次
3	1 000 个结点，3 000 条通道的连通地下迷宫	略	边界测试：最大 N 和 M

4. 实验分析

（1）问题分析

多数迷宫探索问题是针对格子迷宫的,而本题面对的迷宫是一个图。另外,多数迷宫问题要求的目标通常是找到一条从入口到出口的路径,未必需要走过每条通道或者每个交叉点和端点,而本题要求必须走过每个交叉点和端点。

19 世纪以来就为人们所知的一种迷宫探索策略叫"Tremaux 探索",该方法实际上是对迷宫图的深度优先搜索,虽然可以设计一个递归的 DFS 来实现,但是为了更加符合现实中地下通道迷宫的人为探索过程,本案例采用非递归的深度优先搜索算法,实现记录迷宫探索过程路径的显示。实际上,本案例完全模拟了 Tremaux 迷宫探索的过程。

探索迷宫而不迷路的一个技巧,就是用一根线球的线跟在身后（计算机算法中采用一个堆栈实现线球的功能）,这根线除了可以保证总能找到出口,还可以记住最先是从哪个通道来到这个交叉点的,以便在探索了该交叉点的所有通道以后,沿着这根线退回原先过来的通道（用退栈操作实现）。始终心怀一个目标,就是探索迷宫的每个交叉点（点亮所有灯,用一个结点是否已经访问的标记数组）,但除非万不得已,在点灯的过程中并不想走回头路（这就是深度优先的意思,所有邻接点都已经访问了,才用退栈操作）。

（2）实现要点

图的存储有邻接矩阵和邻接表两种。由于本题给出的边数上界只是结点数上界的 3 倍,远远达不到完全图,所以选择用邻接表来做图的存储比较合理。代码 6.8 给出了建立邻接表方式存储的图类型。

为了使得输出具有唯一的结果,要以结点编号从小到大的 DFS 次序访问。而为了实现编号小的结点优先的次序,邻接表中每个结点对应的所有邻接点编号顺序应该是从小到大的。但是,输入时并没有对边的次序有任何要求,所以在建立邻接点时不能简单依次插入到邻接表的头部,而要采取适当的插入方法以满足要求。函数 InsertEdge 中就是采用了有序插入的方法。为了方便,CreateGraph 中初始化的是**带头结点**的链表。

显示点灯路径的足迹的主要函数是 NonRec_DFS。它采用非递归思想,借助于一个堆栈（代码 6.9 给出了堆栈相关的函数）,实现图的深度优先遍历,不过其只能遍历包含起始结点 V 的一个连通分量。其中 for 循环是依次寻找当前结点 V 是否有未经访问（点灯）的邻接点,若有（在 for 循环内）则往前探索并输出和记录路径（压栈）,若无（for 循环结束后）则回撤访问路线,即出栈操作,但需注意输出结点不是出栈结点,而是出栈结点先前结点（当前栈顶结点）。代码 6.10 给出了这个关键函数的实现。

判断迷宫图是否连通,可以在一个连通分量搜索结束以后,将访问过的结点对应的标记 Visited 设置为 1。最后检查这个标记数组,如果有结点没被访问过,则表明图不连通。主函数在调用 NonRec_DFS 以后,紧接着判定图是否连通。

5. 实验参考代码

```c
#include<stdio.h>
#include<stdlib.h>
typedef enum { false,true } bool;

/*---- 图的邻接表表示法 ----*/
#define MaxVertexNum 1000  /* 最大顶点数设为 1 000 */
typedef int Vertex;              /* 用顶点下标表示顶点 , 为整型 */

/* 边的定义 */
typedef struct ENode *PtrToENode;
struct ENode{
    Vertex V1,V2;        /* 有向边 <V1,V2> */
};
typedef PtrToENode Edge;

/* 邻接点的定义 */
typedef struct AdjVNode *PtrToAdjVNode;
struct AdjVNode{
    Vertex AdjV;              /* 邻接点下标 */
    PtrToAdjVNode Next;      /* 指向下一个邻接点的指针 */
};

/* 顶点表头结点的定义 */
typedef struct Vnode{
    PtrToAdjVNode FirstEdge; /* 边表头指针 */
} AdjList[MaxVertexNum];     /* AdjList 是邻接表类型 */

/* 图结点的定义 */
typedef struct GNode *PtrToGNode;
struct GNode{
    int Nv;      /* 顶点数 */
    int Ne;      /* 边数    */
    AdjList G;   /* 邻接表 */
```

```
    Vertex S;      /* 探索起点 */
};
typedef PtrToGNode LGraph; /* 以邻接表方式存储的图类型 */
bool Visited[MaxVertexNum]; /* 顶点的访问标记 */

LGraph CreateGraph(int VertexNum);
void InsertEdge(LGraph Graph, Edge E);
LGraph BuildGraph();
/*------ 图的定义结束 -------*/

/*------ 堆栈的定义 -------*/
typedef Vertex ElementType;
typedef struct SNode *PtrToSNode;
struct SNode {
    ElementType Data;
    PtrToSNode Next;
};
typedef PtrToSNode Stack;

Stack CreateStack();
bool IsEmpty(Stack S);
bool Push(Stack S, ElementType X);
ElementType Pop(Stack S);
ElementType Peek(Stack S);
/*---- 堆栈的定义结束 -----*/

void NonRec_DFS(LGraph Graph, Vertex V);

int main()
{
    Vertex V;
    LGraph Graph = BuildGraph();

    NonRec_DFS(Graph, Graph->S);
    for(V=0; V<Graph->Nv; V++)
```

```
            if(!Visited[V]) break;
        if(V<Graph->Nv)     /* 若有结点没被 DFS 访问到 */
            printf(" 0\n");  /* 则图不连通 */
        else printf("\n");


        return 0;
    }
```

代码 6.7　地下迷宫探索的主函数

```
    LGraph CreateGraph(int VertexNum)
    { /* 初始化一个有 VertexNum 个顶点但没有边的图 */
        Vertex V;
        LGraph Graph;

        Graph =(LGraph)malloc(sizeof(struct GNode)); /* 建立图 */
        Graph->Nv = VertexNum;
        Graph->Ne = 0;
        /* 初始化邻接表头指针 */
        for(V=0; V<Graph->Nv; V++){
            Visited[V] = false;
            Graph->G[V].FirstEdge =(PtrToAdjVNode)malloc(sizeof(-
struct AdjVNode));
            Graph->G[V].FirstEdge->Next = NULL; /* 建链表空头结点 */
        }
        return Graph;
    }


    void InsertEdge(LGraph Graph,Edge E)
    {
        PtrToAdjVNode NewNode,p;

        /* 插入边 <V1,V2> */
        /* 为 V2 建立新的邻接点 */
        NewNode =(PtrToAdjVNode)malloc(sizeof(struct AdjVNode));
        NewNode->AdjV = E->V2; NewNode->Next = NULL;
```

```
        /* 将 V2 插入 V1 的链表合适位置 */
    p = Graph->G[E->V1].FirstEdge;
    while(p->Next &&(p->Next->AdjV < NewNode->AdjV))
        p = p->Next;
    NewNode->Next = p->Next;
    p->Next = NewNode;

        /* 为 V1 建立新的邻接点 */
    NewNode =(PtrToAdjVNode)malloc(sizeof(struct AdjVNode));
    NewNode->AdjV = E->V1; NewNode->Next = NULL;
        /* 将 V1 插入 V2 的链表合适位置 */
    p = Graph->G[E->V2].FirstEdge;
    while(p->Next &&(p->Next->AdjV < NewNode->AdjV))
        p = p->Next;
    NewNode->Next = p->Next;
    p->Next = NewNode;
}


LGraph BuildGraph()
{
    LGraph Graph;
    Edge E;
    Vertex V;
    int Nv, i;

    scanf("%d", &Nv);    /* 读入顶点个数 */
    Graph = CreateGraph(Nv); /* 初始化有 Nv 个顶点但没有边的图 */

    scanf("%d", &(Graph->Ne));    /* 读入边数 */
    scanf("%d", &(Graph->S));     /* 读入起点 */
    Graph->S--; /* 输入编号从 1 开始 */
    if(Graph->Ne != 0){ /* 如果有边 */
        E =(Edge)malloc(sizeof(struct ENode)); /* 建立边结点 */
        /* 读入边，格式为"起点 终点"，插入邻接表 */
        for(i=0; i<Graph->Ne; i++){
```

```
                    scanf("%d %d",&E->V1,&E->V2);
                    E->V1--; E->V2--; /* 输入编号从 1 开始 */
                    InsertEdge(Graph, E);
                }
            }
            return Graph;
        }
```

源代码6-8：
建立图相关
的操作

代码 6.8   建立图相关的操作

```
Stack CreateStack()
{ /* 构建一个堆栈的头结点，返回该结点指针 */
    Stack S;

    S = malloc(sizeof(struct SNode));
    S->Next = NULL;
    return S;
}


bool IsEmpty(Stack S)
{ /* 判断堆栈 S 是否为空，若是返回 true; 否则返回 false */
    return(S->Next == NULL);
}


bool Push(Stack S,ElementType X)
{ /* 将元素 X 压入堆栈 S */
    PtrToSNode TmpCell;

    TmpCell =(PtrToSNode)malloc(sizeof(struct SNode));
    TmpCell->Data = X;
    TmpCell->Next = S->Next;
    S->Next = TmpCell;
    return true;
}
```

```
ElementType Pop(Stack S)
{ /* 删除并返回堆栈 S 的栈顶元素 */
    PtrToSNode FirstCell;
    ElementType TopElem;

    FirstCell = S->Next;
    TopElem = FirstCell->Data;
    S->Next = FirstCell->Next;
    free(FirstCell);
    return TopElem;
}


ElementType Peek(Stack S)
{ /* 仅返回堆栈 S 的栈顶元素 */
    return S->Next->Data;
}
```

源代码6-9：堆栈相关的操作

代码 6.9　堆栈相关的操作

```
void NonRec_DFS(LGraph Graph, Vertex V)
{ /* 图 Graph 的非递归深度优先搜索 */
    PtrToAdjVNode p;
    Stack S = CreateStack(); /* 记录访问足迹，相当于放绳路径 */

    Visited[V] = true;    /* 标记访问到的结点，相当于点灯操作 */
    printf("%d", V+1);       /* 点起点的灯 */
    Push(S, V);              /* 记录访问路线，相当于放绳操作 */
    while(!IsEmpty(S)){
        V = Peek(S); /* 检查栈顶元素 V */
        /* 扫描 V 的所有邻接点 */
        for(p=Graph->G[V].FirstEdge->Next; p; p=p->Next){
            if(!Visited[p->AdjV])
            { /* 找到第一盏没亮的 */
                Visited[p->AdjV] = true;
                printf(" %d", p->AdjV+1); /* 点灯 */
                Push(S, p->AdjV); /* 放绳 */
```

```
            break;
        }
    }
    if(!p){/* 邻接点都已经点亮了 */
        V = Pop(S);  /* 回撤访问路线，相当于收绳操作 */
        if(!IsEmpty(S))
            printf(" %d",Peek(S)+1); /* 原路返回 */
    }
}
}
```

源代码6-10：地下迷宫探索的核心函数

代码 6.10　地下迷宫探索的核心函数

6. 实验思考题

（1）若图的结点总数不大,尝试用邻接矩阵存储图解决这个问题。参考上一个案例。

（2）把编号小的结点优先规则修改成编号大的结点优先规则,即如果某结点有多个邻接点未经访问,下一个优先选择编号大的结点访问,该如何修改程序?

案例 6-1.5：旅游规划

1. 实验目的

熟练掌握迪杰斯特拉(Dijkstra)单源最短路算法的应用。

2. 实验内容

根据一张自驾旅游路线图,可以知道城市间的高速公路长度以及该公路要收取的过路费。现在编写一个程序,找出一条出发地和目的地之间的最短路径。如果有若干条路径都是最短的,那么需要输出过路费最少的一条路径。

3. 实验要求

（1）输入说明:输入第1行给出 4 个正整数 N、M、S、D,其中 $N(2 \leqslant N \leqslant 500)$ 是城市的个数,顺便假设城市的编号为 0~($N-1$);M 是高速公路的条数;S 是出发地的城市编号;D 是目的地的城市编号。随后 M 行,每行给出一条高速公路的信息,分别是城市1、城市2、高速公路长度、收费额,中间以空格分隔,数字均为整数且不超过 500。输入保证解的存在。

（2）输出说明：在一行中输出路径的长度和收费总额，数字间以空格分隔，输出结尾不能有多余空格。

（3）测试用例：

序号	输入	输出	说明
0	4 5 0 3 0 1 1 20 1 3 2 30 0 3 4 10 0 2 2 20 2 3 1 20	3 40	一般情况测试：最便宜的路不是最短路；输出 2 条最短路中最便宜的
1	2 1 0 1 1 0 2 3	2 3	边界测试：最小 N 和 M
2	500 501 250 0 由长度和收费均为 1 的 500 条公路组成简单环路，有 1 条长度为 250、收费 249 的公路连通 0 和 250	250 249	边界测试：最大 N，有多条等长等价的道路
3	500 124750 0 499 随机数据构成完全图	略	边界测试：最大 N 和 M

4. 实验分析

（1）问题分析

可以把公路看成图中的边，城市看成顶点。与常规图不同的是，每条边有 2 种权重，分别为边的距离 Dist 和费用 Cost。题目首先要求找到长度最短的路径，所以应采用解决单源最短路问题的迪杰斯特拉算法，并加以改进。

原始算法中的关键步骤是，判断当新加入的某结点使得当前最短距离变得更小时，要更新最短路径，否则路径不变。而本题还要求考虑路径的费用权重，即使新加入的某结点没有使最短距离变得更短，但如果它能产生相同的最短距离并且费用更小，还是要更新最短路径。只有当经过新结点的路径比当前最短路径长，或者虽然长度相等但是费用没有减少时，才不更新路径。微视频 6-1 给出了详细讲解，代码 6.11 给出了主函数。

（2）实现要点

由于输入有可能是完全图，所以用邻接矩阵表示比较方便。与一般邻接矩阵只存储边的一种权重不同，这里需要同时存储边的距离 Dist 和费用 Cost。代码 6.12 给出了建立图的相关

微视频6-1：旅游规划核心算法详解

函数。另外在迪杰斯特拉算法的实现中,除了用一个数组 collected[ ]标记每个结点是否已经被收录,一般还需要记录当前的最短路径长度 dist[ ]。在本题中还需要增加一个数组 cost[ ],记录当前路径的费用,当最短路径需要更新时,不仅要更新 dist[ ],还需要更新 cost[ ]。代码6.13 给出了实现迪杰斯特拉算法的函数。

5. 实验参考代码

```
#include<stdio.h>
#include<stdlib.h>
typedef enum { false,true } bool;

/* 图的邻接矩阵表示法 */
#define MaxVertexNum 500    /* 最大顶点数设为 500 */
#define INFINITY 65535       /* ∞设为双字节无符号整数的最大值 65535*/
typedef int Vertex;          /* 用顶点下标表示顶点 , 为整型 */
typedef int WeightType;      /* 边的权值设为整型 */

/* 边的定义 */
typedef struct ENode *PtrToENode;
struct ENode{
    Vertex V1,V2;         /* 有向边 <V1,V2> */
    WeightType Dist,Cost; /* 权重 */
};
typedef PtrToENode Edge;

/* 图结点的定义 */
typedef struct GNode *PtrToGNode;
struct GNode{
    int Nv; /* 顶点数 */
    int Ne; /* 边数  */
    WeightType Dist[MaxVertexNum][MaxVertexNum]; /* 距离 */
    WeightType Cost[MaxVertexNum][MaxVertexNum]; /* 费用 */
    Vertex S,D; /* 起点、终点 */
};
typedef PtrToGNode MGraph; /* 以邻接矩阵存储的图类型 */
```

```
MGraph CreateGraph(int VertexNum);
void InsertEdge(MGraph Graph, Edge E);
MGraph BuildGraph();

/* 邻接矩阵存储 - 有权图的单源最短路算法 */
#define ERROR -1
Vertex FindMinDist(MGraph Graph, int dist[ ], int collected[ ]);
void Dijkstra(MGraph Graph, int dist[ ], int cost[ ], Vertex S);

int main()
{
    int *dist, *cost;
    MGraph Graph = BuildGraph();
    dist = (int *)malloc(sizeof(int) * Graph->Nv);
    cost = (int *)malloc(sizeof(int) * Graph->Nv);
    Dijkstra(Graph, dist, cost, Graph->S);
    printf("%d %d\n", dist[Graph->D], cost[Graph->D]);

    return 0;
}
```

源代码6-11：旅游规划主函数

代码 6.11　旅游规划主函数

```
MGraph CreateGraph(int VertexNum)
{ /* 初始化一个有 VertexNum 个顶点但没有边的图 */
    Vertex V, W;
    MGraph Graph;

    Graph = (MGraph)malloc(sizeof(struct GNode)); /* 建立图 */
    Graph->Nv = VertexNum;
    Graph->Ne = 0;
    /* 初始化邻接矩阵 */
    for(V=0;V<Graph->Nv;V++)
        for(W=0;W<Graph->Nv;W++)
```

```
                Graph->Dist[V][W] = Graph->Cost[V][W] = INFINITY;
    return Graph;
}



void InsertEdge(MGraph Graph, Edge E)
{
    /* 插入边 <V1,V2> */
    Graph->Dist[E->V1][E->V2] = E->Dist;
    Graph->Cost[E->V1][E->V2] = E->Cost;
    /* 若是无向图，还要插入边 <V2,V1> */
    Graph->Dist[E->V2][E->V1] = E->Dist;
    Graph->Cost[E->V2][E->V1] = E->Cost;
}



MGraph BuildGraph()
{
    MGraph Graph;
    Edge E;
    Vertex V;
    int Nv, i;

    scanf("%d", &Nv);   /* 读入顶点个数 */
    Graph = CreateGraph(Nv); /* 初始化有 Nv 个顶点但没有边的图 */

    scanf("%d", &(Graph->Ne));   /* 读入边数 */
    scanf("%d %d", &(Graph->S), &(Graph->D)); /* 读入起点、终点 */
    if(Graph->Ne != 0){ /* 如果有边 */
        E = (Edge)malloc(sizeof(struct ENode)); /* 建立边结点 */
        /* 读入边，格式为"起点 终点 权重"，插入邻接矩阵 */
        for(i=0;i<Graph->Ne;i++){
            scanf("%d %d %d %d", &E->V1, &E->V2, &E->Dist, &E->Cost);
            InsertEdge(Graph, E);
        }
```

```
        }
        return Graph;
}
```

源代码6-12:
建图的相关
函数

代码 6.12　建图的相关函数

```
#define ERROR -1
Vertex FindMinDist(MGraph Graph, int dist[ ], int collected[ ])
{ /* 返回未被收录顶点中 dist 最小者 */
    Vertex MinV, V;
    int MinDist = INFINITY;
    for(V=0;V<Graph->Nv;V++){
        if(collected[V]==false && dist[V]<MinDist){
            /* 若 V 未被收录，且 dist[V] 更小 */
            MinDist = dist[V]; /* 更新最小距离 */
            MinV = V; /* 更新对应顶点 */
        }
    }
    if(MinDist < INFINITY) /* 若找到最小 dist */
        return MinV; /* 返回对应的顶点下标 */
    else return ERROR; /* 若这样的顶点不存在，返回错误标记 */
}


void Dijkstra(MGraph Graph, int dist[ ], int cost[ ], Vertex S)
{
    int collected[MaxVertexNum];
    Vertex V, W;

    /* 初始化：此处默认邻接矩阵中不存在的边用 INFINITY 表示 */
    for(V=0;V<Graph->Nv;V++){
        dist[V] = Graph->Dist[S][V];
        cost[V] = Graph->Cost[S][V];
        collected[V] = false;
    }
```

```
    dist[S] = cost[S] = 0;
    collected[S] = true;  /* 先将起点收入集合 */
    while(1){
        /* V = 未被收录顶点中 dist 最小者 */
        V = FindMinDist(Graph,dist,collected);
        if(V==ERROR)  /* 若这样的 V 不存在 */
           break;        /* 算法结束 */
        collected[V] = true;  /* 收录 V */
        for(W=0;W<Graph->Nv;W++)  /* 对图中的每个顶点 W */
            /* 若 W 是 V 的邻接点并且未被收录 */
            if(collected[W]==false &&
               Graph->Dist[V][W]< INFINITY){
                /* 若收录 V 使得 dist[W] 变小 */
                if(dist[V]+Graph->Dist[V][W] < dist[W]){
                   /* 更新 dist[W] */
                   dist[W] = dist[V]+Graph->Dist[V][W];
                   /* 更新 cost[W] */
                   cost[W] = cost[V]+Graph->Cost[V][W];
                }
                /* 或者等长但是更便宜 */
                else if(dist[V]+Graph->Dist[V][W] == dist[W] &&
                        cost[V]+Graph->Cost[V][W] < cost[W]){
                    /* 更新 cost[W] */
                    cost[W] = cost[V]+Graph->Cost[V][W];
                }
            }
    } /* while 结束 */
}
```

源代码6-13:
迪杰斯特拉
算法

代码 6.13　迪杰斯特拉算法

6. 实验思考题

如果还要求输出得到的这条最短路径,该如何修改程序?

案例 6-1.6：哈利·波特的考试

1. 实验目的

（1）熟练掌握图的存储与操作。

（2）熟练掌握图的最短距离的计算（弗洛伊德（Floyed）算法）以及推广应用。

2. 实验内容

哈利·波特要考试了，他需要你的帮助。这门课学的是用魔咒将一种动物变成另一种动物的本事。例如将猫变成老鼠的魔咒是 haha，将老鼠变成鱼的魔咒是 hehe，等等。反方向变化的魔咒就是简单地将原来的魔咒倒过来念，例如 ahah 可以将老鼠变成猫。另外，如果想把猫变成鱼，可以通过念一个直接魔咒 lalala，也可以将猫变老鼠、老鼠变鱼的魔咒连起来念：hahahehe。

现在哈利·波特手里有一本教材，里面列出了所有的变形魔咒和能变的动物。老师允许他自己带一只动物去考场，要考察他把这只动物变成任意一只指定动物的本事。于是他来问你：带什么动物去可以让最难变的那种动物（即该动物变为哈利·波特自己带去的动物所需要的魔咒最长）需要的魔咒最短？例如，如果只有猫、鼠、鱼，则显然哈利·波特应该带鼠去，因为鼠变成另外两种动物都只需要念 4 个字符；而如果带猫去，则至少需要念 6 个字符才能把猫变成鱼；同理，带鱼去也不是最好的选择。

3. 实验要求

（1）输入格式：输入第 1 行给出两个正整数 $N(\leqslant 100)$ 和 M，其中 N 是考试涉及的动物总数，M 是用于直接变形的魔咒条数。为简单起见，将动物按 $1\sim N$ 编号。随后 M 行，每行给出了 3 个正整数，分别是两种动物的编号以及它们之间变形需要的魔咒的长度（$\leqslant 100$），数字之间用空格分隔。

（2）输出格式：输出哈利·波特应该带去考场的动物的编号以及最长的变形魔咒的长度，中间以空格分隔。如果只带 1 只动物是不可能完成所有变形要求的，则输出 0。如果有若干只动物都可以备选，则输出编号最小的那只。

（3）测试用例：

序号	输入	输出	说明
0	6 11 3 4 70 1 2 1 5 4 50 2 6 50	4 70	一般情况测试

续表

序号	输入	输出	说明
0	5 6 60 1 3 70 4 6 60 3 6 80 5 1 100 2 4 60 5 2 80	4 70	一般情况测试
1	5 4 5 4 2 1 2 4 2 3 4 1 3 6	0	不可能的情况
2	100 100 100 个结点组成环,每条边的长度都是 1	1 50	边界测试:最大 N,解不唯一,输出最小编号
3	100 4950 随机完全图	略	边界测试:最大 N,最大 M

4. 实验分析

（1）问题分析

该问题的模型是一个图,动物就是图中的结点,结点之间有边表示有魔咒可以直接互变对应的两种动物,边上权值表示魔咒的字符长度。

该图如果是连通的,只需带一种动物就可以变成其他任何动物。每种动物 A_i（$1 \le i \le N$）要变成其他任何一种动物 A_j（$1 \le j \le N$）都可以找到一种魔咒组合,使其总字符长度最短,这个长度就是图中这两个结点间的最短路径长度,记为 L_{ij},则从动物 A_i 出发,最难变的动物所需的魔咒长度就是 $\mathrm{Max}L_i = \max_j (L_{ij})$。要选择的动物就是使 $\mathrm{Max}L_i$ 最小的那个 A_i,即要从 $1 \le i \le N$ 中选择 $i0$,使得 $\mathrm{Max}L_{i0} = \min_i (\mathrm{Max}L_i) = \min_i (\max_j (L_{ij}))$。因此,问题的本质是求任意两个结点间的最短路径长度 L_{ij},可以通过调用 N 次的迪杰斯特拉算法或者直接使用弗洛伊德（Floyed）算法求得。

最后,只有当图不连通时,才会出现只带一种动物不可能完成所有变形要求的情况。

（2）实现要点

因为输入可能是完全图,所以用弗洛伊德算法效果更好,代码 6.15 给出了建立图以及求最短路的实现。在找到所有动物之间变换的最短咒语后,用一个 FindAnimal 函数来找出需要带的动物以及对应的魔咒长度。微视频 6-2 给出了详细讲解,代码 6.16 给出了具体实现。

微视频6-2:
FindAnimal
实现详解

5. 实验参考代码

```c
#include<stdio.h>
#include<stdlib.h>

/*----- 图的定义 -----*/
#define MaxVertexNum 100 /* 最大顶点数设为 100 */
#define INFINITY 65535     /* ∞设为双字节无符号整数的最大值 65 535*/
typedef int Vertex;         /* 用顶点下标表示顶点，为整型 */
typedef int WeightType;   /* 边的权值设为整型 */

/* 边的定义 */
typedef struct ENode *PtrToENode;
struct ENode{
    Vertex V1,V2;       /* 有向边 <V1,V2> */
    WeightType Weight; /* 权重 */
};
typedef PtrToENode Edge;

/* 图结点的定义 */
typedef struct GNode *PtrToGNode;
struct GNode{
    int Nv; /* 顶点数 */
    int Ne; /* 边数   */
    WeightType G[MaxVertexNum][MaxVertexNum]; /* 邻接矩阵 */
};
typedef PtrToGNode MGraph; /* 以邻接矩阵存储的图类型 */
/*----- 图的定义结束 -----*/

MGraph CreateGraph(int VertexNum);
void InsertEdge(MGraph Graph, Edge E);
MGraph BuildGraph();
void Floyd(MGraph Graph, WeightType D[ ][MaxVertexNum]);

WeightType FindMaxDist(WeightType D[ ][MaxVertexNum], Vertex i, int N);
void FindAnimal(MGraph Graph);
```

```
int main()
{
    MGraph G = BuildGraph();
    FindAnimal(G);
    return 0;
}
```

代码 6.14　哈利·波特的考试 – 主函数

```
MGraph CreateGraph(int VertexNum)
{ /* 初始化一个有 VertexNum 个顶点但没有边的图 */
    Vertex V, W;
    MGraph Graph;

    Graph = (MGraph)malloc(sizeof(struct GNode)); /* 建立图 */
    Graph->Nv = VertexNum;
    Graph->Ne = 0;
    /* 初始化邻接矩阵 */
    for(V=0;V<Graph->Nv;V++)
        for(W=0;W<Graph->Nv;W++)
            Graph->G[V][W] = INFINITY;

    return Graph;
}


void InsertEdge(MGraph Graph, Edge E)
{
    /* 插入边 <V1, V2> */
    Graph->G[E->V1][E->V2] = E->Weight;
    /* 若是无向图，还要插入边 <V2, V1> */
    Graph->G[E->V2][E->V1] = E->Weight;
}


MGraph BuildGraph()
{
    MGraph Graph;
```

```
    Edge E;
    int Nv, i;

    scanf("%d", &Nv);   /* 读入顶点个数 */
    Graph = CreateGraph(Nv); /* 初始化有 Nv 个顶点但没有边的图 */

    scanf("%d", &(Graph->Ne));   /* 读入边数 */
    if(Graph->Ne != 0) { /* 如果有边 */
        E = (Edge)malloc(sizeof(struct ENode)); /* 建立边结点 */
        /* 读入边，格式为"起点 终点 权重"，插入邻接矩阵 */
        for(i=0;i<Graph->Ne;i++){
            scanf("%d %d %d", &E->V1, &E->V2, &E->Weight);
            E->V1--;E->V2--; /* 输入编号从 1 开始 */
            InsertEdge(Graph, E);
        }
    }
    return Graph;
}


void Floyd(MGraph Graph,WeightType D[ ][MaxVertexNum])
{
    Vertex i, j, k;

    /* 初始化 */
    for(i=0;i<Graph->Nv;i++)
        for(j=0;j<Graph->Nv;j++)
            D[i][j] = Graph->G[i][j];

    for(k=0;k<Graph->Nv;k++)
        for(i=0;i<Graph->Nv;i++)
            for(j=0;j<Graph->Nv;j++)
                if(D[i][k] + D[k][j] < D[i][j])
                    D[i][j] = D[i][k] + D[k][j];
}
```

源代码6-15：建图与弗洛伊德算法的实现

代码 6.15　建图与弗洛伊德算法的实现

```
WeightType FindMaxDist(WeightType D[ ][MaxVertexNum], Vertex i, int N)
{ /* 找出 i 到其他动物的最长距离 */
    WeightType MaxDist;
    Vertex j;

    MaxDist = 0;
    for(j=0;j<N;j++)
        if(i!=j && D[i][j]>MaxDist) MaxDist = D[i][j];
    return MaxDist;
}

void FindAnimal(MGraph Graph)
{
    WeightType D[MaxVertexNum][MaxVertexNum],MaxDist,MinDist;
    Vertex Animal,i;

    Floyd(Graph,D);

    MinDist = INFINITY;
    for(i=0;i<Graph->Nv;i++){
        MaxDist = FindMaxDist(D, i, Graph->Nv);
        if(MaxDist == INFINITY){ /* 说明有从 i 无法变出的动物 */
            printf("0\n");
            return;
        }
        if(MinDist > MaxDist){ /* 找到最长距离更小的动物 */
            MinDist = MaxDist; Animal = i+1; /* 更新距离，记录编号 */
        }
    }
    printf("%d %d\n", Animal, MinDist);
}
```

源代码6-16:
找出所求的
动物以及输
出函数

代码 6.16 找出所求的动物以及输出函数

6. 实验思考题

如果学校教的直接变形的魔咒很少，那么对应的图中的边就很稀疏。这时弗洛伊德算法还是最好的选择吗？试用迪杰斯特拉算法解决这个问题，并与弗洛伊德算法的效率进行比较。

案例 6-1.7：公路村村通

1. 实验目的

熟练掌握计算最小生成树的克鲁斯卡尔（Kruskal）算法的应用。

2. 实验内容

现有村落间道路的统计数据表中，列出了有可能建设成标准公路的若干条道路的成本，求使每个村落都有公路连通所需要的最低成本。

3. 实验要求

（1）输入说明：输入第 1 行数据包括城镇数目正整数 $N(\leqslant 1\,000)$ 和候选道路数目 $M(\leqslant 3N)$。随后 M 行对应 M 条道路，每行给出 3 个正整数，分别是该条道路直接连通的两个城镇的编号以及该道路改建的预算成本。为简单起见，城镇从 1~N 编号。

（2）输出说明：输出使每个村落都有公路连通所需要的最低成本。如果输入数据不足以保证畅通，则输出 –1，表示需要建设更多公路。

（3）测试用例：

序号	输入	输出	说明
0	6 15 1 2 5 1 3 3 1 4 7 1 5 4 1 6 2 2 3 4 2 4 6 2 5 2 2 6 6 3 4 6 3 5 1 3 6 1 4 5 10 4 6 8 5 6 3	12	一般情况测试

续表

序号	输入	输出	说明
1	3 1 2 3 2	-1	$M<N-1$,不可能有生成树
2	5 4 1 2 1 2 3 2 3 1 3 4 5 4	-1	M 达到 $N-1$,但是图不连通
3	1000 3000 大规模数据构成连通图	略	边界测试:最大 N 和 M,连通
4	1000 3000 大规模数据构成不连通图	-1	边界测试:最大 N 和 M,不连通

4. 实验分析

（1）问题分析

把公路建设成本看成图中对应边的权重。要保证图中 N 个结点的连通,至少需要构建 $N-1$ 条边,使得结点连接成一棵树;而要求成本最低,就意味着 $N-1$ 条边的总权重最小。这个问题就等价于求给定带权图的最小生成树问题。代码 6.17 给出了主函数。

由于题目中说明边的条数最多不超过 $3N$,所以对于充分大的 N,这是一个比较稀疏的图,适合用克鲁斯卡尔算法解决。代码 6.18 给出了稀疏图的邻接表表示法;代码 6.21 给出了经典的克鲁斯卡尔算法实现。该算法非常经典,其算法步骤不再赘述,这里只讨论两个关键步骤的实现:如何快速找出权重最小的边以及判断该边的加入是否会构成回路。

① 快速找出权重最小的边:简单的解决办法是先按边的权重排序,再顺序取出。这种方法取出边比较方便,只要 $O(1)$ 的时间,但排序一般需要的时间复杂度是 $O(M\log M)$。另一种方法是维护一个关于边权重的最小堆,用 $O(M)$ 时间复杂度的算法建立最小堆,每次从堆中取出最小元。这样做的好处是不需要对全部 M 条边进行排序。在最好情况下,如果结果需要的 $N-1$ 条边都排在最前面,只需要 $O(N\log M)$ 的时间就可以得到结果。但是最坏情况下可能比排序算法还要慢,因为问题中的图是比较稀疏的。由于效率比较高的排序算法要在第 7 章才讨论,所以在此使用最小堆解决问题。读者可以在学习了排序算法后,再尝试用简单的方法解决这个问题,并与最小堆解决方案的效率进行比较。

② 判断某边的加入是否会构成回路:一般用并查集来解决这个问题。

（2）实现要点

算法需要分别处理图的边和顶点,对边按权重建立最小堆,将顶点组成并查集。可以直接套用相应的常规函数代码集合。代码 6.19 给出了堆相关的操作集合;代码 6.20 给出了并查集相关的操作集合。

5. 实验参考代码

```c
#include<stdio.h>
#include<stdlib.h>
typedef enum {false,true} bool;

/*------ 图的定义 ------*/
#define MaxVertexNum 1000      /* 最大顶点数设为 1 000 */
typedef int Vertex;            /* 用顶点下标表示顶点，为整型 */
typedef int WeightType;        /* 边的权值设为整型 */

/* 边的定义 */
typedef struct ENode *PtrToENode;
struct ENode{
    Vertex V1,V2;       /* 有向边 <V1,V2> */
    WeightType Weight; /* 权重 */
};
typedef PtrToENode Edge;

/* 邻接点的定义 */
typedef struct AdjVNode *PtrToAdjVNode;
struct AdjVNode{
    Vertex AdjV;         /* 邻接点下标 */
    WeightType Weight;   /* 边权重 */
    PtrToAdjVNode Next;  /* 指向下一个邻接点的指针 */
};

/* 顶点表头结点的定义 */
typedef struct Vnode{
    PtrToAdjVNode FirstEdge; /* 边表头指针 */
} AdjList[MaxVertexNum];     /* AdjList 是邻接表类型 */

/* 图结点的定义 */
typedef struct GNode *PtrToGNode;
struct GNode{
    int Nv;      /* 顶点数 */
```

```
        int Ne;      /* 边数      */
        AdjList G;  /* 邻接表 */
};
typedef PtrToGNode LGraph; /* 以邻接表方式存储的图类型 */

LGraph CreateGraph(int VertexNum);
void InsertEdge(LGraph Graph, Edge E);
LGraph BuildGraph();
/*------ 图的定义结束 ------*/


/*------ 最小堆相关定义 ------*/
typedef struct ENode Elm;

void Swap(Elm *a, Elm *b);
void PercDown(Edge ESet, int p, int N);
void InitializeESet(LGraph Graph, Edge ESet);
int GetEdge(Edge ESet, int CurrentSize);
/*------ 最小堆相关定义结束 ------*/


/*------ 关于顶点的并查集 ------*/
typedef Vertex ElementType; /* 默认元素可以用非负整数表示 */
typedef Vertex SetName;      /* 默认用根结点的下标作为集合名称 */
typedef ElementType SetType[MaxVertexNum];
                        /* 假设集合元素下标从 0 开始 */

void InitializeVSet(SetType S, int N);
void Union(SetType S, SetName Root1, SetName Root2);
SetName Find(SetType S, ElementType X);
/*------ 并查集定义结束 ------*/

bool CheckCycle(SetType VSet, Vertex V1, Vertex V2);
int Kruskal(LGraph Graph);

int main()
{
```

```
    LGraph G = BuildGraph();
    printf("%d\n", Kruskal(G));
    return 0;
}
```

源代码6-17：
公路村村通
问题的主函
数

代码 6.17　公路村村通问题的主函数

```
LGraph CreateGraph(int VertexNum)
{ /* 初始化一个有 VertexNum 个顶点但没有边的图 */
    Vertex V;
    LGraph Graph;

    Graph = (LGraph)malloc(sizeof(struct GNode)); /* 建立图 */
    Graph->Nv = VertexNum;
    Graph->Ne = 0;
    /* 初始化邻接表头指针 */
    for(V=0;V<Graph->Nv;V++)
        Graph->G[V].FirstEdge = NULL;

    return Graph;
}


void InsertEdge(LGraph Graph, Edge E)
{
    PtrToAdjVNode NewNode;

    /* 插入边 <V1, V2> */
    /* 为 V2 建立新的邻接点 */
    NewNode = (PtrToAdjVNode)malloc(sizeof(struct AdjVNode));
    NewNode->AdjV = E->V2;
    NewNode->Weight = E->Weight;
    /* 将 V2 插入 V1 的表头 */
    NewNode->Next = Graph->G[E->V1].FirstEdge;
    Graph->G[E->V1].FirstEdge = NewNode;

    /* 若是无向图，还要插入边 <V2, V1> */
```

```
        /* 为 V1 建立新的邻接点 */
        NewNode = (PtrToAdjVNode)malloc(sizeof(struct AdjV-
Node));
        NewNode->AdjV = E->V1;
        NewNode->Weight = E->Weight;
        /* 将 V1 插入 V2 的表头 */
        NewNode->Next = Graph->G[E->V2].FirstEdge;
        Graph->G[E->V2].FirstEdge = NewNode;
    }


    LGraph BuildGraph()
    {
        LGraph Graph;
        Edge E;
        int Nv,i;

        scanf("%d", &Nv);    /* 读入顶点个数 */
        Graph = CreateGraph(Nv); /* 初始化有 Nv 个顶点但没有边的图 */

        scanf("%d", &(Graph->Ne));   /* 读入边数 */
        if(Graph->Ne != 0){ /* 如果有边 */
            E = (Edge)malloc(sizeof(struct ENode)); /* 建立边结点 */
            /* 读入边, 格式为"起点 终点 权重", 插入邻接矩阵 */
            for(i=0;i<Graph->Ne;i++){
                scanf("%d %d %d",&E->V1,&E->V2,&E->Weight);
                /* 注意: 如果权重不是整型, Weight 的读入格式要改 */
                E->V1--;E->V2--; /* 输入编号从 1 开始 */
                InsertEdge(Graph, E);
            }
        }
        return Graph;
    }
```

源代码6-18:
图相关的操
作函数

代码 6.18　图相关的操作函数

```
void Swap(Elm *a, Elm *b)
{
    Elm t = *a;*a = *b;*b = t;
}


void PercDown(Edge ESet, int p, int N)
{ /* 将 N 个元素的边数组中以 ESet[p] 为根的子堆调整为关于 Weight 的最小堆 */
    int Parent, Child;
    struct ENode X;

    X = ESet[p]; /* 取出根结点存放的值 */
    for(Parent=p;(Parent*2+1)<N;Parent=Child){
        Child = Parent * 2 + 1;
        if((Child!=N-1) &&
            (ESet[Child].Weight>ESet[Child+1].Weight))
                Child++; /* Child 指向左右子结点的较小者 */
            if(X.Weight <= ESet[Child].Weight)
                break; /* 找到了合适位置 */
            else  /* 下滤 X */
                ESet[Parent] = ESet[Child];
    }
    ESet[Parent] = X;
}


void InitializeESet(LGraph Graph, Edge ESet)
{ /* 将图的边存入数组 ESet，并且初始化为最小堆 */
    Vertex V;
    PtrToAdjVNode W;
    int ECount;

    /* 将图的边存入数组 ESet */
    ECount = 0;
    for(V=0;V<Graph->Nv;V++)
        for(W=Graph->G[V].FirstEdge;W;W=W->Next)
            /* 避免重复录入无向图的边，只收 V1<V2 的边 */
```

```
                if(V < W->AdjV){
                    ESet[ECount].V1 = V;
                    ESet[ECount].V2 = W->AdjV;
                    ESet[ECount++].Weight = W->Weight;
                }
        /* 初始化为最小堆 */
        for(ECount=Graph->Ne/2;ECount>=0;ECount--)
            PercDown(ESet, ECount, Graph->Ne);
}


int GetEdge(Edge ESet,int CurrentSize)
{ /* 给定当前堆的大小 CurrentSize，将当前最小边位置弹出并调整堆 */

        /* 将最小边与当前堆的最后一个位置的边交换 */
        Swap(&ESet[0],&ESet[CurrentSize-1]);
        /* 将剩下的边继续调整成最小堆 */
        PercDown(ESet, 0, CurrentSize-1);

        return CurrentSize-1; /* 返回最小边所在位置 */
}
```

源代码6-19：
最小堆相关
的操作函数

代码 6.19 最小堆相关的操作函数

```
void InitializeVSet(SetType S,int N)
{ /* 初始化并查集 */
    ElementType X;
    for(X=0;X<N;X++) S[X] = -1;
}


void Union(SetType S,SetName Root1,SetName Root2)
{ /* 这里默认 Root1 和 Root2 是不同集合的根结点 */
    /* 保证小集合并入大集合 */
    if(S[Root2] < S[Root1]){ /* 如果集合 2 比较大 */
        S[Root2] += S[Root1];       /* 集合 1 并入集合 2 */
        S[Root1] = Root2;
    }
```

```
    else{                             /* 如果集合 1 比较大 */
      S[Root1] += S[Root2];           /* 集合 2 并入集合 1  */
      S[Root2] = Root1;
    }
}


SetName Find(SetType S, ElementType X)
{ /* 默认集合元素全部初始化为 -1 */
    if(S[X] < 0) /* 找到集合的根 */
      return X;
    else
      return S[X] = Find(S, S[X]); /* 路径压缩 */
}
```

源代码6-20:
并查集相关
的操作函数

代码 6.20　并查集相关的操作函数

```
bool CheckCycle(SetType VSet, Vertex V1, Vertex V2)
{ /* 检查连接 V1 和 V2 的边是否在现有的最小生成树子集中构成回路 */
    Vertex Root1, Root2;

    Root1 = Find(VSet, V1); /* 得到 V1 所属的连通集名称 */
    Root2 = Find(VSet, V2); /* 得到 V2 所属的连通集名称 */

    if(Root1==Root2)  /* 若 V1 和 V2 已经连通，则该边不能要 */
      return false;
    else{ /* 否则该边可以被收集，同时将 V1 和 V2 并入同一连通集 */
      Union(VSet, Root1, Root2);
      return true;
    }
}


int Kruskal(LGraph Graph)
{ /* 返回最小生成树权重和 */
    WeightType TotalWeight;
    int ECount, NextEdge;
    SetType VSet; /* 顶点数组 */
```

```
    Edge ESet;    /* 边数组 */

    InitializeVSet(VSet,Graph->Nv); /* 初始化顶点并查集 */
    ESet = (Edge)malloc(sizeof(struct ENode)*Graph->Ne);
    InitializeESet(Graph, ESet); /* 初始化边的最小堆 */
    TotalWeight = 0; /* 初始化权重和        */
    ECount = 0;       /* 初始化收录的边数 */

    NextEdge = Graph->Ne; /* 原始边集的规模 */
    while(ECount < Graph->Nv-1){  /* 当收集的边不足以构成树时 */
       /* 从边集中得到最小边的位置 */
       NextEdge = GetEdge(ESet,NextEdge);
       if(NextEdge < 0) /* 边集已空 */
          break;
       /* 如果该边的加入不构成回路，即两端结点不属于同一连通集 */
       if(CheckCycle(VSet, ESet[NextEdge].V1, ESet[NextEdge].V2)
          == true){
          TotalWeight += ESet[NextEdge].Weight; /* 累计权重 */
          ECount++; /* 生成树中边数加 1 */
       }
    }
    if(ECount < Graph->Nv-1)
       TotalWeight = -1; /* 设置错误标记，表示生成树不存在 */

    return TotalWeight;
}
```

源代码6-21: 克鲁斯卡尔算法的实现

代码 6.21　克鲁斯卡尔算法的实现

6. 实验思考题

如果还要求输出应修的公路（即最小生成树的边），该如何修改程序？

基础实验 6-2.1：列出连通集

1. 实验目的

（1）熟练掌握图的存储与操作。

（2）熟练掌握深度优先遍历和广度优先遍历操作。

2. 实验内容

给定一个有 N 个顶点和 E 条边的无向图，请用深度优先遍历（DFS）和广度优先遍历（BFS）分别列出其所有的连通集。假设顶点从 0 到 $N-1$ 编号。进行搜索时，假设总是从编号最小的顶点出发，按编号递增的顺序访问邻接点。

3. 实验要求

（1）输入说明：输入第 1 行给出 2 个整数 $N（0<N≤10）$ 和 E，分别是图的顶点数和边数。随后 E 行，每行给出一条边的两个端点。每行中的数字之间用一个空格分隔。

（2）输出说明：按照 "$\{ v_1 v_2 \cdots v_k \}$" 的格式，每行输出一个连通集。先输出 DFS 的结果，再输出 BFS 的结果。

（3）测试用例：

序号	输入	输出	说明
0	8 6 0 7 0 1 2 0 4 1 2 4 3 5	{ 0 1 4 2 7 } { 3 5 } { 6 } { 0 1 2 7 4 } { 3 5 } { 6 }	两种遍历顺序有不同，也有相同，有单个顶点
1	10 12 9 6 6 1 4 6 1 4 3 1 8 6 8 2 3 7 4 7 2 5 2 3 4 3	{ 0 } { 1 4 6 8 2 5 3 7 9 } { 0 } { 1 4 6 3 7 8 9 2 5 } { 0 } { 1 4 6 8 2 5 3 7 9 } { 0 } { 1 4 6 3 7 8 9 2 5 }	第 1 个是单独点，最大 N
2	1 0	{ 0 } { 0 }	N 和 E 最小

4. 解决思路

（1）问题分析

首先必须清楚，无论是深度优先遍历还是广度优先遍历，从任一个顶点出发，完成一次遍历后访问到的顶点都是相同的，只是访问的顺序可能不同。每完成一次遍历，就把一个连通集内的顶点都走过了一遍。要列出所有的连通集，只需要用一个循环，对每个尚未被访问过的顶点做一趟遍历，即可列出一个连通集。

（2）实现要点

由于题目中数据的规模很小（ $N \leqslant 10$ ），所以邻接矩阵是首选的表示法。并且由于矩阵下标有序，还自然保证了"按编号递增的顺序访问"。

注意在每次遍历开始前要先输出"{"，遍历中每次"访问"就是按" %d"格式输出，遍历结束后再输出空格、"}"和回车。

5. 实验思考题

试用邻接表存储图完成本题。注意要保持"按编号递增的顺序访问"。

基础实验 6-2.2：汉密尔顿回路

1. 实验目的

熟练掌握图的存储与操作。

2. 实验内容

著名的"汉密尔顿（Hamilton）回路问题"是要找一个能遍历图中所有顶点的简单回路（即每个顶点只访问 1 次）。本题要求判断任一给定的回路是否汉密尔顿回路。

3. 实验要求

（1）输入说明：首先第一行给出两个正整数：无向图中顶点数 N（ $2 < N \leqslant 200$ ）和边数 M。随后 M 行，每行给出一条边的两个端点，格式为"顶点 1　顶点 2"，其中顶点从 1 到 N 编号。再下一行给出一个正整数 K，是待检验的回路的条数。随后 K 行，每行给出一条待检回路，格式如下：

$n\ V_1\ V_2 \cdots V_n$

其中 n 是回路中的顶点数，V_i 是路径上的顶点编号。

（2）输出说明：对每条待检回路，如果是汉密尔顿回路，就在一行中输出"YES"，否则输出"NO"。

（3）测试用例：

序号	输入	输出	说明
0	6 10 6 2 3 4 1 5 2 5 3 1 4 1 1 6 6 3 1 2 4 5 6 7 5 1 4 3 6 2 5 6 5 1 4 3 6 2 9 6 2 1 6 3 4 5 2 6 4 1 2 5 1 7 6 1 3 4 5 2 6 7 6 1 2 5 4 3 1	 YES NO NO NO YES NO	有非闭合、非简单回路、是简单回路但是少顶点
1	6 10 6 2 3 4 1 5 2 5 3 1 4 1 1 6 6 3 1 2 4 5 4 7 1 2 3 4 5 6 1 7 5 1 4 3 6 2 5 7 3 4 5 1 6 2 3 7 5 2 6 1 4 3 5	 NO YES NO NO	有边不存在
2	6 10 6 2 3 4	NO YES	有顶点不在内

续表

序号	输入	输出	说明
2	1 5 2 5 3 1 4 1 1 6 6 3 1 2 4 5 2 7 1 2 5 1 4 3 1 7 5 1 4 3 6 2 5	NO YES	有顶点不在内
3	3 1 1 3 1 1 2	NO	最小数据
4	略	略	最大数据

4. 解决思路

（1）问题分析

一条路径是否汉密尔顿回路,需要检查以下四方面:

① 路径上的顶点数 n 应该正好等于顶点总数加 1,否则不可能构成覆盖**全部顶点**的回路。

② 路径首尾顶点编号必须重合,否则不能**返回起点**。

③ 相邻两个顶点间都有边。

④ 每个顶点只能被访问 1 次。

前 2 个条件都很容易检查。第 3 个需要能很快地判断两个顶点之间是否存在边,则邻接矩阵是个好的选择。第 4 个可以通过设置一个访问标记数组来统计访问次数。

（2）实现要点

可以在读入 K 时就判别第 1 个条件是否满足,但即使发现条件不满足,也不能马上进入下一条的检查,而必须把这一行剩下的输入读完,才能继续。

5. 实验思考题

当顶点很多而边很稀疏时,改用邻接表来表示图,解决这个问题的效率会有很大的提升吗?尝试 10^4 个顶点和 3 倍数量的边,比较两种表示方法对解题效率的影响。

基础实验 6-2.3：拯救 007

1. 实验目的

熟练掌握深度优先遍历的应用。

2. 实验内容

在老电影"007 之生死关头"（Live and Let Die）中有一个情节，007 被毒贩抓到一个鳄鱼池中心的小岛上，他用了一种极为大胆的方法逃脱——直接踩着池子里一系列鳄鱼的大脑袋跳上岸去！（据说当年替身演员被最后一条鳄鱼咬住了脚，幸好穿的是特别加厚的靴子才逃过一劫。）

设鳄鱼池是长宽为 100 米的方形，中心坐标为（0，0），且东北角坐标为（50，50）。池心岛是以（0，0）为圆心、直径 15 米的圆。给定池中分布的鳄鱼的坐标以及 007 一次能跳跃的最大距离，你需要告诉他是否有可能逃出生天。

3. 实验要求

（1）输入说明：首先第一行给出两个正整数：鳄鱼数量 N（$\leqslant 100$）和 007 一次能跳跃的最大距离 D。随后 N 行，每行给出一条鳄鱼的（x, y）坐标。注意：不会有两条鳄鱼待在同一个点上。

（2）输出说明：如果 007 有可能逃脱，就在一行中输出"Yes"，否则输出"No"。

（3）测试用例：

序号	输入	输出	说明
0	14 20 25 −15 −25 28 8 49 29 15 −35 −2 5 28 27 −29 −8 −28 −20 −35 −25 −20 −13 29 −30 15 −35 40 12 12	Yes	有不成功的分支，但连续几次可以到岸；有可以到岸但跳不过去的路径；多连通图

续表

序号	输入	输出	说明
1	4 13 −12 12 12 12 −12 −12 12 −12	No	都可以跳到,但都不到岸
2	1 21 29 0	No	最小 N
3	略	略	最小 D,较大 N;所有鳄鱼都在 y 轴上等距离 1 分布
4	略	略	最大 N 最小 D,复杂情况组合
5	2 15 50 50 50 −50	No	都能到岸,但够不着

4. 解决思路

（1）问题分析

这个问题与图之间的联系不如前面几题那么直接,这有助于理解"图"这个抽象数据结构的本质——如果顶点对应的是一个问题中的对象,那么边就是这些对象之间的关系。两个对象之间如果具有某种联系,就有边相连,而这个关系并不一定如公路、桥梁那么具体。在本题中,007 是否能跳上岸,可以理解为池心岛与岸边有没有可以连通的路径,而构成路径的是一连串鳄鱼的大脑袋。所以可以把鳄鱼当成图中的顶点,池心岛和池岸虽然看上与鳄鱼是完全不同的种类,但在抽象的"图"里,也一样是顶点,因为都是 007 可能落脚的对象。几个顶点能否构成一条逃生路径,取决于 007 能否从一个顶点跳到下一个顶点。换言之,顶点之间"有关系"意味着 007 "有能力"从一个顶点跳到另一个,所以"两点距离不超过 D"就是"两点之间有边"的等价表述。

在将题意转换为图结构之后,解题思路就很简单了,只要从池心岛附近 007 能第一步跳到的鳄鱼开始,对图做个深度优先遍历,在遍历的每一步检查一下是否能到岸即可。如果完成了一次遍历还没有到岸,说明当前的初始鳄鱼不对,再换一条 007 第一步能跳到的、并且之前没有被遍历到的鳄鱼,重新做深度优先遍历。如果所有的鳄鱼都遍历过了,就说明没有生路了。微视频 6-3 给出了算法的详细讲解。

（2）实现要点

在调用深度优先遍历模板时,有两个函数需要特别实现。

① 遍历顶点 V 的每个邻接点：如果是邻接表存储图,常规做法是遍历 V 对应的链表;如果是邻接矩阵存储图,就要遍历矩阵第 V 行,看哪些元素不是 0。而在本题中,根本没必要专

微视频6-3:
拯救007算法详解

门存储图,只要遍历所有顶点,判断其与 V 的距离是否不超过 D 即可。

② 如何知道 007 可以得救? 在进行遍历时,对每个顶点的"访问"除了要将访问标识 Visited 设置为 1 以外,还应该计算一下这个顶点(鳄鱼)到四池边的距离是不是不超过 D。如果是,那么 007 就得救了,不必继续递归,直接返回成功的信号即可。

5. 实验思考题

(1)如果用广度优先搜索,是否也可以解决问题? 与深度优先搜索有什么区别?

(2)为什么在前面的题目中,要解决问题都必须构建并存储一个图结构,而本题不需要存储图?

基础实验 6-2.4：六度空间

1. 实验目的

(1)熟练掌握图的存储结构。

(2)熟练掌握图的广度优先遍历。

2. 实验内容

"六度空间"理论又称为"六度分隔"(Six Degrees of Separation)理论。这个理论可以通俗地阐述为:"你和任何一个陌生人之间所间隔的人不会超过 6 个,也就是说,最多通过 5 个人你就能够认识任何一个陌生人。"如图 6.4 所示。

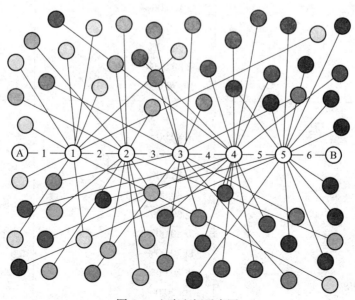

图 6.4　六度空间示意图

"六度空间"理论虽然得到广泛的认同,并且正在得到越来越多的应用。数十年来,试图验证这个理论始终是许多社会学家努力追求的目标。然而由于历史的原因,这样的研究具有太大的局限性和困难。随着当代人的联络主要依赖于电话、短信、微信以及因特网上即时通信等工具,能够体现社交网络关系的数据已经逐渐使得"六度空间"理论的验证成为可能。

假如给你一个社交网络图,请你对每个结点计算符合"六度空间"理论的结点占结点总数的百分比。

3. 实验要求

(1)输入说明:输入第1行给出两个正整数,分别表示社交网络图的结点数 N($1 < N \le 1\,000$,表示人数)和边数 M($\le 33 \times N$,表示社交关系数)。随后的 M 行对应 M 条边,每行给出一对正整数,分别是该条边直接连通的两个结点的编号(结点从 1~N 编号)。

(2)输出说明:对每个结点输出与该结点距离不超过6的结点数占结点总数的百分比,精确到小数点后2位。每个结点输出一行,格式为"结点编号:(空格)百分比 %"。

(3)测试用例:

序号	输入	输出	说明
0	10 9 1 2 2 3 3 4 4 5 5 6 6 7 7 8 8 9 9 10	1: 70.00% 2: 80.00% 3: 90.00% 4: 100.00% 5: 100.00% 6: 100.00% 7: 100.00% 8: 90.00% 9: 80.00% 10: 70.00%	简单情况
1	10 8 1 2 2 3 3 4 4 5 5 6 6 7 7 8 9 10	1: 70.00% 2: 80.00% 3: 80.00% 4: 80.00% 5: 80.00% 6: 80.00% 7: 80.00% 8: 70.00% 9: 20.00% 10: 20.00%	不连通的情况

序号	输入	输出	说明
2	11 10 1 2 1 3 1 4 4 5 6 5 6 7 6 8 8 9 8 10 10 11	1: 100.00% 2: 90.91% 3: 90.91% 4: 100.00% 5: 100.00% 6: 100.00% 7: 100.00% 8: 100.00% 9: 100.00% 10: 100.00% 11: 81.82%	一般情况
3	2 1 1 2	1: 100.00% 2: 100.00%	边界测试：最小 N 和 M
4	1 000 个结点，33 000 个社交关系数	略	边界测试：最大 N 和 M

4. 解决思路

（1）问题分析

"六度空间"理论说的是"任何两个陌生人之间所间隔的人不会超过 6 个，也就是说，最多通过 5 个人你就能够认识任何一个陌生人。"显然，可以把社交网络看成一个不带权的无向图。采用图论中的术语，可以把问题描述为"任何两个结点之间的路径长度不会超过 6"。更进一步地可以说，"从任何结点出发，用广度优先搜索（BFS）得到的搜索树的高度不会超过 6"。

现实情况的复杂性远远超过人们的"猜想"。一方面，现在地球上一个与世隔绝、自给自足的原始部落并非完全不存在，如果考虑他们也是人类，那么"六度空间"理论将不正确。另一方面，即便只考虑通常意义下的"社会人"，由于社交方式多样性和取得完整数据的困难性（比如生活在一起的母子从来不打电话和网上联系，很难取得他们"认识"的关系数据），也会导致对这个命题的任何验证都不是完全和充分的。

因此，把验证"六度空间"理论改成计算"到某个结点的距离不超过 6 的结点总数占所有结点数的百分比"是一个比较现实的做法。"每个社会人"的这个"百分比"如果都能达到98%（或者 99%），是不是也可以认为"六度空间"理论基本成立？

接下去要做的是，对每个结点来说，要统计"到该结点的距离不超过 6 的结点总数（包括该结点）"。实际上它就是从一个结点开始,用广度优先搜索"6层"访问到的不同结点的总数。

（2）实现要点

图的存储有邻接矩阵和邻接表两种。由于本题给出边数的上界不超过结点数的 33 倍,且结点数最多可达 1 000,即相对于人数而言,庞大的社交网络的关系数远远达不到稠密图,所以选择用邻接表来做图的存储比较合理。

如果考虑社交网络非常巨大,人数和边、关系数可以达到几百万甚至数亿,程序中关于结点编号和计数变量等都应该用 unsigned long int 类型比较合适。

微视频6-4:
六度空间算
法详解

广度优先搜索（BFS）需要一个工作队列,用于存放待扩展的结点。在本题中扩展到"6层"以后的结点就不需要再进队列了。等到队列空了,计数过程就结束。而如何知道现在访问的结点是第几层的? 这就需要想办法知道这一层的开头和结尾,当访问到本层结尾时,令层数加 1。微视频 6-4 给出了详细讲解。

尽管社交网络图不大可能是不连通的（否则与六度空间理论矛盾）,但是从算法的角度看,不连通并不是需要单独考虑的特例。

5. 实验思考题

（1）如果题目要求改为对任一给定结点,输出其可以通过不超过 5 个人"间接"认识的陌生人,该如何修改程序?

（2）用深度优先遍历是否也可以解决这个问题? 可能遇到什么困难?

基础实验 6-2.5: 城市间紧急救援

1. 实验目的

（1）熟练掌握图的存储与操作。

（2）熟练掌握迪杰斯特拉（Dijkstra）单源最短路算法的应用。

2. 实验内容

作为一个城市的应急救援队伍的负责人,你有一张特殊的全国地图。在地图上显示有多个分散的城市和一些连接城市的快速道路。每个城市的救援队数量和每一条连接两个城市的快速道路长度都标在地图上。当其他城市有紧急求助电话给你时,你的任务是带领你的救援队尽快赶往事发地,同时,一路上召集尽可能多的救援队。

3. 实验要求

（1）输入说明:输入第 1 行给出 4 个正整数 N、M、S、D,其中 N（$2 \leqslant N \leqslant 500$）是城市的个数,顺便假设城市的编号为 0~（N-1）;M 是快速道路的条数;S 是出发地的城市编号;D 是目的地的城市编号。第 2 行给出 N 个正整数，其中第 i 个数是第 i 个城市的救援队的数目，数字间以空格分隔。随后的 M 行中，每行给出一条快速道路的信息，分别是城市 1、城市 2、快速道路的长度，中间用空格分开，数字均为整数且不超过 500。输入保证救援可行且最优解唯一。

（2）输出说明：第 1 行输出最短路径的长度和能够召集的最多的救援队数量。第 2 行输出从 S 到 D 的路径中经过的城市编号。数字间以空格分隔，输出结尾不能有多余空格。

（3）测试用例：

序号	输入	输出	说明
0	4 5 0 3 20 30 40 10 0 1 1 1 3 2 0 3 3 0 2 2 2 3 2	2 60 0 1 3	一般情况测试：救援队最多的路不是最短路；输出 2 条最短路中可获得最多救援的
1	8 10 0 1 2 1 5 1 1 1 1 3 0 4 1 0 3 2 0 7 1 4 5 1 3 2 1 7 3 1 3 6 1 2 1 1 1 6 1 2 5 1	5 12 0 7 3 2 1	一般情况测试：5 条不同的最短路
2	2 1 0 1 2 1 1 0 2	1 3 0 1	边界测试：最小 N 和 M
3	500 124750 0 499 随机数据构成完全图	略	边界测试：最大 N 和 M

4. 解决思路

（1）问题分析

该问题与案例 6-1.5 颇为相似，都是使某种附加条件最优的最短路径的计算，所以都可以用解决单源最短路问题的迪杰斯特拉算法加以改进。重要的区别是，本题要求输出的不是最短路径的长度,而是有多少条等长的最短路,并且选择其中可以集结最多救援队的路径进行输出。

问题涉及两组数据的统计,分别是等长最短路的条数以及沿着某路径能集结到的救援队数量。

① 关于集结救援队:在案例 6-1.5 中,在判断是否更新最短路时,为费用增加了一个判断,即只有当经过新结点的路径比当前最短路径长,或者虽然长度相等但是费用没有减少时,才不更新路径,否则都需要更新路径。本题在考虑救援队数量问题时也是类似的,当新加入的结点带来等长最短路径时,需要比较该路径能集结的救援队是否更多,如果是,则也需要更新路径。

② 关于最短路条数统计:需要记录从 S 到每个结点的最短路的条数,这些记录初始化为 0,S 的记录初始化为 1。每当发现一个结点的新的更短路径时,其 "最短路径条数" 等同于该路径上前驱结点的 "最短路径条数"(注意:这里不是更新为 1);而发现等长最短路径时,其 "最短路径条数" 应该加上该路径上前驱结点的 "最短路径条数"(注意:这里不是当前路径条数加 1)。

另外,本题还要求输出路径上的城市编号,于是还需要存储路径上每个结点的前驱结点,最后从终点 D 开始,不断回溯找前驱结点,直到找到起点 S 为止,就得到了整条路径的结点序列。不过这样得到的路径序列是反向的,即是从 D 到 S 的,输出时要注意从序列尾开始反向输出。

(2)实现要点

输入有可能是完全图,所以用邻接矩阵表示比较方便。与案例 6-1.5 相似,需要同时存储边的距离 Dist 和救援队数量 Team。另外在迪杰斯特拉算法的实现中,还需要增加一个数组 team[ ],记录当前路径集结的救援队数量;用数组 count[ ] 记录每个结点最短路径的条数;并且用另一个数组 path[ ] 记录路径中每个结点的前驱结点。当最短路径需要更新时,不仅要更新最短路径长度 dist[ ],还需要更新 team[ ]、count[ ] 和 path[ ]。

5. 实验思考题

如果快速道路非常少,那么对应的图中的边就很稀疏。这时邻接矩阵就不是表示图的最好选择了。试用邻接表解决这个问题。

基础实验 6-2.6: 最短工期

1. 实验目的

(1)熟练掌握图的存储与操作。
(2)熟练掌握拓扑排序算法的应用。

2. 实验内容

一个项目由若干个任务组成,任务之间有先后依赖顺序。项目经理需要设置一系列里程碑,在每个里程碑节点处检查任务的完成情况,并启动后续的任务。现给定一个项目中各个任务之间的关系,请你计算出这个项目的最早完工时间。

3. 实验要求

(1)输入说明:首先第一行给出两个正整数:项目里程碑的数量 $N(\leqslant 100)$ 和任务总数 M。这里的里程碑从 0 到 $N-1$ 编号。随后 M 行,每行给出一项任务的描述,格式为"任务起始里程碑 任务结束里程碑 工作时长",三个数字均为非负整数,以空格分隔。

(2)输出说明:如果整个项目的安排是合理可行的,在一行中输出最早完工时间;否则输出"Impossible"。

(3)测试用例:

序号	输入	输出	说明
0	9 12 0 1 6 0 2 4 0 3 5 1 4 1 2 4 1 3 5 2 5 4 0 4 6 9 4 7 7 5 7 4 6 8 2 7 8 4	18	一般情况。有 0 边;单个起点和单个终点
1	4 5 0 1 1 0 2 2 2 1 3 1 3 4 3 2 5	Impossible	有环,不可能
2	11 14 1 2 14 1 3 13 2 4 5 3 4 5 4 5 9	37	多个起点和多个终点

续表

序号	输入	输出	说明
2	4 6 6 5 7 5 6 7 6 8 3 17 9 3 17 9 10 16 4 10 2 10 6 5 6 0 8	37	多个起点和多个终点
3	略	略	最大 N，不可行
4	略	略	最大 N，可行

4. 解决思路

（1）问题分析

该问题的模型是一个有向图。里程碑就是图中的顶点；顶点之间有向边 <a, b> 表示一项任务，只有到达里程碑 a 的所有任务都完成以后，才能启动这个任务，完成后到达里程碑 b；完成这个任务需要的时长可以表示为边上的权重。

一个项目是否可行的充分必要条件是对应的有向图是否没有回路，可采用拓扑排序算法解决：从任一不依赖任何任务的起始里程碑出发，逐一删除此类顶点以及从该顶点发出的任务。又因为每个里程碑下一步启动的任务必须等所有上一步的前序任务都完成才能开始，所以每个顶点的最早结束时间应该是其前序顶点的最早结束时间加前序任务的工作时长。如果某个里程碑有多个前序任务，则应该取所有结束时间的最大值。如果这种策略可以一直执行到所有顶点都被删除，则说明图中没有环；否则必然在某一步发现剩下的所有顶点都有前序顶点，于是其中一定存在环路。拓扑排序算法需用 $O(|E|+|V|)$ 的时间进行判定。

（2）实现要点

实际问题中描述这种依赖关系的有向图一般是稀疏图，所以存储结构选择邻接表比较好。不过对于数量不大的 N 来说，邻接矩阵存储也是可行的。

为了避免每次找不依赖任何任务的顶点时都需要扫描所有结点，提高效率的关键是引入一个堆栈（也可以用一个队列来替代），动态存放"入度为 0"的顶点，所以需要一个变量存储顶点的入度。这样每次只要直接从堆栈中弹出顶点即可。在删除该顶点发出的边时，如果发现与之相邻的某个顶点因此入度为 0 了，则将该顶点入栈。

另外要注意,起始点(没有前序任务的初始里程碑)和终点(没有后续任务的里程碑)都可能不止一个,所以将起始点入栈时不能假设找到一个入度为 0 的顶点就好了,必须扫描所有顶点;同样道理,不能认为最后出栈的顶点中保存的就一定是最早结束时间,最后需要扫描所有顶点的最早结束时间,确保输出的是最大值。

5. 实验思考题

如果有 10 万个里程碑顶点,但最后只有 2 个终点,则用扫描全部顶点的办法找最早结束时间比较大的那个顶点显然相当浪费。可以再加一个堆栈(或队列),将所有的终点入栈,则最后只需要检查这个栈里的顶点就可以了。试实现这种思路。

进阶实验 6-3.1: 红色警报

1. 实验目的

(1)熟练掌握图的存储与操作。
(2)熟练掌握深度优先遍历的应用。

2. 实验内容

战争中保持各个城市间的连通性非常重要。本题要求编写一个报警程序,当失去一个城市导致国家被分裂为多个无法连通的区域时,就发出红色警报。注意:若该国本来就不完全连通,是分裂的 k 个区域,而失去一个城市并不改变其他城市之间的连通性,则不要发出警报。

3. 实验要求

(1)输入说明:输入在第一行给出两个整数 $N(0<N \leqslant 500)$ 和 $M(\leqslant 5\,000)$,分别为城市个数(于是默认城市从 0 到 $N-1$ 编号)和连接两城市的通路条数。随后 M 行,每行给出一条通路所连接的两个城市的编号,其间以 1 个空格分隔。在城市信息之后给出被攻占的信息,即一个正整数 K 和随后的 K 个被攻占的城市的编号。

注意:输入保证给出的被攻占的城市编号都是合法的且无重复,但并不保证给出的通路没有重复。

(2)输出说明:对每个被攻占的城市,如果它会改变整个国家的连通性,则输出 "Red Alert: City k is lost!",其中 k 是该城市的编号;否则只输出 "City k is lost." 即可。如果该国失去了最后一个城市,则增加一行输出 "Game Over."。

(3)测试用例:

序号	输入	输出	说明
0	5 4 0 1 1 3 3 0 0 4 5 1 2 0 4 3	City 1 is lost. City 2 is lost. Red Alert: City 0 is lost! City 4 is lost. City 3 is lost. Game Over.	三种输出全测试
1	8 10 7 1 3 7 1 2 2 3 2 5 2 6 2 0 5 6 5 0 6 0 4 4 2 0 7	City 4 is lost. Red Alert: City 2 is lost! City 0 is lost. Red Alert: City 7 is lost!	失去孤独点、原始关节点、原始非关节点、原始非关节但后来变成关节点
2	略	略	最大规模数据
3	1 0 1 0	City 0 is lost. Game Over.	最小规模数据
4	略	略	大规模星形图,只有一个中心顶点

4. 解决思路

（1）问题分析

在处理被攻占的城市之前,首先把国家初始化为一个无向图,其中城市是顶点,道路是边。用一个循环处理每个被攻占的城市,先将这个城市从图中删除,再数一下现在图中有多少连通集。如果当前连通集的数目比删除以前大了,就发出红色警报,否则只报告删除事件。因为输入保证给出的被攻占的城市编号都是合法的且无重复,所以当所有被攻陷的城市都处理完后,如果 K 等于顶点总数,就说明“Game Over”了。题目涉及的操作有两个。

① 从无向图中删除一个顶点 V，同时也就删除了与之相连的所有边。这个操作的效率与图的表示法有直接关系：如果用邻接矩阵，需要遍历第 V 行和第 V 列，将整行整列设为 0；若用邻接表，不仅需要将 V 对应的链表上每个顶点删除，还要判断将 V 从哪些顶点的链表中删除。相比之下，邻接矩阵表示法更为简单。

② 统计无向图中的连通集个数：一般数连通集有两种做法，一是用并查集，二是用图的遍历。本问题中已经建立了图结构，所以用深度优先遍历是最简便的方法。

（2）实现要点

注意在深度优先遍历中会用 Visited 来标识已经访问过的顶点，避免重复访问。但在一个顶点被删除之后，进行下一次遍历之前一定要记得把 Visited 标记复原。

另外，当一个顶点被删除后，不能被当成一个独立连通集来参与计数。所以需要为每个顶点再加一个"是否已被删除"的标记。在进行遍历时，必须跳过已经被删除的顶点。

5. 实验思考题

* 如果问题改为判断攻占哪些城市会触发红色警报，该如何设计算法？

进阶实验 6-3.2：社交网络图中结点的"重要性"计算

1. 实验目的

（1）熟练掌握图的存储与操作。
（2）熟练掌握广度优先搜索。
（3）了解图的应用。

2. 实验内容

在社交网络中，个人或单位（结点）之间通过某些关系（边）联系起来。他们受到这些关系的影响，这种影响可以理解为网络中相互连接的结点之间蔓延的一种相互作用，可以增强也可以减弱。而结点根据其所处的位置不同，其在网络中体现的重要性也不尽相同。

"紧密度中心性"是用来衡量一个结点到达其他结点的"快慢"的指标，即一个有较高中心性的结点比有较低中心性的结点能够更快地（平均意义下）到达网络中的其他结点，因而在该网络的传播过程中有更重要的价值。在有 N 个结点的网络中，结点 v_i 的"紧密度中心性" $Cc(v_i)$ 数学上定义为 v_i 到其余所有结点 $v_j(j \neq i)$ 的最短距离 $d(v_i, v_j)$ 的平均值的倒数：

$$Cc(v_i) = \left[\frac{1}{N-1} \sum_{i \neq j}^{N} d(v_i, v_j) \right]^{-1} = \frac{N-1}{\sum_{i \neq j}^{N} d(v_i, v_j)} \qquad （公式 6.1）$$

对于非连通图，所有结点的紧密度中心性都是 0。

本实验给定一个无权的无向图以及其中的一组结点，要求计算这组结点中每个结点的紧密度中心性。

3. 实验要求

（1）输入说明：输入第1行给出两个正整数 N 和 M，其中 $N(\leqslant 10^3)$ 是图中结点个数，顺便假设结点从 1~N 编号；$M(\leqslant 10^4)$ 是边的条数。随后的 M 行中，每行给出一条边的信息，即该边连接的两个结点编号，中间用空格分隔。最后一行给出需要计算紧密度中心性的这组结点的个数 $K(\leqslant 100)$ 以及 K 个结点编号，用空格分隔。

（2）输出说明：按照"Cc(i)=x.xx"的格式输出 K 个给定结点的紧密度中心性，每个输出占一行，结果精确到小数点后2位。

（3）测试用例：

序号	输入	输出	说明
0	9 14 1 2 1 3 1 4 2 3 3 4 4 5 4 6 5 6 5 7 5 8 6 7 6 8 7 8 7 9 3 3 4 9	Cc(3)=0.47 Cc(4)=0.62 Cc(9)=0.35	一般情况测试
1	5 8 1 2 1 3 1 4 2 3 3 4 4 5 2 5 3 5 2 4 3	Cc(4)=0.80 Cc(3)=1.00	紧密度中心性取到最大值1：结点3到其余结点距离都是1，其紧密度中心性达到最大

序号	输入	输出	说明
2	6 8 1 2 1 3 1 4 2 3 3 4 4 5 2 5 3 5 2 4 3	Cc(4)=0.00 Cc(3)=0.00	非连通图,紧密度中心性都是0
3	1000　10000 10000 条不重复随机边 100 个随机结点	略	边界测试: 最大 N 和 M

4. 解决思路

（1）问题分析

某个结点的"紧密度中心性"的计算,是基于该结点到其余所有结点的最短距离的计算。可以用弗洛伊德算法先算出所有点对之间的最短距离,再对需要计算的结点计算其紧密度中心性。但是题目只要对最多 100 个结点计算它们到其他结点的最短距离,而图中可以有多达 10^3 个结点——为了 10% 的结点去计算全图的点对最短距离,实在是很浪费。也可以考虑调用 100 次计算带权图的单源最短距离的迪杰斯特拉算法,其时间复杂度是 $O(|V|^2)$,稀疏图可以改进为 $O(|E|\log|V|)$。然而本题特别给出了一个无权图——当然无权图可以看作边上权值是 1 的带权图,从而可以由迪杰斯特拉算法解决,但是,无权图是不是可以有更快捷的方法解决最短距离问题呢? 回答是肯定的。

注意到广度优先遍历图时,遍历结点的顺序是"由近及远"一层一层展开的。如果从某个起点开始执行广度优先遍历,则这个遍历的"层数"刚好就是要计算的其他结点与起点之间的最短距离。这种方法的时间复杂度仅仅是 $O(|E|+|V|)$,比调用迪杰斯特拉算法的效率要高。

（2）实现要点

输入最多有 10^3 个结点,但最多只有 10^4 条边,是一个非常稀疏的图,所以用邻接表存储是正确的选择。

标准的广度优先遍历算法需要用一个数组 Visited[ ] 标记每个结点是否已经被访问过; 同时还需要一个数组 D[ ] 来记录每个结点到起点的距离,即广度优先遍历到该结点的层数。

一次遍历后,如果图是连通的(即所有结点都被访问过),就可以根据 D[ ]的值按照公式 6.1 进行计算了。

注意:如果在对第 1 个结点执行广度优先遍历时,发现图不连通,则程序可以立刻开始输出全部结点的紧密度中心性为 0。如果第 1 个结点计算完成后发现图是连通的,则在以后执行广度优先遍历后,应该都不需要重复判断图的连通性,而是直接开始按照公式 6.1 进行计算。要做到这一点,可以采用很多不同方法,例如在实现广度优先遍历函数时,传入一个特殊的标识参数,在函数内根据该参数判断图的连通性是否已知;或者也可以先用一个单独的函数专门判断图的连通性(例如用并查集判断),只有当图连通时才执行广度优先遍历函数,否则直接输出全为 0 的结果。

5. 实验思考题

社交网络图中结点的"重要性"还可以通过其他因素来体现。例如,结点的"介数"表示一个网络中经过该结点的最短路径的数量。一个结点的介数越大,其在结点之间的通信中所起的作用也越大。为了更准确地衡量这种作用,一般采用结点的"介数中心性"来描述:

$$C_B(v_i) = \sum_{v_s \neq v_i \neq v_t \in V, s < t} \frac{\sigma_{st}(v_i)}{\sigma_{st}} \qquad (公式\ 6.2)$$

其中,σ_{st} 表示结点 v_s 到 v_t 之间存在的最短路径总数量,$\sigma_{st}(v_i)$ 表示这些最短路径中经过结点 v_i 的路径的数量,即 v_i 的介数。

另外,还定义从 v_s 开始的最短路径对结点 v_i 的依赖度为 $\delta_s(v_i) = \sum_{v_i \in V} \frac{\sigma_{st}(v_i)}{\sigma_{st}}$。

请考虑如何计算一个结点的"介数"? 又如何计算一个结点的"介数中心性"?

进阶实验 6-3.3:天梯地图

1. 实验目的

(1)熟练掌握图的存储与操作。
(2)熟练掌握迪杰斯特拉算法的应用。

2. 实验内容

本题是 2016 年举办的首届"中国高校计算机大赛——团体程序设计天梯赛"初赛真题。要求实现一个天梯赛专属在线地图,队员输入自己学校所在地和赛场地点后,该地图应该推荐两条路线:一条是最快到达路线;一条是最短距离的路线。题目保证对任意的查询请求,地图上都至少存在一条可达路线。

3. 实验要求

（1）输入说明：输入在第一行给出两个正整数 N（$2 \leqslant N \leqslant 500$）和 M，分别为地图中所有标记地点的个数和连接地点的道路条数。随后 M 行，每行按如下格式给出一条道路的信息：

`V1 V2 one-way length time`

其中 V1 和 V2 是道路的两个端点的编号（从 0 到 $N-1$）；如果该道路是从 V1 到 V2 的单行线，则 one-way 为 1，否则为 0；length 是道路的长度；time 是通过该路所需的时间。最后给出一对起点和终点的编号。

（2）输出说明：首先按下列格式输出最快到达的时间 T 和用结点编号表示的路线：

`Time = T: 起点 => 结点 1 => … => 终点`

然后在下一行按下列格式输出最短距离 D 和用结点编号表示的路线：

`Distance = D: 起点 => 结点 1 => … => 终点`

如果最快到达路线不唯一，则输出几条最快路线中最短的那条，题目保证这条路线是唯一的。而如果最短距离的路线不唯一，则输出途径结点数最少的那条，题目保证这条路线是唯一的。

如果这两条路线是完全一样的，则按下列格式输出：

`Time = T;Distance = D: 起点 => 结点 1 => … => 终点`

（3）测试用例：

序号	输入	输出	说明
0	10 15 0 1 0 1 1 8 0 0 1 1 4 8 1 1 1 5 4 0 2 3 5 9 1 1 4 0 6 0 1 1 7 3 1 1 2 8 3 1 1 2 2 5 0 2 2 2 1 1 1 1 1 5 0 1 3 1 4 0 1 1 9 7 1 1 3 3 1 0 2 5 6 3 1 2 1 5 3	Time = 6: 5 => 4 => 8 => 3 Distance = 3: 5 => 1 => 3	最快并列取最短，大于真正最短距离 D；最短并列取最少，正好也是最快，但用时超过真正最短时间

序号	输入	输出	说明
1	7 9 0 4 1 1 1 1 6 1 3 1 2 6 1 1 1 2 5 1 2 2 3 0 0 1 1 3 1 1 3 1 3 2 1 2 1 4 5 0 2 2 6 5 1 2 1 3 5	Time = 3；Distance = 4: 3 => 2 => 5	只输出1条路线
2	10 12 0 6 1 5 2 0 5 1 3 6 0 7 1 2 1 6 3 1 3 1 6 2 1 5 2 5 2 1 4 7 7 8 1 1 1 8 4 1 3 1 4 2 1 1 1 3 1 1 2 2 1 9 1 2 1 2 9 1 1 1 0 9	Time = 5: 0 => 7 => 8 => 4 => 2 => 9 Distance = 8: 0 => 5 => 2 => 9	最快并列取最短,距离等于最短 D,但结点多;最短并列取最少,但非最快;路径有部分重合
3	2 1 1 0 1 5 1 1 0	Time = 1；Distance =5: 1 => 0	最小规模,输出一条直达
4	略	略	最大规模,随机完全图

4. 解决思路

（1）问题分析

该问题与案例6–1.5、基础实验6–2.5是同一类问题,都是使某种附加条件最优的最短路径的计算，所以都可以用解决单源最短路问题的迪杰斯特拉算法加以改进。与前两题的区别是，本题要求输出两种意义上的"最短路"，对应不同的边权重定义：一种权重是时间，另一种权重是距离。

① 关于最短时间路径：在判断是否更新最短时间路径时，为距离增加一个判断，即只有当经过新结点的时间路径比当前最短路径长，或者虽然长度相等但是距离没有减少时，才不更新路径，否则都需要更新路径。

② 关于最短距离路径：需要记录从 S 到每个顶点的最短路上顶点的个数，这些记录初始化为无穷大，S 的记录初始化为 0。每当发现一个顶点的新的更短距离路径时，其"最小顶点数"等同于该路径上前驱结点的"最小顶点数 +1"（注意：这里不是更新为前驱结点的最小顶点数）；而发现等长最短路径时，其"最小顶点数"应该更新为该路径上前驱结点的"最小顶点数 +1"（注意：这里不是前驱结点的最小顶点数）。

至于输出路径上的城市编号，与基础实验 6-2.5 基本相同，不再赘述。只是在输出路径之前，需要先把两条路径都保存起来，做一个比对，当两条路径完全重合时，只输出一次。

（2）实现要点

输入有可能是完全图，所以用邻接矩阵表示比较方便。与案例 6-1.5 相似，需要同时存储边的距离 Dist 和耗时 Time。另外在迪杰斯特拉算法的实现中，由于要把该算法执行两遍，但两种最短路的附加条件的处理方式不同，所以可以分别为每种路径写一个不同的函数，即执行两个不同版本的迪杰斯特拉算法。

5. 实验思考题

＊ 可以将附加条件的处理分解出来，用单独的函数去实现，然后将处理函数作为参数传给迪杰斯特拉算法。这样以后无论怎样变换附加条件，都不需要修改迪杰斯特拉函数，只要实现不同的附加条件处理函数即可。请尝试实现这种函数的分解。

进阶实验 6-3.4：拯救 007（升级版）

1. 实验目的

（1）熟练掌握图的存储与操作。
（2）熟练掌握深度优先遍历的运用。
（3）熟练掌握弗洛伊德算法的应用。

2. 实验内容

本题的背景与基础实验 6-2.3 一样，就不重复描述了。区别是最后的目标，需要给 007 指一条最短的逃生路径——所谓"最短"是指 007 要跳跃的步数最少。

3. 实验要求

（1）输入说明：首先第一行给出两个正整数：鳄鱼数量 N（$\leqslant 100$）和 007 一次能跳跃的最大距离 D。随后 N 行，每行给出一条鳄鱼的 (x, y) 坐标。注意：不会有两条鳄鱼待在同一个点上。

（2）输出说明：如果 007 有可能逃脱，首先在第一行输出 007 需要跳跃的最少步数，然后从第二行起，每行给出从池心岛到岸边每一步要跳到的鳄鱼的坐标 (x, y)。如果没可能逃脱，就在第一行输出 0 作为跳跃步数。如果最短路径不唯一，则输出第一跳最近的那个解，题目保证这样的解是唯一的。

（3）测试用例：

序号	输入	输出	说明
0	17 15 10 −21 10 21 −40 10 30 −50 20 40 35 10 0 −10 −25 22 40 −40 −30 30 −10 22 0 11 25 21 25 10 10 10 10 35 −30 10	4 0 11 10 21 10 35	多条最短路。同一点有多路，最近点无路，多连通
1	4 13 −12 12 12 12 −12 −12 12 −12	0	聚集型，均离岸远

续表

序号	输入	输出	说明
2	5 10 45 40 0 −50 −10 50 50 −45 −50 −50	0	分散型，均跳不到，有在角上
3	4 20 7 0 10 0 30 0 50 0	3 10 0 30 0	有一只在岸上，有一只在岛上，不能算在内
4	略	略	最大 N，可选路径 8 条，后面要更新前面的最短路
5	1 50 2 30	1	最小 N，一步跳到岸

4. 解决思路

（1）问题分析

在基础实验 6-2.3 中，不需要存储图结构，因为每条边只会被检查一次，没有记忆的必要。但这道题就不同了，因为可能存在很多条等长的最短路，要从中挑出满足起跳距离最近的那组解（注意不是从距离最近的鳄鱼起跳就一定有解），所以有必要把边的信息存起来。另一方面，如果为每条最短路存一个结构，其实是件比较麻烦的事情，不如直接用一个矩阵存下图中任意两点间的最短路，处理起来会比较简单。基于上述考虑，用邻接矩阵表示图，并且用弗洛伊德算法求出任意两点间最短路就成了一个方便的选择。

解题需要完成以下几个任务。

① 建图：可以改造基础实验 6-2.3 中做过的深度优先遍历，对于每个顶点 W，检查是否可以从 V 跳到 W，如果可以，就将两者对应的邻接矩阵元素设为 1，表示有边。另外，可将 4 条岸边看成一个编号最大的顶点 N，如果从 V 可以跳上岸，就将 V 到 N 的边设为 1。这样当完成了对所有顶点的深度优先遍历后，一个图的邻接矩阵也就建好了。

② 收集所有第一步能跳到的鳄鱼，将其编号存在一个临时数组 first 里。如果不存在这样的鳄鱼，就直接知道不可能逃生了。

③ 用弗洛伊德算法求出任意两点间最短路，之后遍历每条 first 中的鳄鱼，找其中到岸

（即编号为 N 的顶点）的距离最小值。如果有并列距离，则保存跳跃距离最小的。

④ 打印出最终的路径。这里需要用一个矩阵 path 存储两点间经过的顶点编号，例如 path[V][W]=U，意味着 V 到 W 的最短路经过 U。最后只要递归地输出 V 到 U 的路径，再输出 U，再递归输出 U 到 W 的路径即可。

（2）实现要点

注意对一些特殊情况的处理，比如可以一步跳上岸，或忽略待在岛上和岸上的鳄鱼等。

5. 实验思考题

本题实际上是求无权图最短路的问题，用广度优先算法也可以解决。试给出广度优先算法的解。

进阶实验 6–3.5：关键活动

1. 实验目的

（1）熟练掌握图的存储与操作。
（2）掌握有向无环图的关键路径和关键活动的计算方法。

2. 实验内容

本实验项目是基础实验 6–2.6 的深化。最短工期问题中，有些任务即使推迟几天完成，也不会影响全局的工期；但是有些任务必须准时完成，否则整个项目的工期就要因此延误，这种任务就叫"关键活动"。

请编写程序判定一个给定的工程项目的任务调度是否可行；如果该调度方案可行，则计算完成整个工程项目需要的最短时间，并输出所有的关键活动。

3. 实验要求

（1）输入说明：输入第 1 行给出两个正整数 $N(\leqslant 100)$ 和 M，其中 N 是任务交接点（即衔接相互依赖的两个子任务的结点，例如，若任务 2 要在任务 1 完成后才开始，则两任务之间必有一个交接点）的数量，交接点按 $1\sim N$ 编号，M 是子任务的数量，依次编号为 $1\sim M$。随后 M 行，每行给出了 3 个正整数，分别是该任务开始和完成涉及的交接点编号以及该任务所需的时间，整数间用空格分隔。

（2）输出格式：如果任务调度不可行，则输出 0；否则第 1 行输出完成整个工程项目需要的时间，第 2 行开始输出所有关键活动，每个关键活动占一行，按格式"V–>W"输出，其中 V 和 W 为该任务开始和完成涉及的交接点编号。关键活动输出的顺序规则是，任务开始的交接点编号小者优先，起点编号相同时，与输入时任务的顺序相反。如下面测试用例 2 中，任务 <5, 7> 先于任务 <5, 8> 输入，而作为关键活动输出时则次序相反。

（3）测试用例：

序号	输入	输出	说明
0	7 8 1 2 4 1 3 3 2 4 5 3 4 3 4 5 1 4 6 6 5 7 5 6 7 2	17 1->2 2->4 4->6 6->7	简单情况测试
1	9 11 1 2 6 1 3 4 1 4 5 2 5 1 3 5 1 4 6 2 5 7 9 5 8 7 6 8 4 7 9 2 8 9 4	18 1->2 2->5 5->8 5->7 7->9 8->9	一般情况测试,单个起点和单个终点
2	11 14 1 2 4 1 3 3 2 4 5 3 4 3 4 5 1 4 6 6 5 7 5 6 7 2 8 3 7 9 3 7 9 10 6 4 10 2 10 6 5 6 11 4	21 3->4 4->10 6->11 8->3 9->3 10->6	一般情况测试,多个起点和多个终点

序号	输入	输出	说明
3	4 5 1 2 4 2 3 5 3 4 6 4 2 3 4 1 2	0	不可行的方案测试
4	100 100 条有向边构成一个简单回路	0	边界测试: 最大 N, 不可行
5	100 随机可行调度	略	边界测试: 最大 N, 可行

4. 解决思路

（1）问题分析

本题背景与基础实验 6–2.6 同理,可以转化为一个带权的有向图,边对应任务,权重对应完成任务需要的时长,顶点对应项目里程碑。验证工程可行性和最早完成时间（Earliest）都与基础实验 6–2.6 相同,不再重复。

为了计算关键活动,还必须计算每个顶点的最迟发生时间（Latest）,用来表示每个里程碑必须在这个时间完成所有前序任务,否则将不能在最短时间内完成整个工程项目。最迟时间的计算需要从终点倒推,令终点的最迟完成时间等于工程的最早完成时间,那么任一顶点 W 的前序里程碑 V 的最迟完成时间（也即 W 的前序任务的最迟开始时间）就应该是 W 的最迟完成时间减去前序任务的工作时长。如果 V 有多个后续任务,就可能反推出多个可能的最迟完成时间,V 的真正的最迟完成时间应该是所有可能时间中的最小值。

非关键活动是那些可以延时开始而不至于拖延整个工程完成时间的活动,换句话说,关键活动是那些"可以延迟时间（Delay）"为 0 的活动。边 <V, W> 上的可以延迟时间的计算方法是, Delay<V, W>=Latest（W）–Earliest（V）–<V, W> 的权重。所以只要求出每个结点的 Earliest 和 Latest,就可以计算出每条边的 Delay,从而知道哪些是关键活动。

（2）实现要点

实际问题中描述一个工程子任务调度的带权有向图一般是稀疏图,所以存储结构选择邻接表比较好。在这里,因为用到结点的 Earliest 和 Latest,所以可以在结点邻接表中直接设置它们为结构体中的变量。

由于拓扑排序是从最早起始的任务开始扫描的,这与计算 Earliest 的顺序相同,所以可以在拓扑排序的同时计算出每个结点的 Earliest,然后求出最大的 Earliest,就是完成整个工程所需的时间 CompleteTime。而计算 Latest 必须从终点开始倒推,所以需要将生成的拓扑序列存进一个堆栈,完成拓扑排序后,按出栈顺序计算 Latest 的值。最后再计算各任务允许拖延的时间 Delay,并据此找出所有关键活动。

注意在生成有向图的邻接表时,后输入的边应插在链表的前面,这样才能保证当起点编号相同时,输出的顺序与输入时边的顺序相反。

若有向图有多个入度为 0 结点和(或)多个出度为 0 的结点(如测试用例 3),处理的诀窍在于将所有 Latest 都初始化成 CompleteTime,发现比它更小的就替换它。

5. 实验思考题

(1)修改代码,使得关键活动输出的顺序规则是,边的起点编号小者优先,起点编号相同时,与输入时边的顺序相同。

(2)如果要求输出全部的关键路径,该如何修改代码?

进阶实验 6-3.6：最小生成树的唯一性

1. 实验目的

(1)熟练掌握图的存储与操作。
(2)熟练掌握求最小生成树的算法。

2. 实验内容

给定一个带权无向图,如果是连通图,则至少存在一棵最小生成树,有时最小生成树并不唯一。本题要求计算最小生成树的总权重,并且判断其是否唯一。

3. 实验要求

(1)输入说明:首先第一行给出两个整数:无向图中顶点数 $N(\leqslant 500)$ 和边数 M。随后 M 行,每行给出一条边的两个端点和权重,格式为"顶点 1　顶点 2　权重",其中顶点从 1 到 N 编号,权重为正整数。题目保证最小生成树的总权重不会超过 2^{30}。

(2)输出说明:如果存在最小生成树,首先在第一行输出其总权重,第二行输出"Yes",如果此树唯一,否则输出"No"。如果树不存在,则首先在第一行输出"No MST",第二行输出图的连通集个数。

(3)测试用例:

序号	输入	输出	说明
0	5 7 1 2 6 5 1 1 2 3 4 3 4 3 4 1 7 2 4 2 4 5 5	11 Yes	边全不等,有环,唯一
1	4 5 1 2 1 2 3 1 3 4 2 4 1 2 3 1 3	4 No	有等重边,不唯一
2	5 5 1 2 1 2 3 1 3 4 2 4 1 2 3 1 3	No MST 2	不连通
3	5 6 3 4 11 5 1 8 3 1 8 2 5 3 2 3 3 2 1 1	18 Yes	存在等重边,但所有环中无等重边,唯一
4	5 7 3 4 12 3 5 5 3 2 4 4 5 4 4 1 4 1 5 5 1 2 12	17 Yes	存在环中有等重边,唯一
5	略	略	最大 N,全部边都相等,唯一

续表

序号	输入	输出	说明
6	略	略	最大完全图,随机数据,不唯一
7	1 0	0 Yes	最小 N

4. 解决思路

（1）问题分析

本题有 3 个主要任务需要完成。

① 建图：由于没有说明 M 的上限,有可能是完全图,所以邻接矩阵是首选。

② 判断是否连通图,并统计连通集个数：可以用并查集,也可以用遍历。

③ 求最小生成树并判断是否唯一：这是最有挑战性的一个任务。什么时候最小生成树会不唯一呢？考虑克鲁斯卡尔算法,每次检查当前没收录的、权重最小的边,如果它不与当前树中的其他边构成环,就加入树中。如果图中没有权重相等的边,那么最小生成树必定只有一种结果,不可能不唯一。只有当遇到权重相等的边时,如果把刚才收录的边删掉,换另一条等权重的边,还能得到解,那就说明解不唯一了。

（2）实现要点

上述第③步可以用一个递归函数来实现：因为树中必须正好有 $N-1$ 条边,可以将当前树中还差几条边作为一个递归参数。当这个余量为 0 时,说明最小生成树已经求出,并且当前的解唯一——这种情况可以作为递归的终止条件。如果还有余量,则选择一条权重最小且不构成环的边,加进树中,这一步是克鲁斯卡尔算法的核心步骤。之后就可以将余量减 1,继续递归地解决问题,并且看看这后面一步递归得到的解是不是唯一的：如果发现不是唯一的,那么直接返回不唯一的标志；如果是唯一的,那么需要将当前收录的这条边从树中删除,再看看还有没有另一条权重与之相等、还没有被收录、又不构成环的边。如果有,那必定构成了另一组解。由于并不需要找出另一组解,解的权重已经在前面的递归过程中得到了,所以此时可以直接返回不唯一的标志。如果这种等权重且可以构成解的边不存在,那么解就是唯一的。

这种"回退一步,再检查其他可能性"的算法,就是经典的"回溯算法"。

5. 实验思考题

（1）* 如果要求存储所有的解,该如何修改程序？

（2）如何基于普利姆（Prim）算法解决这个问题？

第 7 章

排　序

本章实验目的是训练对各种排序算法的使用,共包括了 5 个案例、4 项基础实验和 3 项进阶实验,这些题目涉及的知识内容如表 7.1 所示。知识点中带星号的内容可能不包含在一般的数据结构教科书中,这里将做简单介绍,供读者学习参考。

表 7.1　本章实验涉及的知识点

序号	题目名称	类别	内容	涉及主要知识点
7-1.1	模拟 Excel 排序	案例	将有多个关键字的数据按指定关键字排序	快速排序
7-1.2	插入排序还是归并排序	案例	根据一趟排序的中间结果判断是哪种排序方法	插入排序、归并排序
7-1.3	寻找大富翁	案例	从 N 个人中找最富有的 M 个人	堆排序
7-1.4	统计工龄	案例	统计每个工龄段有多少员工	桶排序
7-1.5	与零交换	案例	在仅允许与 0 交换的限制下排序	表排序
7-2.1	魔法优惠券	基础实验	给定优惠券和商品价值,求最大收益	快速排序
7-2.2	插入排序还是堆排序	基础实验	根据一趟排序的中间结果判断是哪种排序方法	插入排序、堆排序
7-2.3	德才论	基础实验	复杂组合条件下的排序	快速排序
7-2.4	PAT 排名汇总	基础实验	将若干考场的 PAT 排名汇总成一个最终榜单	归并排序

续表

序号	题目名称	类别	内容	涉及主要知识点
7-3.1	电话号码的磁盘文件排序	进阶实验	在内存不足的情况下对大量电话号码进行排序	外排序、位图索引 *
7-3.2	Google 24 小时内的搜索关键字排行榜	进阶实验	在海量搜索数据中给出 24 小时内搜索次数前 10 名的关键词的排行	分治堆排序、多级归并排序
7-3.3	论坛帖子排序	进阶实验	将帖子按作者、内容、发帖时间、浏览量、回帖数量等属性排序,给出指定时间段内新发帖的排行榜	分治快速排序、归并

建议在学习中,至少选择 2 个案例进行深入学习与分析,再选择 1~2 个基础实验项目进行具体的编程实践。本章的进阶实验项目属于开放性题目,一般有多种解决方案,且涉及海量数据,不适合使用自动判题系统评判。有兴趣的读者可以尝试解决 1~2 个进阶实验,并自行设计测试方案。

案例 7-1.1:模拟 Excel 排序

1. 实验目的

熟练掌握快速排序的库函数调用。

2. 实验内容

Excel 可以对一组记录按任意指定列排序。请编写程序实现类似功能。

3. 实验要求

(1)输入说明:输入的第一行包含两个正整数 $N(\leqslant 10^5)$ 和 C,其中 N 是记录的条数, C 是指定排序的列号。之后有 N 行,每行包含一条学生记录。每条学生记录由学号(6 位数字,保证没有重复的学号)、姓名(不超过 8 位且不包含空格的字符串)、成绩([0,100]内的整数)组成,相邻属性用 1 个空格隔开。

(2)输出说明:在 N 行中输出按要求排序后的结果,即当 $C=1$ 时,按学号递增排序;当 $C=2$ 时,按姓名的非递减字典序排序;当 $C=3$ 时,按成绩的非递减排序。当若干学生具有相同姓名或者相同成绩时,则按他们的学号递增排序。

(3)测试用例:

序号	输入	输出	说明
0	3 1 000007 James 85 000010 Amy 90 000001 Zoe 60	000001 Zoe 60 000007 James 85 000010 Amy 90	按学号排序
1	4 2 000007 James 85 000010 Amy 90 000001 Zoe 60 000002 James 98	000010 Amy 90 000002 James 98 000007 James 85 000001 Zoe 60	按名字排序,有重名
2	4 3 000007 James 85 000010 Amy 90 000001 Zoe 60 000002 James 90	000001 Zoe 60 000007 James 85 000002 James 90 000010 Amy 90	按成绩排序,有相同成绩
3	1 2 999999 Williams 100	999999 Williams 100	边界测试:最小 N、最大学号、最长姓名、最大分数
4	100000 1 随机生成大数据	略	边界测试:最大 N,按学号排序
5	100000 2 随机生成大数据	略	边界测试:最大 N,按名字排序
6	100000 3 随机生成大数据	略	边界测试:最大 N,按成绩排序

4. 实验分析

（1）问题分析

本题其实就是一个简单的排序。略为复杂的地方在于,当按"姓名"或"成绩"排序而出现并列数据时,要按主关键字即"学号"排序。解决这个问题可以有几种不同的方法,如可以将并列数据另存到一个数组,再对那个数组按"学号"排序,将结果复制回原数组。不过在掌握了 stdlib.h 中 qsort 函数的调用技巧后,可以用很简单的方法解决。

（2）实现要点

考虑到每个学生记录包含 3 个关键字,这里用结构体数组 Record[ ]存储全体学生的记录。排序仍然可以调用第 3 章进阶实验 3–3.2 中提到的 C 语言库函数 qsort。

例如,把学生信息结构体定义为 Student,N 个学生记录存在数组 Record[ ]中,则调用接口就是 qsort（Record, N, sizeof（struct Student）, ComparId）,这里 ComparId 是用于比较两个学

生 a 和 b 的学号的函数。当要求按递增排序时,返回正数表示 a 的学号比 b 的大,负数反之,相等时返回 0。这与 strcmp 返回值的意义是一致的,所以在按学号排序时可以直接调用并返回 strcmp 的结果,具体实现如代码 7.1。

在实现代码 7.1 中的 ComparName 和 ComparGrade 函数时,只要略微修改 ComparId 的代码,当要比较的关键字相同时,不是返回 0,而是返回"学号"的比较结果,就解决了并列数据时按"学号"排序的问题。

5. 实验参考代码

```c
#include<stdio.h>
#include<string.h>
#include <stdlib.h>

#define MAXID 6
#define MAXNAME 8
#define MAXN 100000

struct Student {
    char id[MAXID+1];
    char name[MAXNAME+1];
    int grade;
} Record[MAXN];

int ComparId(const void *a,const void *b)
{   /* 比较学号 */
    return strcmp(((const struct Student*)a)->id,
            ((const struct Student*)b)->id);
}

int ComparName(const void *a,const void *b)
{   /* 比较姓名 */
    int k = strcmp(((const struct Student*)a)->name,
            ((const struct Student*)b)->name);
    if(!k)/* 重名时按学号大小排序 */
      k = strcmp(((const struct Student*)a)->id,
            ((const struct Student*)b)->id);
```

```
      return k;
   }

int ComparGrade(const void *a, const void *b)
{  /* 比较成绩 */
   int k =(((const struct Student*)a)->grade >
         ((const struct Student*)b)->grade)?1:0;
   if(!k){
     k =(((const struct Student*)a)->grade <
        ((const struct Student*)b)->grade)?-1:0;
     if(!k)/* 成绩相同时按学号大小排序 */
       k = strcmp(((const struct Student*)a)->id,
               ((const struct Student*)b)->id);
   }
   return k;
}


int main()
{
   int N, C, i;

   /* 读入数据 */
   scanf("%d %d", &N, &C);
   for(i=0;i<N;i++){
      scanf("%s %s %d",
        Record[i].id, Record[i].name, &Record[i].grade);
   }
   /* 根据C选择相应的列进行排序 */
   switch(C){
      case 1:qsort(Record, N, sizeof(struct Student), ComparId);
           break;
      case 2:qsort(Record, N, sizeof(struct Student), ComparName);
           break;
      case 3:qsort(Record, N, sizeof(struct Student), ComparGrade);
           break;
```

```
    }
    /* 输出数据 */
    for(i=0;i<N;i++){
        printf("%s %s %d\n",
              Record[i].id,Record[i].name,Record[i].grade);
    }

    return 0;
}
```

源代码7–1:
模 拟 Excel
排序

代码 7.1　模拟 Excel 排序

6. 实验思考题

（1）库函数 qsort 是非常实用的排序工具。读者可尝试自己实现一个快速排序的 QuickSort 函数，并与 qsort 比较一下时间和空间的使用效率。

（2）如果把题目要求排序的顺序改为递减，应该如何修改代码？

（3）如果每个学生有 M 门课程的成绩，要求按总分排序（对应 $C=0$），该如何修改代码解决这个问题？

案例 7–1.2：插入排序还是归并排序

1. 实验目的

熟练掌握插入排序和归并排序的特性。

2. 实验内容

根据维基百科的定义：

插入排序是迭代算法，逐一获得输入数据，逐步产生有序的输出序列。每步迭代中，算法从输入序列中取出一元素，将其插入有序序列中正确的位置。如此迭代直到全部元素有序。

归并排序进行如下迭代操作：首先将原始序列看成 N 个只包含 1 个元素的有序子序列，然后每次迭代归并两个相邻的有序子序列，直到最后只剩下 1 个有序的序列。

现给定原始序列和由某排序算法产生的中间序列，请判断该算法究竟是哪种排序算法。

3. 实验要求

（1）输入说明：输入在第一行给出正整数 $N(\leqslant 100)$；随后一行给出原始序列的 N 个整数；最后一行给出由某排序算法产生的中间序列。这里假设排序的目标序列是升序。数字间以空格分隔。

（2）输出说明：首先在第 1 行中输出"Insertion Sort"表示插入排序，或"Merge Sort"表示归并排序；然后在第 2 行中输出用该排序算法再迭代一轮的结果序列。题目保证每组测试的结果是唯一的。数字间以空格分隔，且行首尾不得有多余空格。

（3）测试用例：

序号	输入	输出	说明
0	10 3 1 2 8 7 5 9 4 6 0 1 2 3 7 8 5 9 4 6 0	Insertion Sort 1 2 3 5 7 8 9 4 6 0	插入的中间步骤，有不需要交换的元素
1	10 3 1 2 8 7 5 9 4 0 6 1 3 2 8 5 7 4 9 0 6	Merge Sort 1 2 3 8 4 5 7 9 0 6	归并有不成双，有不需要交换的元素
2	4 3 4 2 1 3 4 2 1	Insertion Sort 2 3 4 1	最小 N，插入第一步没变
3	4 3 1 4 2 1 3 2 4	Merge Sort 1 2 3 4	最小 N，归并第一步
4	略	略	最大 N，插入
5	略	略	最大 N，归并，后面 N 位没变化
6	14 4 2 1 3 13 14 12 11 8 9 7 6 10 5 1 2 3 4 11 12 13 14 6 7 8 9 5 10	Merge Sort 1 2 3 4 11 12 13 14 5 6 7 8 9 10	卡住归并检查片段长度的错误算法，连续长度有 3 种

4. 实验分析

（1）问题分析

本题的解决分两个步骤：首先要根据两个输入序列的特点判断排序的类型；随后将该排序算法再迭代一轮并输出结果。代码 7.2 给出了程序的主要部分。

① 判断类型。首先需要分析一下两种排序算法的特点。

a. 插入排序的特点是，序列分成两部分，前面一部分是有序的，后面一部分尚未处理的序列没有变化。

b. 归并排序的特点是，序列可以分割为等长的有序段（除了末尾一段长度可能不同）。

比较这两种特点，显然检查算法是否插入排序是比较容易的。代码 7.3 给出了这个关键的判断函数 IsInsertion，微视频 7-1 中给出了较为详细的算法解读。

② 继续迭代。插入排序的继续迭代是很简单的，只要把算法从无序部分的第一个元素开始执行一次循环即可。相比之下，归并排序的继续迭代就复杂得多，因为判断当前归并段的长度是一个关键的难点，这个解决方案在微视频 7-2 中有详细的介绍。在得到正确的归并段长度后，就将非递归的归并排序执行一趟即可。代码 7.4 给出了所有相关的函数。

微视频7-1：
插入排序的
判断

（2）实现要点

题目中明确给出了 N 的上界，所以其实可以将程序中所有数组规模都简单地定义为 N 的上界。但也可以根据读入的 N 的值来更节约地决定空间的使用，如代码 7.2 中展示的那样。

微视频7-2：
判断归并段
的长度

模块化是一种比较专业的编程习惯，例如，为输出结果这个功能专门编写了一个函数 PrintResults，使得程序更容易理解。而为了在执行了下一步归并后，也能调用这个函数进行输出，就必须在 NextMerge 函数里把结果另外存在一个临时数组 Tmp 里，这是为了程序的可读性而牺牲了空间。

5. 实验参考代码

```c
#include <stdio.h>
#include <stdlib.h>

int IsInsertion(int *A, int *B, int N);/* 判断是否插入排序 */
void PrintResults(int *B, int N);/* 输出结果序列 */
void NextInsertion(int *B, int N, int K);/* 执行下一步插入 */
int MergeLength(int *B, int N);/* 找出归并段长度 */
void NextMerge(int *B, int N);/* 执行下一步归并 */

int main()
{
    int N, i, k;
    int *A, *B;

    scanf("%d", &N);
    A =(int *)malloc(sizeof(int)* N);/* A 存原始序列 */
    B =(int *)malloc(sizeof(int)* N);/* B 存中间序列 */
    for(i=0;i<N;i++)scanf("%d", &A[i]);
    for(i=0;i<N;i++)scanf("%d", &B[i]);
    if(k = IsInsertion(A,B,N))/* 如果是插入排序 */
        NextInsertion(B,N,k);/* 执行下一步插入 */
```

```
          else
            NextMerge(B, N);/* 否则执行下一步归并 */

          return 0;
       }
```

代码7.2　排序算法判断的主程序

```
     int IsInsertion(int *A, int *B, nt N)
     {
         int i, k;

         for(i=1;i<N;i++)
            if(B[i] < B[i-1])break;/* 发现顺序不对 */
         k = i;/* 可能是插入排序的有序序列尾部位置 */
         for(;i<N;i++)
            if(B[i]!= A[i])break;/* 发现后面序列有变化 */
         if(i == N)return k;/* 是插入排序,返回插入位置 */
         else return 0;/* 不是插入排序 */
     }
```

代码7.3　插入排序的判断

```
     void PrintResults(int *B, int N)
     {
         int i;

         printf("%d", B[0]);
         for(i=1;i<N;i++)printf("%d", B[i]);
         printf("\n");
     }

     void NextInsertion(int *B, int N, int K)
     {
         int i, tmp;

         printf("Insertion Sort\n");
```

```
    tmp = B[K];
    for(i=K-1;i>=0;i--)
        if(tmp < B[i])B[i+1] = B[i];
        else break;
    B[i+1] = tmp;
    PrintResults(B,N);
}
int MergeLength(int *B, int N)
{
    int i,l;

    for(l=2;l<=N;l*=2){
        for(i=l;i<N;i+=(l+l))
            if(B[i-1] > B[i])break;
        if(i < N)break;
    }
    return l;
}


void NextMerge(int *B, int N)
{
    int i,p1,p2,p,L;
    int *Tmp;

    Tmp =(int *)malloc(sizeof(int)* N);
    printf("Merge Sort\n");
    /* 找出当前归并段长度 */
    L = MergeLength(B,N);
    /* 开始归并 */
    p = 0;/* p 指向 Tmp 中当前处理的位置 */
    for(i=0;i<(N-L-L);i+=(L+L)){ /* 两两归并长度为 L 的段 */
        p1 = i;p2 = i+L;/* p1 和 p2 分别指向两个段的当前处理位置 */
        while((p1<(i+L))&&(p2<(i+L+L))){
            if(B[p1] > B[p2])Tmp[p++] = B[p2++];
            else Tmp[p++] = B[p1++];
        }
```

```
        while(p1<(i+L))Tmp[p++] = B[p1++];
        while(p2<(i+L+L))Tmp[p++] = B[p2++];
    }
    if((N-i)>L){ /* 如果最后剩 2 段，执行归并 */
        p1 = i;p2 = i+L;
        while((p1<(i+L))&&(p2<N)){
            if(B[p1] > B[p2])Tmp[p++] = B[p2++];
            else Tmp[p++] = B[p1++];
        }
        while(p1<(i+L))Tmp[p++] = B[p1++];
        while(p2<N)Tmp[p++] = B[p2++];
    }
    else /* 最后只剩 1 段 */
        while(i < N)Tmp[i] = B[i++];
    PrintResults(Tmp, N);
}
```

源代码7-4：
两种排序继
续迭代的关
键函数实现

代码 7.4　两种排序继续迭代的关键函数实现

6. 实验思考题

（1）为了能直接调用 PrintResults 输出结果，在 NextMerge 函数里把结果另外存在一个临时数组 Tmp 里。如果不考虑可读性，去掉 Tmp 数组，该如何改写 NextMerge，使得该函数仍然能正确地输出？

（2）对于某些输入序列，可能既满足插入排序的假设，也满足归并排序的假设，就会造成输出是不唯一的（例如输入给出的中间序列是两两有序的，同时原始序列也正好是两两有序的）。然而题目要求"保证每组测试的结果是唯一的"。要做到这一点，*N* 最小应该取到多少？为什么？

案例 7-1.3：寻找大富翁

1. 实验目的

熟悉堆排序算法的应用。

2. 实验内容

胡润研究院的调查显示，截至 2017 年年底，中国个人资产超过 1 亿元的高净值人群达 15

万人。假设给出 N 个人的个人资产值，请快速找出资产排前 M 位的大富翁。

3. 实验要求

（1）输入说明：输入首先给出 2 个正整数 $N(\leqslant 10^6)$ 和 $M(\leqslant 10)$，其中 N 为总人数，M 为需要找出的大富翁数；接下来一行给出 N 个人的个人资产值，以百万元为单位，为不超过长整型范围的整数。数字间以空格分隔。

（2）输出说明：在一行内按非递增顺序输出资产排前 M 位的大富翁的个人资产值。数字间以空格分隔，但结尾不得有多余空格。

（3）测试用例：

序号	输入	输出	说明
0	8 3 8 12 7 3 20 9 5 18	20 18 12	一般情况测试
1	8 3 8 8 8 8 8 8 8 10	10 8 8	有相等数字
2	5 10 1 2 3 4 5	5 4 3 2 1	$N<M$
3	1000000 10 按递增顺序给出 10^6 个值	略	最大数据，最坏情况

4. 实验分析

（1）问题分析

方法一：一个简单的解决办法，是把数据全部存在数组里，用 qsort 按非递增排序，输出结果的前 M 个值。这样的时间复杂度是 $O(N\log N)$。

方法二：注意到并不需要全部数据有序，而只需要前面少量数据有序。在学习过的内部排序算法中，堆排序可以在排序过程中给出部分有序的结果且效率比较高，因此可以用 $O(N)$ 时间建立一个最大堆，再经过 M 步排序后，倒序输出数组最后 M 个数据，时间复杂度是 $O(N+M\log N)$。在 M 比 N 小很多的情况下，这种方法应该比简单用 qsort 排序要快一些。

方法三：上述两种方法都需要一个长度为 N 的数组存储全部数据，空间复杂度比较高。如果输入的数据不是 10^6 而是全世界的人口总数（约 63 亿），则用长整型整数（4 字节）存储每个数据，就需要约 24 GB 内存将全部数据存在数组里。如果巧妙地应用一个只包含 M 个数据的最小堆，则可以更好地解决这个问题。方法如下。

① 先读入前 M 个数据，存入数组，并将数组调整为最小堆。

② 以后每读入一个数据，都与最小堆的堆顶元素比较一下，如果新数据比较大，则从最小堆弹出最小元，将新数据插入堆；如果新数据比较小，则继续读下一个数据。

③ 当全部数据读过一遍后,最小堆内的 M 个数据必定是最大的 M 个数据。再利用堆排序方法将这 M 个数据排序输出即可。

这个方法的时间复杂度是 $O(N+M\log M)$,空间复杂度也降到了 $O(M)$。

（2）实现要点

实现的关键是建立最小堆以及利用最小堆排序。堆排序的标准代码可以从很多教科书上找到。如果是用方法二实现,则需要注意略微修改堆排序的代码,使得只进行前 M 步后即可以开始输出。

另外需要注意的是,在前面的分析中,一般假设 N 比 M 大很多。如果 N 比较小,甚至比 M 还小,那么方法三就未必是效率最高的方法了。在代码 7.5 中,如果 $N \leqslant M \leqslant 10$,直接用简单的插入排序解决问题。

5. 实验参考代码

```c
#include <stdio.h>

#define MAXM 10
typedef int ElementType;

void InsertionSort(ElementType A[ ], int N)
{   /* 插入排序 */
    int i,j ;
    ElementType temp;

    for(i = 1;i < N;i++){
        temp = A[i];/* 取出未排序序列中的第一个元素 */
        for(j = i;(j > 0)&&(temp > A[j-1]);j--)
            A[ j ] = A[ j - 1 ];/* 依次与已排序序列中元素比较并右移 */
        A[j] = temp;/* 放进合适的位置 */
    }
}

void Adjust(ElementType A[],int i,int N)
{   /* 对 A[] 中的前 N 个元素从第 i 个元素开始向下迁移调整 */
    int Child;
    ElementType temp;
```

```
    for (temp = A[i]; (2*i + 1)< N;i = Child){
        Child = (2*i + 1); /* 左孩子结点 */
        if ( (Child!= N-1)&& A[Child + 1] < A[Child])
            Child++;/* Child 指向左右子结点的较小者 */
        if (temp > A[Child])
            A[i] = A[Child]; /* 移动 Child 元素到上层 */
        else    break;
    }
    A[i] = temp;     /* 将 temp 放到当前位置 */
}


int main ()
{
    int N, M, i;
    ElementType A[MAXM], temp;

    scanf ("%d %d", &N, &M);
    if (N > MAXM){
        for (i=0;i<M;i++)
            scanf ("%d", &A[i]);
        /* 建立最小堆 */
        for (i= (M-1)>>1;i>=0;i--)
            Adjust (A, i, M);
        for (i=M;i<N;i++){
            scanf ("%d", &temp); /* 读入剩下的数据    */
            if (temp > A[0]){    /* 如果新数据比较大 */
                A[0] = temp;     /* 新数据替换最小元 */
                Adjust (A, 0, M);/* 调整最小堆         */
            }
        }
        /* 对堆中的 M 个数据进行堆排序 */
        for (i = M-1;i > 0;i--){
            /* 将堆顶元素 A[0] 与当前堆的最后一个元素 A[i] 换位 */
            temp = A[0];A[0] = A[i];A[i] = temp;
            /* 将有 i 个元素的新堆从根结点向下过滤调整 */
```

```
        Adjust(A,0,i);
    }
}
else{ /* 如果 N 太小，则用插入排序 */
    for(i=0;i<N;i++)
        scanf("%d",&A[i]);
    InsertionSort(A,N);
}
/* 输出结果 */
if(N < M)M = N;/* 如果 N 更小，则输出前 N 个 */
printf("%d",A[0]);
for(i=1;i<M;i++)
    printf("%d",A[i]);
printf("\n");

return 0;
}
```

源代码7-5：
寻找大富翁

代码 7.5　寻找大富翁

6. 实验思考题

（1）请实现方法一和方法二，并且与方法三比较一下实际运行中时间和空间的利用效率。

（2）事实上，当 M 很小时，插入排序或者 qsort 可能比堆排序更快。读者可以将代码 7.5 中最后一步堆排序用插入排序或者 qsort 替换，比较一下时间和空间的利用效率。

案例 7-1.4：统计工龄

1. 实验目的

熟悉桶排序的应用。

2. 实验内容

给定公司 N 名员工的工龄，要求按工龄增序输出每个工龄段有多少员工。

3. 实验要求

（1）输入说明：输入首先给出正整数 $N(\leqslant 10^5)$，即员工总人数；随后给出 N 个整数，即每个员工的工龄，范围在 $[0,50]$。

（2）输出说明：按工龄的递增顺序输出每个工龄的员工个数，格式为"工龄：人数"。每项占一行。如果人数为 0 则不输出该项。

（3）测试用例：

序号	输入	输出	说明
0	8 10 2 0 5 7 2 5 2	0：1 2：3 5：2 7：1 10：1	一般情况
1	100 000 个人的工龄全为 0	0：100000	最大 N，极端情况
2	100 000 个人的工龄按递减顺序给出	略	最大 N，排序的最坏情况

4. 实验分析

（1）问题分析

一种简单的解决方法是将数据全部存储在一个数组中，调用 qsort 函数排序。然后再顺序扫描排序后的数组，先输出当前工龄，再用一个计数器数等于当前工龄的数字有多少个。这种方法的平均时间复杂度是 $O(N\log N)$，即快速排序的效率。当然需要一个长度为 N 的数组来存储全部数据。

注意到虽然员工人数很多（最多达到 10^5），但是工龄的范围却很小，在 $[0,50]$ 中只有 51个不同的值。而且并不需要存储每个员工的信息，只需要统计这 51 个可能的数值分别出现多少次就可以了，所以桶排序应该是更好的选择。方法如下。

① 建立长度为 51 的整型数组 Count[ ]，并初始化为 0。

② 逐一读入员工的工龄，记为 K；将 Count[K]的值加 1，即将每个 Count[K]当成工龄为 K 的员工计数器。

③ 顺序扫描 Count[ ]数组，对非 0 的 Count[K]，输出 K 和 Count[K]的值。

这样的时间复杂度是 $O(N+M)$，其中 M 是工龄范围，在本题中是大大小于 N 的，而只需要长度为 M 的数组就可以了。

（2）实现要点

本题的实现比较简单，只需要注意计数器初始化，并且只输出非 0 项。

5. 实验参考代码

```c
#include <stdio.h>

#define MAXM 51
int main()
{
    int N, Count[MAXM], i, K;
    /* 初始化 Count[] */
    for(i=0;i<MAXM;i++)Count[i] = 0;

    scanf("%d", &N);
    for(i=0;i<N;i++){
        scanf("%d", &K);
        Count[K]++;/* 工龄为 K 的计数器加 1 */
    }
    for(K=0;K<MAXM;K++)
        if(Count[K])
            printf("%d:%d\n", K, Count[K]);

    return 0;
}
```

源代码7-6:
统计工龄

代码 7.6　统计工龄

6. 实验思考题

（1）请读者实现用 qsort 排序再计数输出的方法，与代码 7.6 的运行效率进行比较。

（2）当员工人数非常少（例如还不到 10 人）时，桶排序还会比 qsort 快吗？

案例 7–1.5：与零交换

1. 实验目的

理解并掌握表排序的原理与应用。

2. 实验内容

将 $\{0,1,2,\cdots,N-1\}$ 的任意一个排列进行排序并不困难,这里加一点难度,要求只能通过一系列的 Swap(0,*),即将一个数字与 0 交换的操作,将初始序列增序排列。例如对于初始序列 $\{4,0,2,1,3\}$,可以通过下列操作完成排序:

① Swap(0,1) $\Rightarrow \{4,1,2,0,3\}$

② Swap(0,3) $\Rightarrow \{4,1,2,3,0\}$

③ Swap(0,4) $\Rightarrow \{0,1,2,3,4\}$

本题要求找出将前 N 个非负整数的给定排列进行增序排序所需要的最少的与 0 交换的次数。

3. 实验要求

（1）输入说明:输入在第一行给出正整数 $N(\leqslant 10^5)$;随后一行给出 $\{0,1,2,\cdots,N-1\}$ 的一个排列。数字间以空格分隔。

（2）输出说明:在一行中输出将给定序列进行增序排序所需要的最少的与 0 交换的次数。

（3）测试用例:

序号	输入	输出	说明
0	10 3 5 7 2 6 4 9 0 8 1	9	2 个大环和 1 个单元环
1	略	略	最大 N,两两倒序
2	略	略	50 000 个数全倒序
3	10 0 5 7 2 6 4 9 3 8 1	10	初始值为 0
4	1 0	0	最小 N
5	2 1 0	1	次小 N

4. 实验分析

（1）问题分析

本题虽然表面上看是一个排序问题,实质却是利用了表排序的按环调整的原理。根据"N 个数字的排列由若干个独立的环组成"这个结论,先将环中的一个元素临时存放,空出一个位置,再将环中的下一个应该在此位置上的元素放到正确的位置上,从而产生下一个空位……以此类推,直到环中所有元素都就位了,最后把临时存放的第一个元素放到最后的空位上。本题中所谓"与 0 交换",这个 0 就等价于调整环的过程中产生的空位。

注意到不同的环需要与 0 交换的次数是不同的。环分以下 3 种。

① 只有 1 个元素,不需要任何交换就直接到位了。

② 有 n 个元素,其中包括了 0。这时环中除了 0 以外的每个元素都要与 0 交换 1 次,而 0 不需要与自己交换,所以一共需要 $n-1$ 次交换。

③ 有 n 个元素,其中不包括 0。这时需要先用 1 次交换,把 0 换到环里,使得当前的环具有 $n+1$ 个元素;随后根据②的推理,需要 $(n+1)-1$ 次交换完成调整;算上开始的 1 次交换,一共需要 $n+1$ 次交换。

若 N 个元素的序列中包含 S 个单元环、K 个多元环,则交换次数如下:

微视频7-3:
与零交换算
法示例

$$n_0-1+\sum_{i=1}^{K-1}(n_i+1)=\sum_{i=1}^{K-1}n_i+K-2=N-S+K-2 \qquad (公式\ 7.1)$$

其中 n_0 是包含 0 的环中元素的个数,n_i 是第 i 个不包含 0 的环中元素的个数。

微视频 7-3 给出了第 1 组测试用例的详细解读。

（2）实现要点

在代码 7.7 的实现中,并没有统计各种环的个数,而是简单地设置了一个计数器 Cnt,统计每个环中元素的个数,并且根据环的类型来决定最后是要加 1 还是减 1,抑或根本不用计算。

5. 实验参考代码

```c
#include <stdio.h>

#define MAXN 100000

int main()
{
    int i, Tmp, Next, N, Cnt, flag;
    int A[MAXN], T[MAXN];

    scanf("%d", &N);
    for(i=0;i<N;i++){
        scanf("%d", &A[i]);
        T[A[i]] = i;/* 初始化表 */
    }
    Cnt = 0;
```

```
for(i=0;i<N;i++){
    if(T[i] == i)continue;/* 位置正确，则不处理 */
    flag = 0;
    Tmp = T[i];/* 将第 i 个元素临时存放，相当于把 0 换到环里 */
    T[i] = i;/* 标识环的结束 */
    Cnt++;/* 初始有 1 个元素 */
    if(Tmp == 0)flag = 1;/* 如果 0 在环中，则标记一下 */
    while(Tmp!= T[Tmp]){  /* 当环没有结束 */
        /* 执行一次与 0 交换 */
        Next = T[Tmp];
        T[Tmp] = Tmp;
        Tmp = Next;
        if(Tmp == 0)flag = 1;/* 如果 0 在环中，则标记一下 */
        Cnt++;/* 计数 1 次 */
    }
    if(flag)Cnt--;/* 如果 0 在环中，则为元素个数减 1 */
    else Cnt++;/* 否则为元素个数加 1 */
}
printf("%d\n",Cnt);

return 0;
}
```

源代码7-7：
与零交换

代码 7.7　与零交换

6. 实验思考题

请改写代码 7.7,通过统计不同种类环的个数,利用公式 7.1 来得到最后结果。

基础实验 7-2.1：魔法优惠券

1. 实验目的

学习应用排序算法提高解决问题的效率。

2. 实验内容

在火星上有个魔法商店,提供魔法优惠券。每个优惠券上印有一个整数面值 K,表示若你在购买某商品时使用这张优惠券,可以得到 K 倍该商品价值的回报!该商店还免费赠送一些有价值的商品,但是如果你在领取免费赠品时使用面值为正的优惠券,则必须倒贴给商店 K 倍该商品价值的金额…… 但是不要紧,还有面值为负的优惠券可以用(真是神奇的火星)!

例如,给定一组优惠券,面值分别为 1、2、4、-1;对应一组商品,价值为火星币 M\$7、6、-2、-3,其中负的价值表示该商品是免费赠品。可以将优惠券 3 用在商品 1 上,得到 M\$28 的回报;优惠券 2 用在商品 2 上,得到 M\$12 的回报;优惠券 4 用在商品 4 上,得到 M\$3 的回报。但是如果一不小心把优惠券 3 用在商品 4 上,必须倒贴给商店 M\$12。同样,当一不小心把优惠券 4 用在商品 1 上,必须倒贴给商店 M\$7。

规定每张优惠券和每件商品都只能最多被使用一次,求可以得到的最大回报。

3. 实验要求

(1)输入说明:输入有 2 行。第 1 行首先给出优惠券的个数 N,随后给出 N 个优惠券的整数面值。第 2 行首先给出商品的个数 M,随后给出 M 个商品的整数价值。N 和 M 在 $[1, 10^6]$ 之间,所有的数据大小不超过 2^{30},数字间以空格分隔。

(2)输出说明:输出可以得到的最大回报。

(3)测试用例:

序号	输入	输出	说明
0	4 1 2 4 -1 4 7 6 -2 -3	43	一般情况,N 和 M 相等
1	4 3 2 6 1 3 2 6 3	49	一般情况,N 和 M 不相等
2	5 0 0 0 0 -1 4 0 0 0 1	0	无正收益
3	7 3 36 -1 73 2 3 6 6 -1 -1 -1 -1 -1 -1	1	全免费
4	10^6 个随机优惠券和商品	略	最大 N 和 M

4. 解决思路

(1)问题分析

这是一个可以用贪心算法解决的问题(算法的正确性证明略),即每次都用面值绝对值最大的优惠券 MaxCoupon 跟与之正负同号的价值绝对值最大的商品 MaxPrice 一起使用(如果没有价值正负同号的商品,就不用该优惠券),这样最后得到的总和一定是最大的。于是一个显然的解决办法,是将优惠券和商品分别按相同的顺序(不妨设为递减)排序,这样最大的正值在最前面，最大的负值在最后面。

问题是 MaxCoupon 和 MaxPrice 不一定总是同号的，所以当前的最贪心选择就有几种可能。

① 两者同为正，则将当前序列最前面的优惠券和商品一起用。

② 两者同为负，则将当前序列最后面的优惠券和商品一起用。

③ 两者异号，则需要比较一下最前面的一对和最后面的一对，哪一对结果为正并且比较大，就使用哪一对。

本算法的主要时间花在排序上，可以直接调用 qsort 分别将优惠券和商品进行排序。

（2）实现要点

数据存储比较简单，用两个整型数组即可。

扫描两序列并累加回报值时，可为每个数组设置头尾两个指针，分别向中间移动。每次计算当前两个头指针所指的一对值的乘积和两个尾指针所指的一对值的乘积，比较两者大小。取完比较大的一对后，将相应的指针向下一对移动。

注意处理两对乘积全为负数的情况。

5. 实验思考题

（1）作为练习，试用其他排序算法实现这个问题的解。

（2）如果题目要求改为求最多可以倒贴给商店多少钱，应该如何修改程序？

（3）如果每张优惠券的面值和每个商品的价值都落在区间 $[-100, 100]$ 内，该如何修改程序使得效率更高？有无可能达到 $O(N+M)$ 时间复杂度？

基础实验 7–2.2：插入排序还是堆排序

1. 实验目的

熟练掌握插入排序和堆排序的特性。

2. 实验内容

根据维基百科的定义：

插入排序是迭代算法，逐一获得输入数据，逐步产生有序的输出序列。每步迭代中，算法从输入序列中取出一元素，将之插入有序序列中正确的位置。如此迭代直到全部元素有序。

堆排序也是将输入分为有序和无序两部分，迭代地从无序部分找出最大元素放入有序部分。它利用了大根堆的堆顶元素最大这一特征，使得在当前无序区中选取最大元素变得简单。

现给定原始序列和由某排序算法产生的中间序列，请判断该算法究竟是哪种排序算法。

3. 实验要求

（1）输入说明：输入在第一行给出正整数 $N(\leqslant 100)$；随后一行给出原始序列的 N 个整数；最后一行给出由某排序算法产生的中间序列。这里假设排序的目标序列是升序。数字间以空格分隔。

（2）输出说明：首先在第 1 行中输出 "Insertion Sort" 表示插入排序，或 "Heap Sort" 表示堆排序；然后在第 2 行中输出用该排序算法再迭代一轮的结果序列。题目保证每组测试的结果是唯一的。数字间以空格分隔，且行首尾不得有多余空格。

（3）测试用例：

序号	输入	输出	说明
0	10 3 1 2 8 7 5 9 4 6 0 1 2 3 7 8 5 9 4 6 0	Insertion Sort 1 2 3 5 7 8 9 4 6 0	插入的中间步骤，有不需要交换的元素
1	10 3 1 2 8 7 5 9 4 6 0 6 4 5 1 0 3 2 7 8 9	Heap Sort 5 4 3 1 0 2 6 7 8 9	堆排序的一般情况
2	4 3 4 2 1 3 4 2 1	Insertion Sort 2 3 4 1	最小 N，插入第一步没变
3	4 3 2 4 1 3 2 1 4	Heap Sort 2 1 3 4	最小 N，堆排序第一步
4	略	略	最大 N，插入
5	略	略	最大 N，堆排序，后面若干位没变化

4. 解决思路

（1）问题分析

本题与案例 7-1.2 的思路非常相似，解决分两个步骤：首先要根据两个输入序列的特点判断排序的类型；随后将该排序算法再迭代一轮并输出结果。

① 判断类型。首先需要分析一下两种排序算法的特点。

a. 插入排序的特点是，序列分成两部分，前面一部分是有序的，后面一部分尚未处理的序列没有变化。

b. 堆排序的特点是，序列的前一部分是未排序的最大堆，后一部分是有序的，且有序部分的最小值应大于根结点的值。

比较这两种特点，显然检查算法是否插入排序是比较容易的，并且仍然可以用代码 7.3 完成这个任务。

② 继续迭代。插入排序的继续迭代也与代码 7.4 相同。

堆排序的继续迭代需要做三件事。

a. 首先找到当前堆的末尾位置，可以从后向前扫描序列，令每个元素与根结点（即第 0 个元素）比较，当找到第一个小于根结点的元素时，这个元素的位置就是当前堆的末尾位置。

b. 随后把根结点与末尾位置上的元素交换，完成一步排序。

c. 最后要把剩下的堆元素调整成最大堆，即对前面被换到根结点位置的元素做一次下滤。

（2）实现要点

注意堆中元素是从数组下标 0 开始存储的，所以当发现第 i 个元素是当前堆的最后一个元素时，堆中实际上有 $i+1$ 个元素；并且计算左右孩子下标的公式也与一般从下标 1 开始存储的堆不同。

5. 实验思考题

如果把题目改为按递减排序，该如何修改程序？

基础实验 7–2.3：德才论

1. 实验目的

熟练掌握快速排序算法的应用。

2. 实验内容

宋代史学家司马光在《资治通鉴》中有一段著名的"德才论"："是故才德全尽谓之圣人，才德兼亡谓之愚人，德胜才谓之君子，才胜德谓之小人。凡取人之术，苟不得圣人，君子而与之，与其得小人，不若得愚人。"

现给出一批考生的德才分数，请根据司马光的理论给出录取排名。

3. 实验要求

（1）输入格式：输入第一行给出 3 个正整数，分别为 $N(\leqslant 10^5)$，即考生总数；$L(\geqslant 60)$，为录取最低分数线，即德分和才分均不低于 L 的考生才有资格被考虑录取；$H(<100)$，为优先录取线——德分和才分均不低于此线的被定义为"才德全尽"，此类考生按德才总分从高到低排序；才分不到但德分到线的一类考生属于"德胜才"，也按总分排序，但排在第一类考生之后；

德才分均低于 H,但是德分不低于才分的考生属于"才德兼亡"但尚有"德胜才"者,按总分排序,但排在第二类考生之后;其他达到最低线 L 的考生也按总分排序,但排在第三类考生之后。

随后 N 行,每行给出一位考生的信息,包括准考证号、德分、才分,其中准考证号为 8 位整数,德才分为区间 $[0,100]$ 内的整数。数字间以空格分隔。

（2）输出格式:输出第一行首先给出达到最低分数线的考生人数 M,随后 M 行,每行按照输入格式输出一位考生的信息,考生按输入中说明的规则从高到低排序。当某类考生中有多人总分相同时,按其德分降序排列;若德分也并列,则按准考证号的升序输出。

（3）测试用例:

序号	输入	输出	说明
0	14 60 80 10000001 64 90 10000002 90 60 10000011 85 80 10000003 85 80 10000004 80 85 10000005 82 77 10000006 83 76 10000007 90 78 10000008 75 79 10000009 59 90 10000010 88 45 10000012 80 100 10000013 90 99 10000014 66 60	12 10000013 90 99 10000012 80 100 10000003 85 80 10000011 85 80 10000004 80 85 10000007 90 78 10000006 83 76 10000005 82 77 10000002 90 60 10000014 66 60 10000008 75 79 10000001 64 90	5种人都存在,且有总分并列、德分并列
1	1 60 99 23333333 60 99	1 23333333 60 99	最小 N
2	略	略	最大 N,随机数据
3	略	略	只有1、3类,最大 N,各一半
4	略	略	只有2、4类,最大 N,各一半
5	2 60 90 10000001 58 50 20000002 20 59	0	无人及格

4. 解决思路

（1）问题分析

本题难点有两个：首先是处理排序时的两种并列问题；其次是输出并不是完全按排序的顺序，而是先按类别，类内才按排序顺序输出的。

在排序之前，可以在读输入时先把不及格的人排除；随后将所有及格的考生按题目要求进行排列；最后在输出之前，需要扫描这个有序的考生名单，根据每个人的分数构成将其存储到相应的 4 种类型之一，再顺序扫描每种类型进行输出。

（2）实现要点

显然应该用一个结构体数组去存储所有及格考生的信息。

在调用 qsort 时，在自己定义的比较函数中，首先比较两个元素的总分，若不等就可以返回相应的 1 或 -1；并列时要继续比较德分；再次并列时要比较准考证号。要注意分数是按**降序**排列的，而准考证号是按**升序**排列的。

在分类时，可以简单地开 4 个结构体数组，把扫描到的考生元素直接复制到相应的数组中。但这样过多地消耗了空间。事实上，不需要复制考生，仅需要知道当前要分类的这个考生在原始的考生数组中的位置而已，所以开 4 个整数数组，存储考生的位置下标即可。

5. 实验思考题

本题的输出分类只有 4 种，所以不注意编程风格的人可以简单地把程序中的多段代码复制 4 遍来解决问题。如果分类有 40 种，你的程序能很容易地进行修改吗？如果分类的数量不固定，是由题目输入给定的，你的程序还能正确地工作吗？

基础实验 7-2.4：PAT 排名汇总

1. 实验目的

熟练掌握归并排序算法的应用。

2. 实验内容

编程能力测试（Programming Ability Test，PAT）是浙江大学计算机科学与技术学院主办的专业技术认证考试（网址 http://www.patest.cn）。每次考试会在若干个不同的考点同时举行，每个考点用局域网，产生本考点的成绩。考试结束后，各个考点的成绩将即刻汇总成一张总的排名表。现在请编写一个程序自动归并各个考点的成绩并生成总排名表。

3. 实验要求

（1）输入格式：输入的第 1 行给出 1 个正整数 $N(\leq 100)$，代表考点总数。随后给出 N

个考点的成绩,格式为,首先 1 行给出正整数 $K(\leqslant 300)$,代表该考点的考生总数;随后 K 行,每行给出 1 个考生的信息,包括考号(由 13 位整数字组成)和得分(为 $[0,100]$ 区间内的整数),中间用空格分隔。

(2)输出格式:首先在第 1 行里输出考生总数。随后输出汇总的排名表,每个考生的信息占一行,顺序为考号、最终排名、考点编号、在该考点的排名。其中考点按输入给出的顺序从 1 到 N 编号。考生的输出须按最终排名的非递减顺序输出,获得相同分数的考生应有相同名次,并按考号的递增顺序输出。

(3)测试用例:

序号	输入	输出	说明
0	2 5 1234567890001 95 1234567890005 100 1234567890003 95 1234567890002 77 1234567890004 85 4 1234567890013 65 1234567890011 25 1234567890014 100 1234567890012 85	9 1234567890005 1 1 1 1234567890014 1 2 1 1234567890001 3 1 2 1234567890003 3 1 2 1234567890004 5 1 4 1234567890012 5 2 2 1234567890002 7 1 5 1234567890013 8 2 3 1234567890011 9 2 4	简单测试:两个考点的归并,在某考点有并列排名,汇总后有并列排名
1	4 10 4000000000011 100 4000000000008 90 4000000000005 100 4000000000001 90 4000000000003 95 4000000000009 80 4000000000006 90 4000000000007 100 4000000000002 90 4000000000004 90 6 3000000000003 75 3000000000013 85 3000000000007 86	19 1000000000001 1 4 1 4000000000005 1 1 1 4000000000007 1 1 1 4000000000011 1 1 1 2000000000002 5 3 1 2000000000003 5 3 1 3000000000010 5 2 1 4000000000003 8 1 4 3000000000009 9 2 2 4000000000001 10 1 5 4000000000002 10 1 5 4000000000004 10 1 5 4000000000006 10 1 5	一般多个考点的归并测试

续表

序号	输入	输出	说明
1	3000000000009 92 3000000000010 98 3000000000020 60 2 2000000000002 98 2000000000003 98 1 1000000000001 100	4000000000008 10 1 5 3000000000007 15 2 3 3000000000013 16 2 4 4000000000009 17 1 10 3000000000003 18 2 5 3000000000020 19 2 6	一般多个考点的归并测试
2	1 1 9999999999999 0	1 9999999999999 1 1 1	边界测试:最小 N 和 K
3	100 个考点、每个考点有 300 考生	略	边界测试:最大 N 和 K

4. 解决思路

（1）问题分析

题目涉及两种不同的名次,即考生在自己所在考点的名次以及在汇总表里的最终排名。需要先将各个考点的成绩按顺序排好,再将其归并到最终的排名表里。归并处理不必等到全部考点都处理完再进行,而是每读入一个考点的成绩就处理一个。基本处理流程如下:

① 对每一个考点,执行如下操作:

a. 读入考生信息。

b. 按成绩排序:由于 K 比较小,所以选用任何简单排序即可。

c. 处理并列排名,生成该考点每个考生在本地的排名。

d. 将该考点的 K 个考生的有序序列归并入总排名表。

② 处理并列排名,生成每个考生的最终排名。

③ 输出。

注意:在每个考点内部排序时,分数相同者要按考号排序,可采用与案例 7-1.1 中相似的方法,修改比较函数。同样在归并时也存在从不同考点来的考生有并列成绩,需要按考号排序的情况,所以在判断当前哪个考生被并入汇总表时,不仅要考虑其成绩,还要考虑并列者的考号。

（2）实现要点

对于每个考生,需要记录其考号、得分、考点、本地排名、最终排名,所以可建立一个结构体数组 FinalRank[ ],数组长度为最大考点总数和每个考点的最大考生容量的乘积,用以存放最终的汇总排名表。

由于需要对每个考点的考生信息进行处理,所以还需要一个长度为考点最大容量的考生数组 LocalRank[ ]来存储读入的信息,并进行本地排名处理,最后将其归并入汇总表。

5. 实验思考题

(1)每次将 LocalRank[ ]归并入 FinalRank[ ]时,有两种不同顺序的归并方法:一是从头开始归并,即从 LocalRank[0]和 FinalRank[0]开始比较;另一种是从尾开始归并,即分别从两个数组的当前最后一个元素开始比较。哪种方法效率比较高? 为什么?

(2)在处理最终并列排名时,如果将要求改为,本地排名比较靠前的考生排在前面;只有当两考生的本地排名和最终排名都并列,才按考号递增输出,该如何修改程序?

进阶实验 7–3.1：电话号码的磁盘文件排序

1. 实验目的

(1)理解并应用外排序。
(2)了解位图方法及应用。

2. 实验内容

需要在一台古老的机器上对 5 000 万(5×10^7)个电话号码进行排序。所有的电话号码存在磁盘中,有充足的磁盘空间可用,而执行排序的老机器最多只有 20 MB 的内存空间可用。请给出解决方案。

3. 实验要求

(1)输入说明:输入为 5×10^7 个电话号码,每个号码是 8 位数字。保证没有重复的号码。
(2)输出说明:按升序输出全部电话号码。

4. 解决思路

方法一:如果用字符串存储号码,则每个号码占 8 个字节,那么 20 MB 内存大约可以存储 260 万个号码;如果每个号码用 32 位整数来表示,则 20 MB 内存大约可以存储 520 万个号码。一种显而易见的方法是基于磁盘的归并排序,将号码序列分成 10 份。读者可以自行实现,实际运行一遍,看大约需要多少运行时间。

方法二:因为输入中最多包含 5 000 万条不同的记录,于是问题归结为是否能用大约 1.6 亿个可用位(bit)来表示最多 5 000 万个互异的整数。如果可以,就可以在内存中完成全部排序。

这里介绍一种非常有效的方法,叫"位图索引"(Bitmap)。所谓"位图索引"就是开辟一块 N 位的空间,初始化全部位为 0,然后用"将第 i 位设置为 1"表示序列中存在 i 这个整数。

因为电话号码的范围为 00 000 000~99 999 999,于是可以开辟一块 10^8 位的空间,初始化全部位为 0,逐一扫描电话号码,将与之对应的位设置为 1(例如读到 "87952230",就将空间中第 87 952 230 位设置为 1)。最后从第 0 位开始顺序检验这块空间的每一位,若为 1,则输出其对应的位置,就是相应的电话号码。

5. 实验思考题

(1)如果用位图索引对 10 亿个 11 位手机号码排序,需要多大的内存空间?

(2)如果问题改为从 1 亿条通话记录中顺序列出所有不重复的电话号码,该如何解决?

进阶实验 7-3.2：Google 24 小时内的搜索关键字排行榜

1. 实验目的

了解海量数据处理中的多级归并排序。

2. 实验内容

Google 每天接受的搜索关键字是海量的,对关键字进行排序是一个复杂的问题。本着学习的目的,现假设 Google 搜索引擎每小时的搜索关键词有 1 GB,自动保存在文件夹中。请给出方案求 24 小时内搜索次数前 10 名的关键词的排行。

3. 实验要求

(1)输入说明:输入数据存在 24 个文件夹中,分别是每小时搜索引擎处理的关键词记录。每个文件夹内又分 60 个文件,存放每分钟处理的关键词记录。作为实验用数据,可人为随机生成充分大的文件。

(2)输出说明:按降序输出搜索次数前 10 名的关键词。

4. 实验分析

本题目为开放性实验题,解决问题的方法有很多种。

一般对于这种数量级的排序问题,分治法是一个首选的比较有效的策略。即要得到 1 天内的关键词排行榜,只要得到每 1 小时内的关键词排行榜;同理只要知道每 1 分钟内的关键词排行榜,便可归并得到 1 小时内的排行榜。问题就逐级转化为数量级较小的关键词排序。当分解出的子问题规模充分小,可以在内存中进行排序时,可采取类似案例 7-1.3 "寻找大富翁" 中的排序原理,用堆排序解决问题。最后对子问题的结果进行逐级归并排序,就得到所要的结果。

由于每小时的数据存放在不同文件夹中,故此时归并排序需要处理多级目录。

5. 实验思考题

如果要求每小时更新一次排行榜,该如何修改程序?

进阶实验 7-3.3：论坛帖子排序

1. 实验目的

（1）熟练掌握多关键字排序。
（2）掌握大数据量排序的分治策略。

2. 实验内容

论坛是十分流行的一种网络交流平台，国内各种各样的论坛层出不穷。基本上所有的论坛都有搜索功能，但是大部分论坛自带的搜索功能十分薄弱。原因是其搜索的实现机制是直接查询数据库，当搜索请求过多时，十分容易出现死锁①的情况。而搜索作为一种必需的功能不可或缺，二分查找是非常有效的搜索算法，但可以进行二分查找的前提是数据有序。因此需要对帖子进行排序。

一个帖子的基本信息包括作者、内容、发帖时间、浏览量、回帖数量等。其中除内容外的每个关键字均有可能作为主搜索关键字，因此需要为每个关键字提供一个排行榜。请设计算法实现对一天内、一周内新发帖子的排行，并有效回应各种搜索请求。

3. 实验要求

（1）输入说明：输入包括百万数量级的帖子信息。可考虑用爬虫软件，到当前热门论坛上爬取数据，或者用随机函数生成数据。然后输入各种搜索请求。

（2）输出说明：对一天内、一周内新发帖子按降序输出每个关键字帖子排行榜到文件。对每个搜索请求，输出满足条件的帖子列表。

4. 解决思路

本题目涉及的数据量算不上海量，但采用分治策略可以有效地提高效率。这里的分解方法可以有多种，比较简单的做法是直接按规模分块，在每一块内用 qsort 进行排序，再用归并排序得到最后的结果。

5. 实验思考题

如果还要求提供帖子内容搜索，该如何修改程序？

---

① 数据库查询中的"死锁"是指，当多个进程同时访问一个数据库时，因争夺资源而造成的一种互相等待的现象。

第 8 章

综合应用

本章实验目的主要是训练对全书各重要知识点的综合应用能力,共包括了 2 项基础实验、3 项进阶实验,这些题目涉及的知识内容如表 8.1 所示。

表 8.1　本章实验涉及的知识点

序号	题目名称	类别	内容	涉及主要知识点
8-1.1	单身狗	基础实验	给定夫妻/伴侣关系,判断一群人中哪些人是单身	排序、查找、映射
8-1.2	直捣黄龙	基础实验	求两城市间距离最短的路径。有多条等长最短路时求途经城镇最多的;再并列时求杀伤敌军最多的	最短路径、散列表
8-2.1	逆散列问题	进阶实验	给定用数组及线性探测冲突解决方案实现的散列插入后的结果,反求插入的顺序	散列表、线性探测冲突解决方案、拓扑排序、最小堆
8-2.2	特殊堆栈	进阶实验	在普通堆栈的基础上,要求高效实现取中值操作	堆栈、堆
8-2.3	二叉搜索树的最近公共祖先	进阶实验	给定二叉搜索树的先序遍历序列,求任意两结点的最近公共祖先	二叉搜索树、排序、二分查找

由于每个题目都涉及多个知识点,所以有一定难度。在学习中,应特别注意模块化设计与编程,这样可以调用现成算法模块,或对经典算法模块稍做修改即可应用,从而降低编程难度,切实体会模块化的优势。

建议读者选择 1 个基础实验项目进行深入学习与分析。有余力且有兴趣的读者可以尝试解决 1~2 个进阶实验。

基础实验 8-1.1：单身狗

1. 实验目的

（1）熟练掌握排序算法的应用。

（2）熟练掌握二分查找的应用。

（3）学习利用映射关系解决问题的方法。

2. 实验内容

"单身狗"是中文对于单身人士的一种爱称。本题要求从上万人的大型派对中找出落单的客人，以便给予特殊关爱。

3. 实验要求

（1）输入说明：输入第一行给出一个正整数 N（$\leqslant 50\,000$），是已知夫妻/伴侣的对数；随后 N 行，每行给出一对夫妻/伴侣——为方便起见，每人对应一个 ID 号，为 5 位数字（从 00000 到 99999），ID 间以空格分隔；之后给出一个正整数 M（$\leqslant 10\,000$），为参加派对的总人数；随后一行给出这 M 位客人的 ID，以空格分隔。题目保证无人重婚或脚踩两条船。

（2）输出说明：首先第一行输出落单客人的总人数；随后第二行按 ID 递增顺序列出落单的客人。ID 间用 1 个空格分隔，行的首尾不得有多余空格。

（3）测试用例：

序号	输入	输出	说明
0	3 11111 22222 33333 44444 55555 66666 7 55555 44444 10000 88888 22222 11111 23333	5 10000 23333 44444 55555 88888	一般情况，有单身的，少另一半的
1	4 00000 99999 00001 99998 60002 99997 50000 49999 6 00000 50000 99997 49999 99999 60002	0	ID 取上下界，无人单身

续表

序号	输入	输出	说明
2	1 10001 10002 1 10003	1 10003	最小 N 和 M
3	略	略	最大 N 和 M,全少另一半
4	略	略	M 个全是单身的人

4. 解决思路

（1）问题分析

本题分两步解决:首先读入并存储夫妻 / 伴侣关系;随后对每个参加派对的人,检查其有无伴侣。如果没有,说明是单身;否则找到其伴侣,检查这个伴侣是否也在派对中。如果是则跳过,否则说明是落单的人。

由于输出要求有序,所以将所有参加派对的人先排好序,再顺序逐一检查他们的单身状态,可以比较方便地解决输出问题。同时,在参加派对的人有序的情况下,当知道某人的伴侣 ID 时,可以通过二分查找快速地检查这个 ID 是否也在派对人群中。

（2）实现要点

本题的一个难点是如何存储夫妻 / 伴侣关系。

方法一:将每个人看成图中的顶点,如果两人是夫妻 / 伴侣,就在两顶点间加一条边。这种方法存在一个十分明显的问题:无法从输入中直接知道一共有多少人,所以只能假设图中有10 万个顶点(因为 ID 是 5 位数字)。这将是一个非常稀疏的图,显然邻接矩阵不是好的选择(需要存储一百亿个整数,绝大部分是 0)。而在邻接表中,因为题目保证无人重婚或脚踩两条船,所以每个顶点最多只有 1 个邻接点,应该可以用更为简单的方法进行存储。

方法二:既然每个人的 ID 是个整数,那么这个整数可以**映射到数组的下标**——所以可以用一个包含 10 万个整数的数组 Couple[ ]来存储两个人 P1 和 P2 之间的关系:如果两人是夫妻 / 伴侣,就令 Couple[P1]=P2,且 Couple[P2]=P1。这个数组的值可以初始化为 –1。这样对每个参加派对的人 P,只要检查 Couple[P]的值是否为 –1,就可以知道其有没有伴侣以及如果有的话,Couple[P]的值就是伴侣的 ID。

另外一个需要注意的细节是,当一对夫妻都在派对中时,会先后扫描到这两个人,并分别对他们的另一半执行二分查找,这种重复的判断是不必要的。为了避免重复查找,可以在第一次发现某人的伴侣也在派对中时,将其伴侣的 Couple 值设置为另一个特殊的标记(例如可以设置为 –2)。这样当后面发现某人的 Couple 值等于这个标记时,就知道其另一半已经在派对中了,可以直接跳过。

5. 实验思考题

（1）方法一如果用邻接矩阵表示图,则时空复杂度分别是多少? 用邻接表呢?

（2）试分析方法二的时空复杂度。

（3）如果每个人的 ID 不是整数,而是带了其他字母的字符串,该如何解决?

基础实验 8-1.2: 直捣黄龙

1. 实验目的

（1）熟练掌握迪杰斯特拉(Dijkstra)单源最短路算法的应用。

（2）熟练掌握字符串的散列映射方法的应用。

2. 实验内容

本题是一部战争大片——你需要从己方大本营出发,一路攻城略地杀到敌方大本营。首先时间就是生命,所以你必须选择合适的路径,以最快的速度占领敌方大本营。当这样的路径不唯一时,要求选择可以沿途解放最多城镇的路径。若这样的路径也不唯一,则选择可以有效杀伤最多敌军的路径。

3. 实验要求

（1）输入说明:输入第一行给出 2 个正整数 N($2 \leq N \leq 200$,城镇总数)和 K(城镇间道路条数)以及己方大本营和敌方大本营的代号。随后 $N-1$ 行,每行给出除了己方大本营外的一个城镇的代号和驻守的敌军数量,其间以空格分隔。再后面有 K 行,每行按格式"城镇1 城镇2 距离"给出两个城镇之间道路的长度。这里设每个城镇(包括双方大本营)的代号是由 3 个大写英文字母组成的字符串。

（2）输出说明:按照题目要求找到最合适的进攻路径(题目保证速度最快、解放最多、杀伤最强的路径是唯一的),并在第一行按照格式"己方大本营 -> 城镇 1->…-> 敌方大本营"输出。第二行顺序输出最快进攻路径的条数、最短进攻距离、歼敌总数,其间以 1 个空格分隔,行首尾不得有多余空格。

（3）测试用例:

序号	输入	输出	说明
0	10 12 PAT DBY DBY 100 PTA 20 PDS 90 PMS 40	PAT->PTA->PDS->DBY 3 30 210	距离并列、城镇数并列、歼敌数决定

序号	输入	输出	说明
0	TAP 50 ATP 200 LNN 80 LAO 30 LON 70 PAT PTA 10 PAT PMS 10 PAT ATP 20 PAT LNN 10 LNN LAO 10 LAO LON 10 LON DBY 10 PMS TAP 10 TAP DBY 10 DBY PDS 10 PDS PTA 10 DBY ATP 10	PAT->PTA->PDS->DBY 3 30 210	距离并列、城镇数并列、歼敌数决定
1	8 9 ABC PAT KKK 40 BBC 80 ABD 10 PAT 100 ABE 20 AAB 40 ABF 30 ABD ABE 1 KKK AAB 2 PAT BBC 1 ABF PAT 1 ABC BBC 3 KKK ABC 1 AAB PAT 1 ABE ABF 1 ABD ABC 1	ABC->ABD->ABE->ABF->PAT 3 4 160	歼敌少但城镇多
2	20 30 ZJU PAT XXA 10 XXX 20	ZJU->PTA->OMS->PDS->ZOJ->PAT 10 9 250	多分支交错复杂并列最短路

续表

序号	输入	输出	说明
	TTT 300		
	GRE 200		
	EAB 200		
	PDS 20		
	SSS 500		
	CGE 60		
	FFT 60		
	PTA 30		
	PBA 30		
	TOE 100		
	DZZ 200		
	CAD 60		
	OMS 30		
	ZOJ 70		
	ZBR 200		
	ZBA 200		
	PAT 100		
	PDS ZOJ 2	ZJU–>PTA–>OMS–>PDS–>ZOJ–>PAT	多分支交错复杂并
2	TTT SSS 1	10 9 250	列最短路
	TOE GRE 3		
	DZZ EAB 1		
	TOE ZJU 3		
	PBA ZJU 1		
	PAT FFT 1		
	ZOJ PAT 1		
	PAT GRE 5		
	OMS XXA 6		
	PTA XXA 2		
	XXA PDS 1		
	TOE ZOJ 7		
	ZJU DZZ 1		
	PAT ZBA 1		
	CAD CGE 3		
	CAD PDS 5		
	ZJU PTA 3		
	PBA XXX 2		
	TTT PBA 1		

续表

序号	输入	输出	说明
2	SSS XXX 1 PDS XXX 3 FFT PDS 2 PAT CGE 2 PDS CGE 1 PTA OMS 1 OMS PDS 2 CAD PTA 1 GRE ZOJ 3 ZBR ZBA 1	ZJU->PTA->OMS->PDS->ZOJ->PAT 10 9 250	多分支交错复杂并列最短路
3	2 1 AAA ZZZ ZZZ 2 ZZZ AAA 3	AAA->ZZZ 1 3 2	最小 N、最大最小字符串
4	略	略	最大 N 单链，最大最小字符串

4. 解决思路

（1）问题分析

本题与第 6 章中的案例 6-1.5 类似，首要解决的是图中两个指定顶点间的最短距离问题，所以 Dijkstra 算法是不二之选。同时还需要记录每个顶点（城镇）驻守的敌军数量以及在这个顶点到出发点的当前最短路径上一共经过了多少顶点、能杀伤多少敌军。

在 Dijkstra 算法基础上，即使新加入的某结点没有使最短距离变得更短，但如果它能产生相同的最短距离，并且途经的顶点数更多，或者相同的最短距离、相同的途经顶点数、更多的杀伤，还是要更新最短路径。

另一方面，图中的顶点通常采用整数编号，映射为顶点集合数组的下标。这样当插入一条边时，可以直接根据顶点编号找到数组中对应下标，也就找到了对应该顶点的信息。然而本题中的顶点是由字符串表示的，所以需要一种方法把字符串映射为整数。这里就可以用到第 5 章案例 5-1.4 中用过的位移法散列映射，将字符串 S 通过散列函数 hash 映射到一个散列表 Table[ ] 中，并在这个 Table[hash(S)] 里存该城市在图的顶点集合中对应的编号。

（2）实现要点

由于输入有可能是完全图，所以用邻接矩阵表示比较方便。除了常规的最短距离 dist[ ]、收集标记 collected[ ] 和存储路径的 path[ ] 外，还需要定义一系列的数组记录每个城镇顶点的名字、驻守敌军数、最短路径的数量、途经城镇数量的最大值、杀伤敌军数量的最大值等。

5. 实验思考题

如果把题目改为相同距离的最短路径中取最少的敌军遭遇战,即途经城镇最少,或如果城镇数相等时取驻守敌军最少,该如何修改程序?

进阶实验 8-2.1: 逆散列问题

1. 实验目的

(1)熟悉散列线性探测冲突解决方案的执行过程。
(2)熟练应用拓扑排序。

2. 实验内容

给定长度为 N 的散列表,处理整数最常用的散列映射是 $H(x)=x\%N$。如果决定用线性探测解决冲突问题,则给定一个顺序输入的整数序列后,可以很容易得到这些整数在散列表中的分布。例如,将 1、2、3 顺序插入长度为 3 的散列表 HT[ ] 后,将得到 HT[0]=3,HT[1]=1,HT[2]=2 的结果。

但是现在要求解决的是"逆散列问题",即给定整数在散列表中的分布,问这些整数是按什么顺序插入的?

3. 实验要求

(1)输入说明:输入的第 1 行是正整数 $N(\leqslant 1\,000)$,为散列表的长度。第 2 行给出了 N 个整数,其间用空格分隔,每个整数在序列中的位置(第一个数位置为 0)即是其在散列表中的位置,其中负数表示表中该位置没有元素。题目保证表中的非负整数是各不相同的。

(2)输出说明:按照插入的顺序输出这些整数,其间用空格分隔,输出末尾不能有多余的空格。注意:对应同一种分布结果,插入顺序有可能不唯一。例如,按照顺序 3、2、1 插入长度为 3 的散列表,会得到与 1、2、3 顺序插入一样的结果。在此规定:当前的插入有多种选择时,必须选择最小的数字,这样就保证了最终输出结果的唯一性。

(3)测试用例:

序号	输入	输出	说明
0	11 33 1 13 12 34 38 27 22 32 –1 21	1 13 12 21 33 34 38 27 22 32	有并列初始、中间产生更小并列值,hash 取到 0 和 N–1
1	3 36 10 29	10 29 36	全部一次放好

续表

序号	输入	输出	说明
2	略	略	最大 N，但是只有少数值，有非 -1 的空位
3	1 233	233	最小 N
4	略	略	最大 N 随机

4. 解决思路

（1）问题分析

首先必须充分理解散列线性探测冲突解决方案的执行过程：先为输入的整数 x 计算一个散列映射值，即 $H(x)=x\%N$；若以 $H(x)$ 为下标的散列表单元是空的，则直接把 x 放入；若上述单元已经被占，则顺序探测下一个单元，直到找到第 1 个空单元，把 x 放入；若探测回到初始位置 $H(x)$，则说明整个散列表已经满了，插入失败。

在本题的问题中，不考虑插入失败的情况，因为所有整数都已经在表里了。对表 HT 中任一位置 i 存放的整数 x，可以这样尝试重现其被插入散列表的过程：首先计算其散列映射值，即 $H(x)=x\%N$；若 i 正好等于 $H(x)$，说明 x 一定是被直接插入 HT$[i]$ 而没有经过任何其他探测的，则 x 是**可以第 1 个被插入的**；若 i 不等于 $H(x)$，说明 x 本来应该被放在 $H(x)$ 的位置上，但是在插入 x 之前，HT$[H(x)]$ 里面的元素必定已经被插入了，可以把这个元素理解为 x 的**前驱结点**；同理，在顺序探测后续单元时，遇到的每个不等于 x 的元素，都必定是在 x 之前被插入表中的，所以它们都是 x 的**前驱结点**。

如此可以根据这个原则建立一个有向图。图的结点就是被插入的整数；如果确定 y 在 x 之前被插入，则图中对应一条从 y 指向 x 的边。而要求的插入顺序，就对应这个有向图的一个拓扑排序。微视频 8-1 给出了第 1 个测试用例的详解。

微视频8-1：逆散列问题算法示例

（2）实现要点

① 基本数据结构与算法。

输入数据需要存放在标准散列表中。

进行拓扑排序需要建立有向图，可以用邻接矩阵的结构来表示图。

② 最小堆的应用。原始的拓扑排序只要求把入度为 0 的元素统一存放在某一数据结构中（可以是队列，也可以是堆栈等），当需要输出下一个元素时，可从该结构中任选一元素。

注意到为了保证最终输出结果的唯一性，题目要求当前的插入有多种选择时，必须选择最小的数字。这个规定意味着，必须能够在众多入度为 0 的元素中快速找到数值最小的元素，进行输出。显然最小堆可以帮助人们在 $O(\log K)$ 的时间内做到（其中 K 是堆中元素个数），而其他线性结构（队列或堆栈）都需要 $O(K)$ 的时间。

5. 实验思考题

（1）若要求在当前候选元素中总是选择数值最大的输出，请修改代码实现解决。

（2）若不加唯一性限制条件，即在有多个候选元素时可随机选取一个元素输出，则同一输入就可能对应多种解。试编写程序判断任一组输出是否是正确的解。

进阶实验 8-2.2：特殊堆栈

1. 实验目的

（1）熟悉堆栈的性质。

（2）熟练掌握堆的应用。

2. 实验内容

堆栈是一种经典的后进先出的线性结构，相关的操作主要有"入栈"（在堆栈顶插入一个元素）和"出栈"（将栈顶元素返回并从堆栈中删除）。本题要求实现另一个附加的操作："取中值"，即返回所有堆栈中元素键值的中值。给定 N 个元素，如果 N 是偶数，则中值定义为第 $N/2$ 小元；若是奇数，则为第 $(N+1)/2$ 小元。

3. 实验要求

（1）输入说明：输入的第一行是正整数 $N(\leqslant 10^5)$。随后 N 行，每行给出一句指令，为以下 3 种之一：

```
Push key
Pop
PeekMedian
```

其中 key 是不超过 10^5 的正整数；Push 表示"入栈"；Pop 表示"出栈"；PeekMedian 表示"取中值"。

（2）输出说明：对每个 Push 操作，将 key 插入堆栈，无须输出；对每个 Pop 或 PeekMedian 操作，在一行中输出相应的返回值。若操作非法，则对应输出 Invalid。

（3）测试用例：

序号	输入	输出	说明
0	17	Invalid	测试一般正确性，包括 invalid 情况
	Pop	Invalid	
	PeekMedian	3	
	Push 3	2	
	PeekMedian	2	
	Push 2	1	

续表

序号	输入	输出	说明
0	PeekMedian Push 1 PeekMedian Pop Pop Push 5 Push 4 PeekMedian Pop Pop Pop Pop	2 4 4 5 3 Invalid	
1	略	略	最大 N，递增插入，三种操作各占 1/3
2	略	略	最大 N，递减插入，三种操作各占 1/3
3	略	略	最大规模随机数据
4	29 Push 35 Push 29 Push 29 Push 18 Push 18 PeekMedian Push 35 Push 29 PeekMedian Pop Push 41 Push 7 Push 7 Push 6 PeekMedian Pop Pop Pop	29 29 29 18 6 7 7 29 41 35 29 18 7	有重复键值

续表

序号	输入	输出	说明
4	PeekMedian Pop Pop PeekMedian Push 1 PeekMedian Push 5 Push 5 Push 7 Push 2 PeekMedian		有重复键值

4. 解决思路

（1）问题分析

首先整体算法很简单，判断每行读入的指令是哪种类型，然后分别进行处理。因为题目并没有限制堆栈的最大容量，所以 Push 操作不存在非法的问题；而 Pop 和 PeekMedian 操作在当前堆栈为空时，会对应非法操作。

在不考虑"取中值"这个操作时，"入栈"和"出栈"都仅在栈顶进行，都可以在 $O(1)$ 时间内完成。难点在于加入了"取中值"后，就对堆栈中元素的有序性提出了要求——如果元素是完全无序存放的，则不可能直接知道中值元素所在的位置。但是如果将堆栈中元素直接排序，就打乱了堆栈中元素的原始顺序，不知道下一个该正常出栈的原始栈顶元素去了哪里。

一个很自然的解决方案首先是必须将堆栈中的元素存两份，一份在原始的堆栈 S 里，保证"入栈"和"出栈"仍然可以简单地实现；另一份存在另一个结构 A 里，专门用于保持元素的有序性，以方便"取中值"这个操作的实施。所以额外需要的空间复杂度是 $O(N)$。

方法一：令 A 为线性结构。对每个"入栈"操作，一方面在 S 中执行普通的堆栈插入，一方面将 key 值插入 A，并保持 A 中元素的有序性。这种方法对应的"取中值"就非常简单了，只要直接把位于 A 中间位置的元素值返回即可。"出栈"操作在 S 中的执行是简单的，麻烦之处在于同时必须将出栈的这个元素从 A 中删掉，还要保持删除后的 A 仍然有序。下面分析一下这三种操作的时间复杂度。

① 入栈：在 S 中执行插入只需要 $O(1)$ 时间，但是插入 A 的过程包含了两步：首先要找到合适的插入位置，最坏情况下是 $O(N)$ 时间；然后完成插入——这个时间与实现有关，即用数组就需要 $O(N)$ 时间移动数据并插入，用链表可以在 $O(1)$ 完成插入。无论如何，总体最坏时间复杂度是 $O(N)$。

② 取中值：如果 A 是数组，则这个操作就是计算数组的中间位置 Mid，直接返回 A[Mid]

即可,可在 $O(1)$ 时间内完成。但如果用链表实现 A,则需要从头结点开始扫描 Mid 个结点,再返回相应结点的键值,需要的时间是 $O(N)$。由此可见用链表实现 A 不是一个高效的选择。

③ 出栈:在 S 中执行删除只需要 $O(1)$ 时间,但是从 A 中删除包含了两个步骤:首先要从 A 中找到这个出栈的元素,最快的方法是用二分查找(再次证明应该用数组实现 A),最坏情况下耗费 $O(\log N)$ 时间;然后通过移动数组元素将其删除,最坏情况下需要 $O(N)$ 时间。

综上所述,如果每种操作都执行 $O(N)$ 次,则这种方法的整体最坏时间复杂度应该是 $O(N^2)$。

方法二:令 A 为堆结构。发现方法一的时间瓶颈在于保持有序的插入或删除需要线性时间复杂度,这是因为令 A 为线性结构。要解决这个瓶颈问题,需要平衡的树结构来提升插入和删除的效率。

最自然会想到的、带有顺序信息的树是二叉搜索树,但是即使 AVL 树也不能保证根结点正好是中值。退而求其次的选择是堆,但最小堆或最大堆保持的顺序信息是非常有限的,它们只能保证根结点是最小或最大元而已。

这时应该仔细思考一下:要快速找到中值,真的有必要要求每个元素都处在有序的位置上吗? 事实上,只是想知道比较小的一半元素和比较大的一半元素的分界线在哪里,仅此而已。所以,可以把比较小的一半元素和比较大的一半元素分别存放在 A1 和 A2 中,只关心 A1 中的最大值与 A2 中的最小值就可以了。于是,可以维护两个堆:A1 为最大堆,堆顶元素是比较小的一半元素的最大元;A2 为最小堆,堆顶元素是比较大的一半元素的最小元。下面再分析一下三种操作及其效率。

① 入栈:在 S 中执行插入 key 仍然只需要 $O(1)$ 时间。随后将 key 与 A1 的根结点比较:如果 key 比较大,说明 key 应该属于 A2,将其插入 A2;否则将其插入 A1。这时假设插入前 A1 和 A2 的元素个数是“平衡”的,即它们或者是一样的,或者 A1 比 A2 只多 1 个元素。插入后需要检查一下两个堆的元素数量,如果不再平衡了,则需要从比较多的那个堆里弹出 1 个元素插入另一个堆。所有这些调整都是在完全二叉树上进行的,最坏情况下需要 $O(\log N)$ 时间。

② 取中值:根据两个堆“平衡”关系的定义,中值应该是 A1 的根结点,只要直接返回其值即可。这个操作的时间复杂度是 $O(1)$。

③ 出栈:在 S 中执行删除仍然只需要 $O(1)$ 时间。随后需要知道这个元素位于哪个堆,然后将其从堆中删除。最后也需要检查两个堆的元素数量,如果不再平衡了,则需要从比较多的那个堆里弹出 1 个元素插入另一个堆。如果可以**仅用 $O(1)$ 时间知道出栈元素在某个堆中的具体位置**,那么删除和调整就可以在 $O(\log N)$ 时间内完成。

综上所述,如果每种操作都执行 $O(N)$ 次,则这种方法的整体最坏时间复杂度应该是 $O(N\log N)$。

(2)实现要点

方法二中的出栈操作能真正达到高效执行的关键在于堆栈 S 中元素和两个堆 A1

和 A2 中的元素必须建立一一映射关系,这样才可能在常数时间内从某个堆中找到需要被删除的元素。这里可以牺牲空间来换取时间,例如可以额外存储堆编号 H 和位置 P:H[i]=0 表示 S[i] 存放在 A1 里,H[i]=1 表示 S[i] 存放在 A2 里;P[i]=j 意味着 S[i] 这个元素存放在对应堆的第 j 个位置上。

另外需要注意到,当两个堆因为不平衡而进行调整时,还必须能很快地知道每个被调整的堆中元素与哪个 S 中的元素对应,以便相应地调整那个元素的 H 和 P。要做到这一点,是否需要再开辟额外空间建立映射关系呢? 答案是不必要。A1 和 A2 中的元素不需要存原始的键值,而是存放该元素在 S 中的位置,即 A1[j]=i 表示 S[i] 这个元素位于 A1 的第 j 个位置。这样就解决了问题。图 8.1 演示了 S 与 A1 和 A2 之间的对应关系。

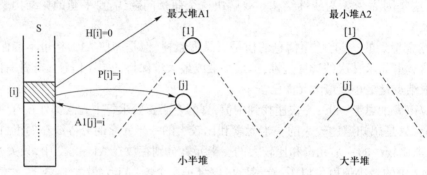

图 8.1　S 与 A1 和 A2 之间的对应关系

5. 实验思考题

(1) 如果不开辟额外的空间去存储对应关系,则方法二的整体时间复杂度是多少?

(2) 若将“取中值”这个需求改为“取第 k 大元”,则应该如何修改算法? 时空复杂度分别是多少?

进阶实验 8-2.3: 二叉搜索树的最近公共祖先

1. 实验目的

(1) 熟练掌握二叉搜索树的性质及遍历操作。

(2) 熟练掌握排序算法的应用。

(3) 熟练掌握二分查找的实现与应用。

2. 实验内容

给定一棵二叉搜索树的先序遍历序列,要求找出任意两结点的最近公共祖先结点(简称 LCA)。

3. 实验要求

（1）输入说明：输入的第一行给出两个正整数：待查询的结点对数 M（≤1 000）和二叉搜索树中结点个数 N（≤10 000）。随后一行给出 N 个不同的整数，为二叉搜索树的先序遍历序列。最后 M 行，每行给出一对整数键值 U 和 V。所有键值都在整型 **int** 范围内。

（2）输出说明：对每一对给定的 U 和 V，如果找到 A 是它们的最近公共祖先结点的键值，则在一行中输出 "LCA of U and V is A."。但如果 U 和 V 中的一个结点是另一个结点的祖先，则在一行中输出 "X is an ancestor of Y."，其中 X 是那个祖先结点的键值，Y 是另一个键值。如果二叉搜索树中找不到以 U 或 V 为键值的结点，则输出 "ERROR：U is not found." 或者 "ERROR：V is not found."，或者 "ERROR：U and V are not found."。

（3）测试用例：

序号	输入	输出	说明
0	6 8 6 3 1 2 5 4 8 7 2 5 8 7 1 9 12 −3 0 8 99 99	LCA of 2 and 5 is 3. 8 is an ancestor of 7. ERROR：9 is not found. ERROR：12 and −3 are not found. ERROR：0 is not found. ERROR：99 and 99 are not found.	4 种答案都有。公共祖先不止一个；有 U 和 V 不在同层；有 U=V 都不在树里；有父子关系
1	3 12 10 4 1 3 2 5 6 9 13 11 18 15 15 9 11 18 13 15	LCA of 15 and 9 is 10. LCA of 11 and 18 is 13. 13 is an ancestor of 15.	叶子不同层，根是答案；兄弟结点；结点之一是输出的祖先，但不是父子。树结构有单边、交错、双子
2	1 1 7 7 7	7 is an ancestor of 7.	最小树，U 和 V 相同
3	略	略	最大单边树，U 和 V 都不在
4	略	略	最大单边树，底部分叉
5	略	略	最大规模，根只有一个右子树，是对称喇叭形树

4. 解决思路

（1）问题分析

整体算法分为三个步骤。

① 根据给定的先序遍历序列建立一棵二叉搜索树。对于普通的二叉树来说，仅给定一种遍历序列，是无法唯一确定一棵树的。但是由于二叉搜索树的中序遍历得到的一定是递增有序的序列，所以只要把给定的序列进行升序排序，就得到了该树的中序遍历序列，这样就可以根据先序和中序遍历构建起这棵树了。这里用到了排序和二叉树构建的算法。

② 判断给定的 U 和 V 两个结点是否在树中。当然可以在二叉搜索树中按照常规方法实现对某个结点的查找。但这种方法遇到测试用例 3 时，就退化成遍历一根单链表。当将这种操作重复 $N/10$ 次时，整体时间复杂度就是 $O(N^2)$。注意到第①步已经得到了一个升序的中序遍历序列，可以应用二分查找在此序列中查找 U 和 V，整体时间复杂度将降为 $O(N\log N)$，可明显提升这一步的运行速度。

③ 找到最近公共祖先。当 U 和 V 分别位于某个结点 T 的左右子树时，首先说明 T 是它们的公共祖先；其次，对于 U 而言，任何比 T 位置更深的祖先结点，都与 U 属于同一边的子树，则 T 的另一边子树中的结点（包括 V）都不可能以此结点为祖先。所以 T 一定是 U 和 V 的最近公共祖先。理解了这个事实后，解决方案就很简单了。从根结点出发，判断 U 和 V 是否都小于当前结点的键值，若是，则继续在其左子树中判断；否则判断 U 和 V 是否都大于当前结点的键值，若是，则继续在其右子树中判断；否则说明 U 和 V 分别位于当前结点的左右子树，则此结点就是要找的最近公共祖先。这一步的时间复杂度与最近公共祖先的深度成正比，最坏情况如测试用例 4，需要 $O(N)$ 时间遍历退化的单链表。

综合考虑以上三个步骤：第①步排序平均需要 $O(N\log N)$ 时间，构建二叉树在最坏情况下需要 $O(N^2)$；第②步可以在 $O(N\log N)$ 时间内完成；第③步最坏情况下需要 $O(N^2)$。所以算法的整体时间复杂度是 $O(N^2)$。

（2）实现要点

当 U 和 V 中的一个结点是另一个结点的祖先时，题目要求给出不同的输出。但其实这个特殊情况不需要在找最近公共祖先时做任何特殊处理，只要在找到了最近公共祖先之后，再判断这个结点是否是 U 和 V 中的一个即可。

5. 实验思考题

（1）步骤②和③也可以合并在一起。即首先判断是否存在一个结点，使得 U 和 V 分别位于其左右子树，再继续分别搜索其左右子树，检查给定的两个结点是否存在。试实现这种算法，并分析其时间复杂度。

（2）若给定的是二叉搜索树的后序遍历序列，该如何修改程序？

郑重声明

高等教育出版社依法对本书享有专有出版权。任何未经许可的复制、销售行为均违反《中华人民共和国著作权法》,其行为人将承担相应的民事责任和行政责任;构成犯罪的,将被依法追究刑事责任。为了维护市场秩序,保护读者的合法权益,避免读者误用盗版书造成不良后果,我社将配合行政执法部门和司法机关对违法犯罪的单位和个人进行严厉打击。社会各界人士如发现上述侵权行为,希望及时举报,本社将奖励举报有功人员。

反盗版举报电话 （010）58581999　58582371　58582488

反盗版举报传真 （010）82086060

反盗版举报邮箱 dd@hep.com.cn

通信地址 北京市西城区德外大街 4 号　高等教育出版社法律事务与版权管理部

邮政编码 100120

防伪查询说明

用户购书后刮开封底防伪涂层,利用手机微信等软件扫描二维码,会跳转至防伪查询网页,获得所购图书详细信息。也可将防伪二维码下的 20 位密码按从左到右、从上到下的顺序发送短信至 106695881280,免费查询所购图书真伪。

反盗版短信举报

编辑短信"JB,图书名称,出版社,购买地点"发送至 10669588128

防伪客服电话

（010）58582300